高等院校土建类专业"互联网+"创新规划教材

房屋建筑学（第2版）

主　编　宿晓萍　赵万里
副主编　隋艳娥　何　瑶
参　编　常　虹　金　哲

北京大学出版社
PEKING UNIVERSITY PRESS

内容简介

本书分为民用建筑与工业建筑两大篇，共16章，主要讲述民用建筑设计与构造的基本原理和方法、工业建筑设计与构造的基本原理和方法。本书在内容安排上注重介绍国家现行的相关建筑规范与标准，以最新建筑构造为重点，兼顾建筑设计的基本知识，收集的资料求宽、求新、求精，突出新材料、新技术、新工艺的运用，力求传统与先进兼顾、实用与前沿结合，对学生的课程设计和毕业设计有很大帮助。

本书既可作为土木工程专业的本、专科教材，也可作为工程管理、工程造价、给排水、采暖通风等专业的教材或教学参考书，还可供建筑设计人员和施工技术人员参考使用。

图书在版编目(CIP)数据

房屋建筑学 / 宿晓萍，赵万里主编 . -- 2 版 . -- 北京：北京大学出版社，2024.6. -- （高等院校土建类专业"互联网+"创新规划教材）. -- ISBN 978-7-301-35378-3

Ⅰ. TU22

中国国家版本馆 CIP 数据核字第 2024XK6649 号

书　　　　名	房屋建筑学（第 2 版） FANGWU JIANZHUXUE（DI-ER BAN）
著作责任者	宿晓萍　赵万里　主编
策 划 编 辑	伍大维
责 任 编 辑	伍大维
数 字 编 辑	蒙俞材
标 准 书 号	ISBN 978-7-301-35378-3
出 版 发 行	北京大学出版社
地　　　　址	北京市海淀区成府路 205 号　100871
网　　　　址	http://www.pup.cn　新浪微博：@北京大学出版社
电 子 邮 箱	编辑部 pup6@pup.cn　总编室 zpup@pup.cn
电　　　　话	邮购部 010-62752015　发行部 010-62750672　编辑部 010-62750667
印 刷 者	河北滦县鑫华书刊印刷厂
经 销 者	新华书店
	787 毫米 ×1092 毫米　16 开本　21.5 印张　516 千字 2013 年 7 月第 1 版 2024 年 6 月第 2 版　2024 年 6 月第 1 次印刷
定　　　　价	56.00 元

未经许可，不得以任何方式复制或抄袭本书之部分或全部内容。
版权所有，侵权必究
举报电话：010-62752024　电子邮箱：fd@pup.cn
图书如有印装质量问题，请与出版部联系，电话：010-62756370

第2版前言

本书自2013年出版以来，经多所高校相关专业教学使用，普遍反映教材体系合理，内容全面，深度适宜，图形规范，文字严谨。在我国新工科建设背景下，为适应时代发展需求、满足国家建设需要，高等学校不断推进对传统土木工程专业的升级改造。随着近年来国家关于建筑工程新政策、新法规的不断出台，一些建筑设计的新规范、新规程陆续颁布实施，本着"适应社会需要，不断改革创新"的原则，聚焦建筑业发展对人才的要求与应用型人才培养的办学定位，强化"房屋建筑学"课程在建筑设计与施工建造中的应用，我们对本书进行了修订。

本次修订主要包括以下内容。

（1）依据《民用建筑通用规范》（GB 55031—2022）、《建筑防火通用规范》（GB 55037—2022）、《建筑与市政工程防水通用规范》（GB 55030—2022）、《建筑与市政工程无障碍通用规范》（GB 55019—2021）和《民用建筑设计统一标准》（GB 50352—2019）等现行规范更新书中相关内容。

（2）更新或改进建筑节点详图与工程实例配图，提升内容的规范性与直观性。

（3）修订增补绿色建筑与建筑节能构造的相关内容，落实我国住房和城乡建设部对民用与工业建筑提出的节能、环保、绿色建筑等方面的要求。

（4）增加建筑工程中常用的专业英语词汇，帮助提高学生的专业英语词汇量及其阅读英文文献和撰写英文科技文章的能力，为培养土木工程专业应用型国际化人才打下基础。

（5）融入党的二十大精神及课程思政内容，落实"立德树人"的根本任务。通过融入中国传统建筑历史文化，激发学生的民族自豪感；通过引入现行国家建筑规范，培养学生守法协作的职业素养；通过增加建筑节能发展等相关知识，培养学生节能环保、人与自然和谐共生的可持续发展理念。

（6）以"互联网+"技术为依托，构建纸数融合的教材新模式。房屋建筑学内容庞杂，教学时数有限，为了增强学习效果和提高教学质量，纸质教材内容以文字、图表的形式夯实基本理论知识基础，相关拓展内容以文本、图片、视频等数字化形式，补充和丰富教学内容。传统媒体与新兴媒体相结合，让传统纸质教材更加生动，教材内容更加立体，阅读体验更好，有助于学生更好地理解与掌握知识。

本书由长春工程学院宿晓萍、赵万里担任主编,长春工程学院隋艳娥、何瑶担任副主编,吉林建筑大学常虹、长春工程学院金哲参编。本书共分16章,其中宿晓萍编写第1、6、7、13、15章,赵万里编写第2、3、8、9章,隋艳娥编写第10、12、16章,何瑶编写第4、5、11章,常虹编写第14章,金哲负责专业词汇的英文翻译与校对。全书由宿晓萍负责统稿。

由于编者水平有限,书中难免有不妥之处,恳请广大读者批评指正。

编　者
2024 年 4 月

资源索引

目 录

第1章 民用建筑概论 ············ 1
- 1.1 建筑及其基本构成要素 ············ 1
- 1.2 建筑物的分类与等级划分 ············ 2
- 1.3 建筑工程设计的内容和程序 ············ 9
- 1.4 建筑设计的要求和依据 ············ 12
- 1.5 民用建筑定位轴线 ············ 15
- 本章小结 ············ 18
- 思考题 ············ 18

第2章 建筑平面设计 ············ 19
- 2.1 概述 ············ 19
- 2.2 主要使用空间设计 ············ 20
- 2.3 辅助使用空间设计 ············ 29
- 2.4 交通联系空间设计 ············ 33
- 2.5 建筑平面组合设计 ············ 39
- 本章小结 ············ 49
- 思考题 ············ 49

第3章 建筑剖面设计 ············ 50
- 3.1 房间的剖面形状 ············ 50
- 3.2 房间各部分高度的确定 ············ 56
- 3.3 建筑层数的确定 ············ 58
- 3.4 建筑空间的组合与利用 ············ 60
- 本章小结 ············ 65
- 思考题 ············ 65

第4章 建筑体型和立面设计 ············ 66
- 4.1 建筑体型和立面设计要求 ············ 66
- 4.2 建筑体型设计 ············ 68
- 4.3 建筑立面设计 ············ 75
- 本章小结 ············ 78
- 思考题 ············ 78

第5章 民用建筑构造概述 ············ 79
- 5.1 建筑物的构造组成与作用 ············ 79
- 5.2 影响建筑构造的因素 ············ 81
- 5.3 建筑构造设计原则 ············ 83
- 本章小结 ············ 84
- 思考题 ············ 84

第6章 基础与地下室 ············ 85
- 6.1 地基与基础 ············ 85
- 6.2 基础类型 ············ 88
- 6.3 地下室 ············ 92
- 本章小结 ············ 97
- 思考题 ············ 97

第7章 墙体 ············ 99
- 7.1 墙体的类型及设计要求 ············ 99
- 7.2 承重块材墙构造 ············ 102
- 7.3 填充墙构造 ············ 116

7.4 墙面装修 120

7.5 幕墙 124

本章小结 132

思考题 133

第8章 楼地层 134

8.1 概述 134

8.2 钢筋混凝土楼板 136

8.3 顶棚 142

8.4 地面 145

8.5 地面的排水、防水及隔声 151

8.6 阳台与雨篷 154

本章小结 157

思考题 157

第9章 楼梯 158

9.1 概述 158

9.2 楼梯的主要尺度与设计 161

9.3 钢筋混凝土楼梯 169

9.4 楼梯的细部构造 173

9.5 室外台阶与坡道 180

9.6 电梯与自动扶梯 182

9.7 无障碍设计 187

本章小结 191

思考题 191

第10章 屋顶 192

10.1 概述 192

10.2 屋顶的防水与排水 195

10.3 平屋顶构造 201

10.4 坡屋顶构造 208

10.5 屋顶的保温与隔热 217

本章小结 223

思考题 223

第11章 门窗 224

11.1 门窗的设计要求与类型 224

11.2 门窗的构造 227

11.3 特殊门窗 235

本章小结 239

思考题 239

第12章 变形缝 240

12.1 变形缝的作用、类型及设置要求 240

12.2 变形缝的构造 243

本章小结 250

思考题 250

第13章 绿色建筑与建筑节能构造 251

13.1 概述 251

13.2 墙体节能构造 255

13.3 地面节能构造 260

13.4 屋面节能构造 261

13.5 变形缝节能构造 263

13.6 门窗节能构造 264

本章小结 268

思考题 268

第14章 工业建筑概述 270

14.1 工业建筑的特点及其分类 270

14.2 单层工业厂房的结构形式及组成 273

14.3 单层工业厂房的主要结构构件 279

本章小结 284

思考题 285

第15章 单层工业厂房设计 286

15.1 单层工业厂房平面设计 286

15.2 单层工业厂房定位轴线 289

15.3 单层工业厂房剖面设计 298

15.4 单层工业厂房立面设计 303

本章小结 ·················· 306

思考题 ···················· 306

第16章 单层工业厂房构造 ·········· 307

16.1 单层工业厂房外墙 ············ 307

16.2 单层工业厂房屋面 ············ 311

16.3 单层工业厂房天窗 ············ 314

16.4 单层工业厂房侧窗、大门及地面 ······ 320

16.5 轻型钢结构厂房构造 ··········· 325

本章小结 ·················· 333

思考题 ···················· 334

参考文献 ·················· 335

第 1 章 民用建筑概论

📚 **教学目标**

（1）熟悉建筑的基本构成要素。
（2）重点掌握建筑物的分类及分级、建筑模数和模数制、平面定位轴线与建筑标高的标注。
（3）了解建筑设计的内容和程序。
（4）掌握建筑设计的要求和设计依据。

1.1 建筑及其基本构成要素

1.1.1 建筑的含义

从广义上讲，建筑既表示建筑工程的建造活动，又表示这种活动的成果——建筑物。建筑也是一个通称，是建筑物和构筑物的总称。其中建筑物是指供人们生活居住、工作学习、文化娱乐和从事工农业生产的房屋或场所，如住宅、学校、办公楼、影剧院、工厂等；构筑物是指人们一般不直接在其内进行生产或生活的建筑，如烟囱、水塔、堤坝、蓄水池等。从本质上讲，建筑是指为了满足人们的社会需要，利用所掌握的物质技术手段，通过对内外部空间的组织、限定而人工创造的空间环境。

建筑的起源和发展

不同类型的建筑

1.1.2 建筑的基本构成要素

建筑的基本构成要素是指建筑功能、建筑的物质技术条件和建筑形象，通常称为建筑的三要素。

1. 建筑功能

建筑功能即房屋的使用要求，也是人们建造房屋的目的。不同的功能要求产生了不同的建筑类型。例如，建造工厂是为了生产，建造住宅是为了居住、生活和休息，建造影剧院是为了文化娱乐的需要，等等。随着社会的不断发展和物质文化生活水平的提高，人们对建筑功能的要求也日益提高。

2. 建筑的物质技术条件

建筑的物质技术条件是实现建筑功能的物质基础和技术手段，包括建筑材料、建筑结构、建筑设备和建筑施工技术等方面的内容。建筑材料和建筑结构是构成建筑空间环境的骨架；建筑设备是保证建筑达到某种要求的技术条件；而建筑施工技术则是实现建筑生产的过程和方法。例如，钢材、水泥和钢筋混凝土的出现，解决了现代建筑中大跨度和高层建筑的结构问题。建筑内安装给排水、暖通空调、电气设备等系统，极大地完善了建筑的使用功能。现代各种新材料、新结构、新设备的不断出现，使得多功能大厅、超高层建筑、薄壳和悬索等结构形式得以实现。总之，建筑的物质技术条件是建筑发展的重要因素，建筑水平的提高离不开建筑的物质技术条件的发展。

国内外优秀建筑案例赏析

3. 建筑形象

建筑不仅可以供人们使用，而且具有一定的欣赏价值，即建筑既是一种物质产品又是一种艺术品。它以其内部和外部的空间组合、建筑体型、立面构图、细部处理、材料的色彩与质感的运用等，构成一定的建筑形象，给人一定的感染力，如雄伟庄严、朴素大方、简洁明快或生动活泼等。

世界上许多城市因为有了优秀的建筑而闻名于世，这些建筑已成为这些城市的标志或象征。例如，法国巴黎的埃菲尔铁塔，它不仅是一座吸引世界各国游客的观光纪念塔，而且是巴黎的象征。又如，悉尼歌剧院、罗马大教堂、纽约帝国大厦，以及中国的故宫、国家大剧院、东方电视塔等，都以其不同的建筑形象，反映出各自不同的国家、民族和地域特征。

在上述三个基本构成要素中，建筑功能是建筑的主要目的，建筑的物质技术条件是达到建筑目的的手段，而建筑形象则是建筑功能、技术和艺术内容的综合表现。

1.2 建筑物的分类与等级划分

1.2.1 建筑物的分类

建筑物可以从多方面进行分类，常见的分类方法有以下几种。

1. 按建筑物的用途分类

1）民用建筑

按照《民用建筑设计统一标准》（GB 50352—2019），民用建筑按使用功能分为居住建筑和公共建筑两大类，如图1.1所示。

（1）居住建筑：主要是供家庭和集体生活起居使用的建筑物，如住宅、宿舍等。

（2）公共建筑：主要是供人们进行各种公共活动的建筑物。公共建筑按使用功能的特点，可分为办公建筑、文教建筑、托幼建筑、科研建筑、医疗建筑、展览建筑、商业建筑、体育建筑、旅馆建筑等类型。

图1.1　民用建筑

2）工业建筑

工业建筑是指用于从事工业生产的各类生产用房和为生产服务的附属用房，如生产车间、辅助车间、动力用房、仓储建筑等，如图1.2所示。

图1.2　工业建筑

3）农业建筑

农业建筑是指供农业、牧业生产和加工用的建筑，如温室、畜禽饲养场、水产品养殖场、农副产品加工厂等，如图1.3所示。

图 1.3 农业建筑

2. 按建筑物的建筑高度或地上层数分类

民用建筑按其建筑高度或地上层数可分为高层民用建筑和单、多层民用建筑。高层民用建筑根据其建筑高度、使用功能和楼层的建筑面积分为一类和二类。民用建筑的分类具体见表1-1。

表 1-1 民用建筑的分类

名称	高层民用建筑		单、多层民用建筑
	一类	二类	
住宅建筑	建筑高度大于54m的住宅建筑（包括设置商业服务网点的住宅建筑）	建筑高度大于27m，但不大于54m的住宅建筑（包括设置商业服务网点的住宅建筑）	建筑高度不大于27m的住宅建筑（包括设置商业服务网点的住宅建筑）
公共建筑	1. 建筑高度大于50m的公共建筑 2. 建筑高度24m以上部分任意楼层建筑面积大于$1000m^2$的商店、展览、电信、邮政、财贸金融建筑和其他多种功能组合的建筑 3. 医疗建筑、重要公共建筑、独立建造的老年人照料设施 4. 省级及以上的广播电视和防灾指挥调度建筑、网局级和省级电力调度建筑 5. 藏书超过100万册的图书馆、书库	除一类高层公共建筑外的其他高层公共建筑	1. 建筑高度大于24m的单层公共建筑 2. 建筑高度不大于24m的其他公共建筑

（1）建筑高度不大于27m的住宅建筑、建筑高度不大于24m的公共建筑及建筑高度大于24m的单层公共建筑为低层或多层民用建筑。

（2）建筑高度大于27m的住宅建筑和建筑高度大于24m的非单层公共建筑，且高度不大于 100m 的，为高层民用建筑。

（3）建筑高度大于 100m 的民用建筑为超高层建筑。

3. 按建筑物承重结构所用材料分类

1）木结构建筑

其主要承重构件（梁、柱、楼板等）均用木材等制作，如图 1.4 所示。由于木材强度低、防火性能差及保护资源等问题，现已较少应用。但是，我国古代庙宇、宫殿、民居等建筑多采用木结构，如北京故宫建筑群。这些传统建筑是中华优秀传统文化的重要组成部分。党的二十大报告提出，中华优秀传统文化源远流长、博大精深，是中华文明的智慧结晶。我们有责任继承与保护好这些流传至今的古建筑。

图 1.4　木结构建筑

2）混合结构建筑

其主要承重构件由两种或两种以上的材料组成，如由砖墙和木楼板构成的砖木结构建筑、由砖墙和钢筋混凝土楼板构成的砖混结构建筑、由钢屋架和钢筋混凝土柱构成的钢混结构建筑等，如图 1.5～图 1.7 所示。其中，砖混结构在低层及多层建筑中应用较为广泛。

图 1.5　砖木结构建筑

图 1.6　砖混结构建筑

图 1.7　钢混结构建筑

3）钢筋混凝土结构建筑

其主要承重构件用钢筋混凝土制作，具有坚固耐久、防火、易成型等优点，是建筑工程中应用最为广泛的一类建筑，如图 1.8 所示。

4）钢结构建筑

其主要承重构件用钢材制作，具有力学性能好、结构自重轻、便于制作和安装、工期短等优点，多用于超高层建筑和大跨度建筑中，如图 1.9 所示。

图 1.8　钢筋混凝土结构建筑

图 1.9　钢结构建筑

5）其他结构建筑

其他结构建筑有生土建筑、骨架式膜结构建筑、张拉式膜结构建筑、充气式膜结构建筑等，如图 1.10 所示。

(a) 生土建筑

(b) 骨架式膜结构建筑

(c) 张拉式膜结构建筑

(d) 充气式膜结构建筑

图 1.10　其他结构建筑

4. 按建筑物的规模分类

1）大量性建筑

这类建筑需要量大，建造数量多，分布面广，如住宅、中小学校、商业服务性建筑、医院等。

2）大型性建筑

这类建筑需要量不大，但规模大，使用功能和技术条件比较复杂，如大型剧院、火车站、体育馆等。

1.2.2　建筑物的等级划分

建筑物的等级一般按其耐久性与耐火性进行划分。

1. 建筑物的设计使用年限

建筑物的设计使用年限主要是指建筑主体结构的设计使用年限，它是进行基本建设投资、建筑设计和材料选择的重要依据。根据《民用建筑设计统一标准》（GB 50352—2019）的规定，民用建筑按设计使用年限分为以下四类，如表1-2所示。

表 1-2　民用建筑的设计使用年限

类别	设计使用年限/年	示例
1	5	临时性建筑
2	25	易于替换结构构件的建筑
3	50	普通建筑和构筑物
4	100	纪念性建筑和特别重要的建筑

2. 建筑物的耐火等级

建筑物的耐火等级是由建筑物主要构件的耐火极限和燃烧性能两个方面来决定的。

耐火极限是指在标准耐火试验条件下,建筑构件、配件或结构从受到火的作用时起,到失去承载能力、完整性或隔火性时为止所用的时间,用小时表示。

燃烧性能是指建筑构件在明火或高温作用下燃烧与否及燃烧的难易程度。按燃烧性能,建筑构件分为不燃性体(用不燃材料做成)、难燃性体(用难燃材料做成或用不燃材料做保护层)和可燃性体(用可燃材料做成)。

《建筑设计防火规范(2018年版)》(GB 50016—2014)将民用建筑的耐火等级分为一、二、三、四级。民用建筑的耐火等级应根据其建筑高度、使用功能、重要性和火灾扑救难度等确定。地下或半地下建筑(室)和一类高层建筑的耐火等级不应低于一级;单、多层重要公共建筑和二类高层建筑的耐火等级不应低于二级。

不同耐火等级建筑相应构件的燃烧性能和耐火极限不应低于表1-3的规定。

表1-3 不同耐火等级建筑相应构件的燃烧性能和耐火极限　　　　单位:h

构件名称		耐火等级			
		一级	二级	三级	四级
墙	防火墙	不燃性 3.00	不燃性 3.00	不燃性 3.00	不燃性 3.00
	承重墙	不燃性 3.00	不燃性 2.50	不燃性 2.00	难燃性 0.50
	非承重外墙	不燃性 1.00	不燃性 1.00	不燃性 0.50	可燃性
	楼梯间和前室的墙、 电梯井的墙、 住宅单元之间的墙和分户墙	不燃性 2.00	不燃性 2.00	不燃性 1.50	难燃性 0.50
	疏散走道两侧的隔墙	不燃性 1.00	不燃性 1.00	不燃性 0.50	难燃性 0.25
	房间隔墙	不燃性 0.75	不燃性 0.50	难燃性 0.50	难燃性 0.25
柱		不燃性 3.00	不燃性 2.50	不燃性 2.00	难燃性 0.50
梁		不燃性 2.00	不燃性 1.50	不燃性 1.00	难燃性 0.50
楼板		不燃性 1.50	不燃性 1.00	不燃性 0.50	可燃性

续表

构件名称	耐火等级			
	一级	二级	三级	四级
屋顶承重构件	不燃性 1.50	不燃性 1.00	可燃性 0.50	可燃性
疏散楼梯	不燃性 1.50	不燃性 1.00	不燃性 0.50	可燃性
吊顶（包括吊顶搁栅）	不燃性 0.25	难燃性 0.25	难燃性 0.15	可燃性

1.3 建筑工程设计的内容和程序

1.3.1 建筑工程设计的内容

每一个建筑工程从拟订计划到建成投入使用都需要经过编制工程建设计划任务书、进行可行性研究、主管部门批准立项、选择建设用地、场地规划勘测、设计、施工、验收和交付使用等阶段。设计工作是其中的重要环节之一。

建筑工程设计是指设计一个建筑物或建筑群所要做的全部工作，一般包括建筑设计、结构设计、设备设计等几个方面的内容。

1. 建筑设计

建筑设计是在总体规划的前提下，根据工程设计任务书的要求，综合考虑总体规划、基地环境、功能要求、结构施工、材料设备、建筑经济及建筑艺术等多方面的问题，着重解决建筑物内部各种功能的使用空间的合理安排、建筑物与周围环境的协调配合、内部和外部的艺术效果、各个细部的构造方式等。

建筑设计在整个建筑工程设计中起着主导和先行的作用，除考虑上述要求外，还应考虑建筑与结构、建筑与各种设备等相关技术的综合协调。建筑设计包括总体设计和个体设计两个方面，一般由建筑师来完成。

2. 结构设计

结构设计主要是根据建筑设计选择切实可行的结构方案，进行结构计算及构件设计、结构布置及构造设计等，一般由结构工程师来完成。

3. 设备设计

设备设计主要包括给排水、采暖、空调、通风、电气照明、通信等方面的设计，由有关的设备工程师配合建筑设计来完成。

以上几方面的工作既有分工，又密切配合，形成一个整体。各专业设计的图纸、计算书、说明书及预算书经过汇总，构成一个建筑工程的完整文件，作为建筑工程施工的依据。

1.3.2 建筑工程设计的程序

1. 设计前的准备工作

1）落实设计任务

建设单位必须具有上级主管部门对建设项目的批文和城市建设部门同意设计的批文后，方可向建筑设计部门办理委托设计手续。

上级主管部门的批文是指建设单位的上级主管部门对建设单位提出的拟建报告和计划任务书的一个批准文件。该批文表明该工程已被正式列入建设计划，文件中应包括工程建设项目的性质、内容、用途、总建筑面积、总投资、建筑标准及建筑物使用期限等内容。

城市建设部门的批文是指经城市建设部门审核同意工程项目用地的批复文件。该批文包括基地范围、地形图及指定用地范围（常称"红线"）、该地段周围道路等规划要求，以及城市建设对该建筑设计的要求（如建筑高度）等内容。

2）熟悉设计任务书

具体着手设计时，首先需要熟悉设计任务书，以明确建设项目的设计要求。设计任务书一般包括以下内容。

（1）建设项目总的要求和建造目的的说明。

（2）建筑物的具体使用要求、建筑面积及各类用途房间之间的面积分配。

（3）建设项目的总投资和单方造价。

（4）建设基地范围、大小，以及周围原有建筑、道路、地段环境的描述，并附有地形测量图。

（5）供电、供水、采暖、空调、通风等设备方面的要求，并附有水源、电源接用许可文件。

（6）设计期限和建设项目的建设进度要求。

3）收集设计原始数据

建设单位提出的设计任务主要是从使用要求、建设规模、造价和建设进度这几方面考虑的，建筑的设计和建造还需要收集有关的原始数据和设计资料，具体包括以下内容。

（1）气象资料：所在地区的温度、湿度、日照、雨雪、风向、风速及冻土深度等。

（2）场地地形及地质水文资料：场地地形标高、土壤种类及承载力、地下水位及地震烈度等。

（3）水电等设备管线资料：基地地下的给水、排水、电缆等管线布置，以及基地上的架空线等供电线路情况。

（4）设计规范的要求及有关定额指标：如学校教室的面积定额、学生宿舍的面积定额，以及建筑用地、用材等指标。

4）设计前的调查研究

（1）建筑物的使用要求：认真调查同类已有建筑物的实际使用情况，通过分析和总结，对所设计的建筑有一定了解。

（2）当地建筑材料供应及结构施工等技术条件：了解当地材料的供应情况、施工技术水平、构件预制能力和起重运输设备条件，采用新型建筑材料的可能性等。

（3）现场踏勘：深入了解基地的地形、方位、面积和形状等条件，以及基地周围原有建筑、道路、绿化等情况，考虑拟建建筑物的位置和总平面布局的可能性。

（4）了解当地传统建筑设计布局、创作经验和生活习惯：结合拟建建筑物的具体情况，创造出人们喜闻乐见的建筑形式。

2. 设计阶段的划分

建筑设计过程按工程复杂程度、规模大小及审批要求，分阶段进行，一般分三个阶段，即初步设计阶段、技术设计阶段和施工图设计阶段。对于规模较小、技术简单的工程，可以采用两阶段设计，即初步设计阶段与施工图设计阶段。

1）初步设计阶段

初步设计阶段又称方案设计阶段，是建筑设计的第一阶段，其主要任务是提出设计方案，即在已定的基地范围内，按照设计要求，综合技术和艺术要求，提出设计方案。

初步设计的图纸和设计文件包括以下内容。

（1）建筑总平面图：包括建筑物在基地上的位置、标高、道路、绿化，以及基地上设施的布置和说明等。根据工程规模，建筑总平面图的比例一般为1：500、1：1000。

（2）各层平面图及主要剖面图、立面图：标出房屋的主要尺寸，房间的面积、高度及门窗位置，部分室内家具和设备的布置。其比例一般为1：100、1：200。

（3）说明书：表明设计方案的主要意图及优缺点、主要结构方案及构造特点，以及主要技术经济指标等。

（4）工程概算书：建筑物投资估算，主要材料用量及单位消耗量。

（5）其他：根据设计任务的需要，辅以必要的透视图、鸟瞰图或制作模型。

2）技术设计阶段

技术设计阶段是初步设计具体化的阶段，该阶段的主要任务是在初步设计的基础上，进一步确定各设计工种之间的技术问题，该阶段又称扩大初步设计阶段。

建筑工种的图纸要标明与具体技术工种有关的详细尺寸，并编制建筑部分的技术说明书；结构工种应有建筑结构布置方案图，并附初步计算说明；设备工种应提供相应的设备图纸及说明书。

3）施工图设计阶段

施工图设计阶段是建筑设计的最后阶段，该阶段的主要任务是确定全部工程尺寸和用料，绘制建筑、结构、设备等全部施工图纸，编制建筑节能计算书、结构计算书、采暖负荷计算书、工程预算书等。

施工图设计的图纸及设计文件包括以下内容。

（1）建筑总平面图：应详细标明基地上建筑物、道路、设施等所在位置的尺寸、标高，以及设计说明。其比例一般为1：500、1：1000。

（2）各层建筑平面图、各个立面图及必要的剖面图。其比例一般为1∶100、1∶200。

（3）建筑构造节点详图：主要有檐口、墙身和各构件的连接节点详图，楼梯、门窗及各部分的装饰大样等。根据需要可采用比例1∶10、1∶20、1∶50等。

（4）各工种相配套的施工图：如基础平面图和详图、楼板及屋顶结构平面布置图和详图、结构构造节点详图等；给排水、电器照明、采暖、通风、空调等设备施工图。

（5）建筑、结构及设备等的说明书。

（6）建筑、结构及设备的计算书。

（7）工程预算书。

1.4 建筑设计的要求和依据

1.4.1 建筑设计的要求

1. 符合总体规划要求

单体建筑是总体规划中的组成部分，设计时应符合总体规划的要求，并考虑拟建建筑物与基地周围环境的关系，以形成良好的室外空间环境。例如，原有建筑状况、周边道路走向、基地面积大小、绿化要求等方面与拟建建筑物的关系。

2. 满足建筑功能要求

满足建筑功能要求是建筑设计的首要任务。例如，在设计学校时，首先要考虑满足教学活动的需要，教室设置应尺度合理，采光、通风良好；然后要合理安排教师备课、办公、储藏和厕所等行政管理和辅助用房；最后要配置良好的体育场馆和室外活动场地；等等。

3. 采用合理的技术措施

在建筑设计过程中，应根据建筑空间组合特点，选择合理的结构和施工方案，选用合适的建筑材料，以使房屋建造方便、坚固耐久。近年来，建筑技术迅猛发展，新型结构形式和新的建筑类型层出不穷，使得建筑设计更加复杂。因此，设计师一定要了解建筑技术的发展情况，在设计中尽量采用先进的建筑技术手段和方法。

4. 具有良好的经济效果

建造房屋是一个复杂的物质生产过程，需要投入大量人力、物力和资金，在建筑设计和建造中，要因地制宜、就地取材，尽量做到节省劳动力、节约建筑材料和资金。

5. 考虑建筑物美观要求

建筑物是社会的物质和文化财富，它在满足使用要求的同时，还需要考虑人们对建筑物美观方面的要求，以及考虑建筑物所赋予人们精神上的感受。

1.4.2 建筑设计的依据

1. 国家或行业的强制性标准的要求

在我国境内从事新建、扩建、改建等工程建设活动，必须执行工程建设强制性标准。我国颁布的工程建设强制性标准有中华人民共和国国家标准和中华人民共和国行业标准，它们都以设计技术规范文件的形式表达。

2. 人体尺度和人体活动所需的空间尺度

建筑物中家具、设备的尺寸，窗台、栏杆的高度，门洞、踏步的高与宽，以及各类房间的高度和面积都与人体尺度及人体活动所需的空间尺度密切相关。因此，人体尺度和人体活动所需的空间尺度，是确定建筑空间尺度的主要依据，如图 1.11 所示。

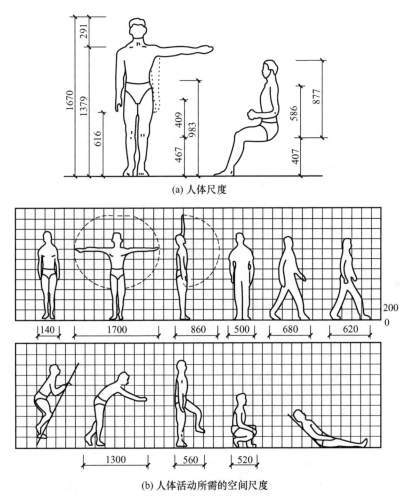

(a) 人体尺度

(b) 人体活动所需的空间尺度

图 1.11 人体尺度和人体活动所需的空间尺度

3. 家具、设备的尺寸及使用空间

房间内家具、设备的尺寸及人们在使用它们时所需空间的大小，是确定房间内部使用面积的重要依据。

4. 温度、湿度、日照、风向、风速、雨雪等气候条件

气候条件对建筑设计有较大影响。例如，湿热地区，建筑设计要考虑隔热、通风和遮阳等问题；干冷地区，建筑体型要尽可能设计得紧凑些，以减少外围护面的散热，有利于室内采暖、保温。

日照和主导风向是确定建筑朝向和间距的主要因素，风速是高层建筑、电视塔等设计中考虑结构布置和建筑体型的重要因素，雨雪量对屋顶形式和构造也有一定影响。在设计前，需要收集当地上述有关的气象资料。

风向频率玫瑰图，即风玫瑰图，是根据某一地区多年平均统计的各个方向吹风次数的百分数值，并按一定比例绘制，一般多用8个或16个罗盘方位表示。风向频率玫瑰图上所表示的风向指从外面吹向地区中心的方向。图1.12所示为我国部分城市的风向频率玫瑰图。

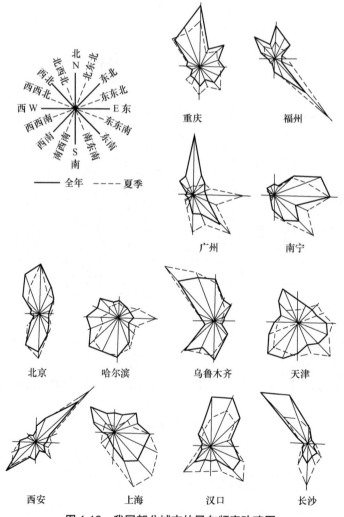

图1.12 我国部分城市的风向频率玫瑰图

5. 地形、地质条件和地震烈度

基地地形的平缓或起伏，以及基地的地质构成、土壤特性和地基承载力的大小，对建筑物的平面组合、结构布置和建筑体型都有明显的影响。例如，对于坡度较陡的地形，常将建筑物结合地形错层建造；对于复杂的地质条件，要求建筑物的主体和基础采取相应的结构构造措施。

地震烈度表示地面及建筑物遭受地震破坏的程度。在地震烈度为6度及6度以下地区，地震对建筑物的影响较小；在地震烈度为9度以上地区，由于地震过于强烈，应尽可能避免在这些地区建设。建筑抗震设防主要针对地震烈度为6度及6度以上地区。

6. 模数制和建筑模数

1）模数制

建筑设计应采用国家规定的建筑统一模数制，其意义如下。

为推进建筑工业化，使不同材料、不同形式和不同制造方法的建筑构配件、组合件大规模生产，且具有一定的通用性和互换性，各类不同的建筑物及其组成部分之间的尺寸必须协调，我国颁布了《建筑模数协调标准》（GB/T 50002—2013）。

2）建筑模数

建筑模数是建筑设计中选定的标准尺寸单位。它是建筑物、建筑构配件、建筑制品及有关设备尺寸相互间协调的基础。建筑模数包括基本模数和导出模数。

（1）基本模数。

基本模数是模数协调中选定的基本尺寸单位，用符号M表示，我国规定其数值为100mm，即1M=100mm。

（2）导出模数。

导出模数分为扩大模数和分模数。

扩大模数为基本模数的整数倍，以3M（300mm）、6M（600mm）、12M（1200mm）、15M（1500mm）、30M（3000mm）和60M（6000mm）表示。扩大模数主要用于建筑物的开间、进深、柱距、跨度、层高及门窗洞口尺寸等。分模数为基本模数的分数倍，以1/10M（10mm）、1/5M（20mm）和1/2M（50mm）表示。分模数主要用于建筑构配件截面尺寸、构造尺寸及缝隙尺寸等。

（3）模数数列。

以基本模数、扩大模数、分模数为基础扩展成的一系列尺寸形成了模数数列。模数数列的应用有助于不同类型的建筑物及其各自组成部分间的尺寸统一与协调，减少尺寸种类，且使尺寸的叠加和分割有较大的灵活性。

1.5　民用建筑定位轴线

定位轴线像坐标一样，是确定建筑物主要结构构件位置及其标志尺寸的基准线，也是施工放线的重要依据。设计中应进行准确的划分、编号与标注。

1.5.1 平面定位轴线

在平面中对建筑物的主要结构构件（墙、柱）进行定位，用平面定位轴线来标注。

1. 砌体结构建筑中平面定位轴线的标注

外墙定位轴线一般位于距顶层墙身内缘半砖处（普通砖、KP1 型多孔砖砖长为 240mm，半砖为 120mm；DM 型多孔砖砖长为 190mm，半砖为 100mm），如图 1.13（a）所示。内墙定位轴线一般与顶层墙身中心线相重合，如图 1.13（b）所示。楼梯间墙定位轴线一般位于距楼梯间一侧墙边缘半砖处，如图 1.13（c）所示。

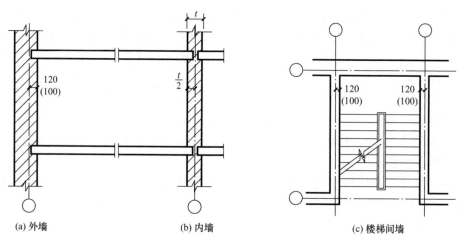

图 1.13 砌体结构墙定位轴线

2. 框架结构建筑中平面定位轴线的标注

中柱定位轴线一般与顶层柱截面中心线相重合，如图 1.14（a）所示；边柱定位轴线一般与顶层柱截面中心线相重合或位于距柱外缘 250mm 处，如图 1.14（b）所示。

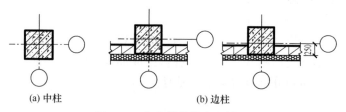

图 1.14 框架结构柱定位轴线

1.5.2 标高

建筑物在竖向空间对结构构件（楼板、梁等）的定位，用标高标注，标高单位为 m。

1. 标高的种类及关系

1)绝对标高

绝对标高又称绝对高程或海拔高度。我国的绝对标高是以青岛港验潮站历年记录的黄海平均海水面为基准,并在青岛市内一个山洞里建立了水准原点,其绝对标高为72.260m,全国各地的绝对标高都以它为基准测算。例如,世界第一高峰珠穆朗玛峰,2020年我国测量登山队测得珠穆朗玛峰的最新绝对标高为8848.86m。

2)相对标高

相对标高又称假定标高,是工程设计人员根据需要自行选定的基准面。一般将建筑物底层地面定为相对标高零点,用 ±0.000 表示。

用于建筑施工图中的标高为建筑标高,一般各楼层的建筑标高标注在楼地面面层上。上下各层楼地面标高之间的竖向距离,称为层高。

用于结构施工中的标高为结构标高,各楼层的结构标高一般标注在结构层表面。建筑标高减去楼地面面层的厚度即为结构标高。

2. 建筑标高的标注

(1)楼地层。楼地层的建筑标高应标注在各层楼地层的上表面,如图1.15(a)所示。

(2)门窗洞口。门窗洞口的建筑标高应标注在结构层表面,如图1.15(b)所示。

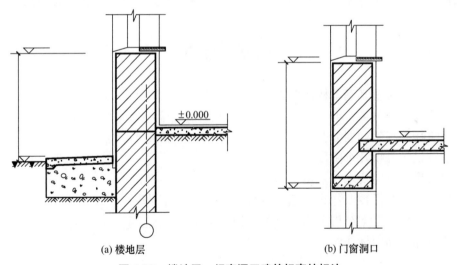

(a) 楼地层 (b) 门窗洞口

图 1.15 楼地层、门窗洞口建筑标高的标注

(3)屋顶。当屋顶为平屋顶时,屋顶的建筑标高应标注在屋顶结构层的上表面,如图1.16(a)所示;当屋顶为坡屋顶时,标注方式以正常使用为原则,一般在关键部位(如檐口、屋脊、屋面与梁柱交点等位置)标注标高,标高常标注在屋顶结构层上表面与定位轴线的相交处,如图1.16(b)所示。

(4)檐口。檐口的建筑标高应标注在面层的上表面,如图1.16所示。

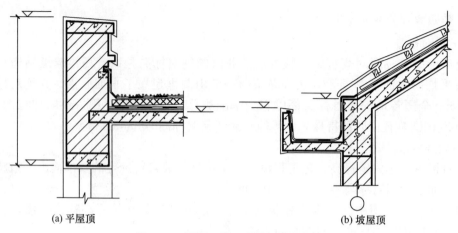

(a) 平屋顶　　　　　　　　　　　　(b) 坡屋顶

图 1.16　屋顶、檐口建筑标高的标注

第1章英语专业词汇

本 章 小 结

　　本章主要介绍了建筑及其基本构成要素、建筑物的分类与等级划分、建筑设计的内容和程序、建筑设计的要求和依据、民用建筑定位轴线。本章的重点是建筑物的分类与等级划分、建筑模数及定位轴线的标注。

思 考 题

1. 建筑的含义及其基本构成要素是什么？
2. 建筑物如何分类？
3. 建筑物等级怎样划分？
4. 建筑设计分哪几个阶段？
5. 建筑设计有何要求？依据有哪些？
6. 什么是建筑模数？什么是基本模数？导出模数有哪些？
7. 砌体结构、框架结构平面定位轴线如何定位？
8. 建筑标高如何标注？

第 2 章 建筑平面设计

教学目标

（1）了解建筑平面设计的内容。
（2）掌握建筑平面中各功能空间的设计要点。
（3）掌握建筑平面组合设计的一般方法。

2.1 概　　述

党的二十大报告提出，坚持人民城市人民建、人民城市为人民；加强城市基础设施建设，打造宜居、韧性、智慧城市。建筑设计在城市建设中扮演着至关重要的角色，它不仅影响着城市的美学和功能性，还反映了城市的文化和历史。因此，建筑设计必须遵守城市设计总体规划的要求。

建筑设计是一个感性与理性交织的复杂过程，它涉及建筑的功能、形态、空间、技术、经济、人文、历史等多方面因素。在设计过程中，建筑师通常将这个抽象、复杂的三维空间简化成更直观、更简单的平面图、剖面图、立面图等二维图纸及效果图来表达。其中，建筑平面图能最直接地表达建筑的功能要求，因此建筑设计往往会先从平面设计入手。在建筑平面设计中，需要解决每一个使用空间的具体设计，满足其使用功能。同时，还要解决各功能空间之间的交通联系，并运用平面组合方法将建筑的各个部分有效地组织起来。

各种类型的民用建筑，其构成平面的各部分功能空间各不相同，但从使用性质来分析，一般都可以归纳为使用空间和交通联系空间两大类，如图 2.1 所示。

1. 使用空间

使用空间是指满足各类功能需求的空间，包括主要使用空间和辅助使用空间。主要使用空间承载着建筑的主要使用功能，是建筑的最主要组成部分，如住宅中的起居室和卧室、宾馆中的客房、教学楼中的教室等。辅助使用空间是建筑中必不可少的附属部分，用来配合主要使用空间的功能，如建筑中的卫生间、盥洗室、厨房、储藏室、设备间等。

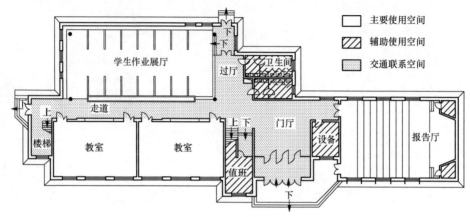

图2.1　某教学楼首层平面图

2. 交通联系空间

交通联系空间是用来联系建筑中各使用空间的重要组成部分，如建筑中的走道、楼梯、门厅、过厅及电梯和自动扶梯等。

此外，要将建筑的各部分空间有序地组织在一起，还涉及平面组合问题，它包括总平面布局、平面功能关系的协调、平面组合方法等问题。设计者应遵循从大到小、从整体到局部的原则，逐一解决。

2.2　主要使用空间设计

主要使用空间是建筑中最主要的组成部分，其设计是否合理将直接影响建筑能否达到预期的使用目标。主要使用空间在设计中应满足以下几个方面的要求。

（1）空间的面积、形状、尺寸应满足使用功能要求，并考虑家具、设备布置的要求。

（2）门窗设计应满足出入方便、安全疏散及采光通风的要求。

（3）应考虑结构合理、便于施工、利于组合。

（4）房间的平面形状、内部空间、细部处理应满足人们的审美要求与心理感受。

2.2.1　主要使用空间的面积

1. 主要使用空间的面积组成

主要使用空间的面积是由该空间的使用功能、使用人数、人的活动形式与特点、家具或设备的尺寸和数量等要素综合决定的，主要由以下三部分组成（图2.2）。

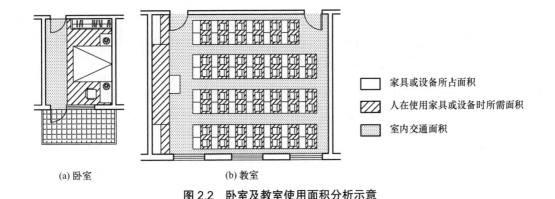

图 2.2 卧室及教室使用面积分析示意

（1）家具或设备所占面积。
（2）人在使用家具或设备时所需面积。
（3）室内交通面积。

其中，家具或设备所占面积根据房间使用功能不同而情况各异。如图 2.2（a）所示，卧室内的家具尺寸小，数量少，房间面积比较小；如图 2.2（b）所示，教室内的桌椅数量较多，房间面积自然也就相对较大。

人在使用家具或设备时所需面积及室内交通面积，主要与人体尺度及人的各类行为相关。以卧室为例，人在书写、梳妆、取物及整理等行为中，使用各种家具或设备时要求有足够的空间来完成相应的动作，设计中需要恰当地考虑这部分面积，在满足最小尺寸的前提下，还需兼顾舒适性与经济性要求，如图 2.3 所示。

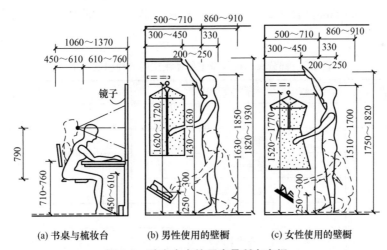

图 2.3 卧室中人使用家具所占空间

人在房间内行走还需要有足够的交通面积，且这部分面积与人在使用家具或设备时所需面积应做到互不干扰。对于容纳人数较多、人流相对密集的使用空间（如影院的观众厅等）来说，室内过道还应满足疏散宽度的要求，设计时应根据相关规范予以确定。

2. 主要使用空间面积的确定

在确定主要使用空间面积时,除满足以上三部分面积要求外,还应结合相关建筑设计规范的具体规定进行设计。表2-1所示为建筑设计规范中规定的部分主要使用空间的最小使用面积指标,设计时可作为依据之一。

表2-1　建筑设计规范中规定的部分主要使用空间的最小使用面积指标

建筑类型	房间名称	最小使用面积
住宅	起居室	10m²
	双人卧室	9m²
	单人卧室	5m²
老年照料设施居室	单人间	10m²
	双人间	16m²
	三人以上房间	6m²/床
幼儿园	活动室	70m²
	寝室	60m²
	多功能活动室	90m²

根据房间的使用功能与使用人数,按照相关规范中规定的面积定额,也可确定房间的面积。以中小学普通教室为例,小学按每班45人计,每个座位所占面积为1.36m²,则教室面积不能小于61.2m²;中学按每班50人计,每个座位所占面积为1.39m²,则教室面积不能小于69.5m²。表2-2列出了部分民用建筑中主要使用空间的面积定额指标,以供参考。

表2-2　部分民用建筑中主要使用空间的面积定额指标

建筑类型	房间名称	面积定额
小学	普通教室	1.36m²/座
中学	普通教室	1.39m²/座
办公楼	普通办公室	6m²/人
	设计绘图室	6m²/人
	研究工作室	7m²/人
宿舍	1类(1人)	16m²/人
	2类(2人)	8m²/人
	3类(3~4人)	6m²/人
汽车客运站	候车厅	1.1m²/人

续表

建筑类型	房间名称	面积定额
图书馆	普通阅览室	1.8～2.3m²/人
	儿童阅览室	1.8m²/人
	专业参考阅览室	3.5m²/人
	计算机目录检索室	2.0m²/人

此外，对于面积指标没有具体规定、使用人数也不固定的部分房间，如展厅、营业厅等，可以结合同类型房间使用情况的实际调研，结合任务书的要求及拟建地段的区位关系、经济水平与文化氛围等条件，通过比较分析，确定合理的房间面积。

2.2.2 主要使用空间的平面形状

在初步确定了主要使用空间面积的大小之后，还需进一步确定空间的平面形状和具体尺寸。由于空间的平面形状具有很大的灵活性，因此在实际设计中，应以满足使用功能为前提，以提高空间的有效使用面积为原则，综合考虑各方面因素来确定。

1. 一般使用功能的空间

在民用建筑中，一般使用功能的空间常用平面形状有矩形、正方形、六边形、八边形、圆形等。选择何种平面形状应根据具体的使用要求和条件确定，以便于家具或设备的布置、保证良好的采光与通风、满足使用者舒适度的要求、充分利用空间等。

如住宅中的卧室，其平面形状一般为方形或近似方形，如图 2.4 所示。这种房间形状利于室内家具的摆放，并可缩短交通路线，提高房间面积利用率，同时还具有利于平面组合、结构简单、方便施工的优点。

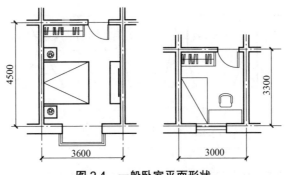

图 2.4　一般卧室平面形状

又如教室，其平面形状常采用矩形、方形或六边形，如图 2.5 所示。矩形教室便于室内桌椅的摆放，同时，较小的进深易于同其他房间尺寸取得一致，因而最常见。方形教室加大了房间的进深，缩小了开间尺寸，可缩短交通流线的长度，使建筑布局更为紧凑，节约用地；但其前排边座的水平视角 θ 过小，视觉效果差，若撤去前排边座，则会增加教室前部两侧难以利用的面积。六边形教室比矩形教室的面积利用率高，且建筑造型活泼，组合后可在多个六边形教室中心形成过厅，作为教室与走廊之间的缓冲面积；其缺点是结构较为复杂，施工麻烦。

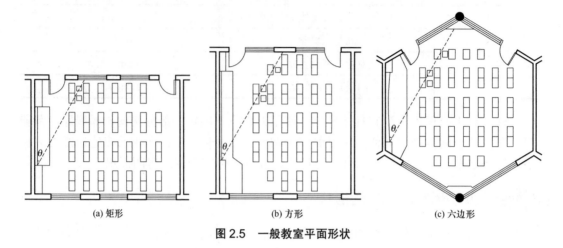

图 2.5　一般教室平面形状

2．特殊使用功能的空间

对于一些有特殊使用功能的空间，常因其使用功能的特殊性而形成多种多样的平面形状。例如，影剧院的观众厅或报告厅，为了满足良好的视听效果，让观众听得清楚、看得满意，平面形状一般为矩形、钟形、扇形、六边形及圆形等，如图 2.6 所示。

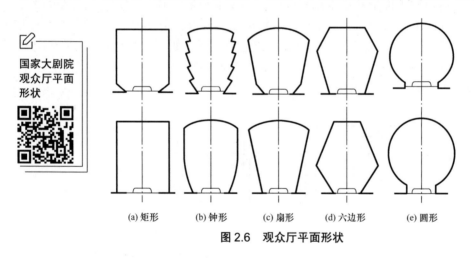

图 2.6　观众厅平面形状

2.2.3　空间的平面尺寸

进一步确定空间的平面尺寸需考虑以下几方面内容。

1．考虑家具设备的布置及人们的活动要求

确定空间的平面尺寸要考虑摆放的家具设备的种类、数量，兼顾布置的灵活性，同时满足人在使用活动中所需的尺寸。

例如，卧室的平面尺寸是依据床、床头柜、壁柜、梳妆台、座椅等家具的尺寸及布置方式确定的,并根据卧室的等级增减家具的数量。主卧室的开间尺寸一般为3300～3600mm,进深尺寸一般为4200～4500mm;次卧室的开间尺寸一般为2700～3000mm,进深尺寸一般为3300～3600mm,如图2.4所示。

又如中学普通教室,课桌椅的摆放有如下要求:①排距不宜小于900mm;②纵向走道宽度不应小于600mm;③课桌端部与墙面或突出物的净距离不宜小于150mm;④教室后部应设置横向疏散走道,最后一排课桌后沿至后墙面或固定家具的净距不应小于1100mm。教室的尺寸应能满足上述尺寸要求,如图2.7所示。

小学教学楼平面图

2. 满足视听要求

有的空间如教室、会议厅、影剧院等,其平面尺寸除满足家具设备的布置及人们的活动要求外,还要保证有良好的视听效果。

以教室为例,考虑视听效果,其平面尺寸应满足视角与视距的要求:①为防止第一排座位距离黑板太近,要求第一排课桌前沿与黑板的水平距离不宜小于2200mm;②为避免斜视而影响学生视力,前排边座的学生与黑板远端形成的水平视角θ不应小于30°;③为防止学生仰视,第一排正座学生视线与黑板面形成的垂直视角β不应小于45°;④为避免最后一排学生距离黑板太远,影响听课效果,最后一排课桌后沿与黑板的水平距离:小学不宜大于8000mm,中学不宜大于9000mm。综合以上要求,教室的开间尺寸常取8700～9300mm,进深尺寸常取6900～7200mm,如图2.7所示。

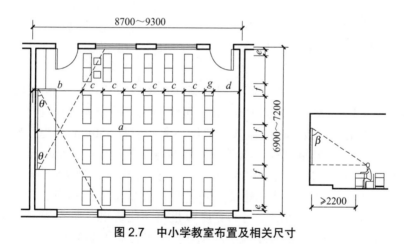

图2.7 中小学教室布置及相关尺寸

小学$a \leqslant 8000$mm,中学$a \leqslant 9000$mm;$b \geqslant 2200$mm;$c \geqslant 900$mm;$d \geqslant 1100$mm;$e \geqslant 150$mm;$f \geqslant 600$mm;$g = 400$mm;$\theta \geqslant 30°$;$\beta \geqslant 45°$

3. 满足天然采光要求

大量的民用建筑要求有良好的采光和自然通风。常见的采光形式有单侧采光、双侧采光及混合采光。单侧采光时,房间的进深尺寸不大于地面至窗上口高度的2倍;双侧采光时,房间的进深尺寸可较单侧采光时增大1倍,即不大于地面至窗上口高度的4倍;混合采光时,对房间的进深尺寸没有限制,如图2.8所示。

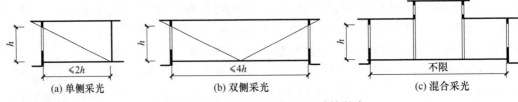

图 2.8 采光方式对房间进深尺寸的影响

4. 考虑结构的经济合理性

一般民用建筑多采用墙体承重的梁板式结构或框架结构。房间的开间和进深尺寸应尽量使结构构件标准化，尺寸符合经济跨度的要求。例如，钢筋混凝土板的经济跨度在 4000mm 以内，而钢筋混凝土梁的经济跨度则为 6000～9000mm。

5. 符合建筑模数协调统一标准的要求

为了提高建筑工业化水平，应尽量统一构件类型、减少规格。在进行不同功能、不同面积的房间组合时，开间和进深的尺寸在符合建筑模数协调统一标准规定（一般以 3M 为模数）的前提下，应尽量统一。例如，旅馆客房、小型办公室的开间尺寸一般取 3300mm、3600mm、3900mm，进深尺寸一般取 5400mm、5700mm、6000mm。

2.2.4 门窗设计

1. 门的设计

门的设计包括门的尺度、数量、位置及开启方向等问题的确定。

1）门的尺度

门的尺度主要指门的高度和宽度。门的高度在民用建筑中一般取 2000～2200mm（具有疏散功能的门净高要求满足 2100mm），宽度则主要根据人体尺度、人流股数及家具与设备的尺寸确定。一般单股人流通行的最小宽度按照 550mm 考虑，对于通行人数不多的房间门来说，可按照单股人流考虑，门的宽度为 700～1000mm。住宅卧室门的宽度为 900mm，厨房门的宽度为 800mm，卫生间门的宽度为 700mm；医院的急诊室、病房的门由于经常要有担架、轮椅、手推车等设备出入，其净宽应在 1100mm 以上。对于通行人数较多的房间门，门的宽度应根据《建筑设计防火规范（2018 年版）》（GB 50016—2014）每 100 人的最小疏散净宽计算得出，如表 2-3 所示。

表 2-3 房间疏散门每 100 人的最小疏散净宽　　　　　　　　　单位：m/100 人

楼层位置		耐火等级		
		一、二级	三级	四级
地上楼层	1～2 层	0.65	0.75	1.00
	3 层	0.75	1.00	—
	≥4 层	1.00	1.25	—
地下楼层	与地面出入口地面的高差≤10m	0.75	—	—
	与地面出入口地面的高差＞10m	1.00	—	—

门的洞口宽度在 1000mm 以内的，设单扇门；在 1200～1800mm 之间的，设双扇门；在 2100mm 以上的，宜设多扇门，且门扇的宽度应在 1000mm 以内，以便于开启。

目前，很多公共建筑和居住建筑都有无障碍设计的要求，供轮椅通行的门的净宽应符合表 2-4 的要求。此外，在门把手一侧应留有不小于 400mm 的墙面宽度，如图 2.9 所示。

表 2-4 供轮椅通行的门的净宽

类别	门的净宽 /m	类别	门的净宽 /m
自动门	≥1.00	平开门	≥0.80
推拉门、折叠门	≥0.80	弹簧门（小力度）	≥0.80

2）门的数量

公共建筑内每个房间的疏散门不应少于 2 个；儿童活动场所、老年人照料设施中的老年人活动场所、医疗建筑中的治疗室和病房、教学建筑中的教学用房，当位于走道尽端时，疏散门不应少于 2 个。公共建筑内仅设置 1 个疏散门的房间应符合下列条件之一。

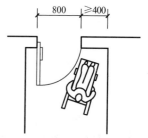

图 2.9 供轮椅通行门一侧的墙面宽度

（1）对于儿童活动场所、老年人照料设施中的老年人活动场所，房间位于两个安全出口之间或袋形走道两侧且建筑面积不大于 50m²。

（2）对于医疗建筑中的治疗室和病房、教学建筑中的教学用房，房间位于两个安全出口之间或袋形走道两侧且建筑面积不大于 75m²。

（3）对于歌舞娱乐放映游艺场所，房间的建筑面积不大于 50m² 且经常停留人数不大于 15 人。

（4）对于其他用途的场所，房间位于两个安全出口之间或袋形走道两侧且建筑面积不大于 120m²。

（5）对于其他用途的场所，房间位于走道尽端且建筑面积不大于 50m²。

（6）对于其他用途的场所，房间位于走道尽端且建筑面积不大于 200m²、房间内任一点至疏散门的直线距离不大于 15m、疏散门的净宽不小于 1.40m。

对于人流密集的房间，在满足至少 2 个疏散门的基础上，对每个疏散门的平均疏散人数也有一定的要求。例如，影剧院、礼堂的观众厅或多功能厅，每个疏散门的平均疏散人数不应超过 250 人；当容纳人数超过 2000 人时，其超过 2000 人的部分，每个疏散门的平均疏散人数不应超过 400 人。体育馆的观众厅每个疏散门的平均疏散人数宜为 400～700 人。

3）门的位置

门的位置应满足方便交通、便于室内家具摆放、利于通风及防火疏散的要求。

当房间只有 1 个门时，门通常位于房间的一角，以留出较完整的墙面来摆放室内家具，获得集中的使用空间，如图 2.10（a）所示。当房间内的家具对称布置（如医院病房、宿舍寝室等）时，门的位置宜居中，以便缩短交通流线的长度，如图 2.10(b) 所示。

当房间有 2 个或 2 个以上门时,为满足防火疏散的要求,相邻 2 个疏散门最近边缘之间的水平距离不应小于 5m。对于一些人流密集的房间(如电影院放映厅、会议厅等),房间的门应与室内的通道密切配合,以便于疏散,如图 2.10(c)所示。

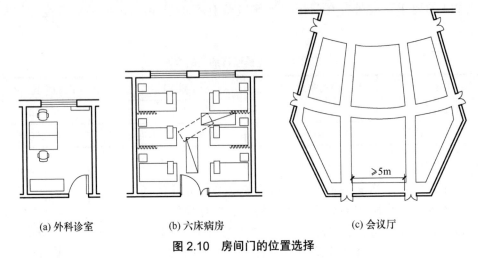

(a) 外科诊室　　　　(b) 六床病房　　　　(c) 会议厅

图 2.10　房间门的位置选择

4)门的开启方向

从安全疏散的角度考虑,门应向房间外部开启,与疏散方向一致。当房间内容纳的人数不超过 60 人,并且每扇门的平均疏散人数不超过 30 人时,门的开启方向不限。为防止占用交通空间,影响房间外部的人流疏散,采用内开门比较合适。

当出现房间穿套时,若几个门集中布置且经常同时开启,在设计时应注意协调好这些门的位置和开启方向,防止门扇互相碰撞,影响人们的正常通行,如图 2.11 所示。

(a) 房间门互相碰撞　　　　(b) 改变门的开启方向　　　　(c) 改变门的位置

图 2.11　套间门的布置

2. 窗的设计

窗的设计包括确定窗的大小和位置,设计时需考虑室内采光、通风、立面美观、建筑节能及经济等方面的要求。

1)窗的大小

窗的大小即窗洞口的宽和高,一般根据室内采光、通风要求来确定。由于房间功能不同,对采光的要求也不同,可根据有关设计标准或规范中的规定,用窗地面积比(窗洞口面积与房间地面面积的比值)来估算窗的大小。例如,住宅中的卧室、起居室、厨房的窗地面积比应不低于1/7，普通教室、办公室、会议室的窗地面积比应不低于1/5，设计室、绘图室的窗地面积比应不低于1/3.5，走道、楼梯间、卫生间的窗地面积比应不低于1/12。窗的高度与宽度应尽量满足建筑模数的要求，设计时也可以先确定窗的大小，再用窗地面积比进行验算。

2）窗的位置

窗在外墙上的位置以居中为宜，这样既可以保证室内照度均匀，又有利于组织室内的良好通风。一般窗应与门的位置呼应，以便使室内空气流通范围加大，形成穿堂风，如图2.12所示。

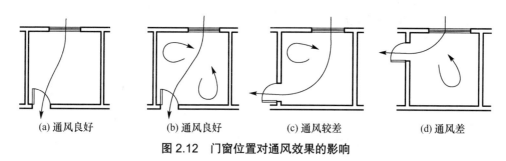

图2.12 门窗位置对通风效果的影响

此外，窗的大小与位置对建筑立面效果影响也很大，可在满足使用功能的前提下，根据立面需要进行适当调整，同时还要考虑相关的构造问题。

2.3 辅助使用空间设计

辅助使用空间是建筑中的附属部分，用于配合主要使用空间的功能，其设计原则和方法与主要使用空间基本相同，本节主要介绍卫生间、浴室、盥洗室与厨房的平面设计。

2.3.1 卫生间设计

按服务对象和人数不同，卫生间可分为公用卫生间和专用卫生间。前者主要用于各类公共建筑中，使用人数较多；后者主要用于住宅、宾馆、公寓或疗养院中，使用人数较少，面积小，附属于一个套间或单元内。

1. 公用卫生间

1）卫生器具的种类与数量

公用卫生间中的主要设备有大便器、小便器、洗手盆、污水池等。

卫生器具的数量是根据使用人数、使用对象和使用特点来确定的，可参考《城市公共厕所设计标准》（CJJ 14—2016）的相关规定来确定卫生器具的数量，进而确定公用卫生间的面积。

2）布置要求

（1）公用卫生间内应设前室，或有隔墙、隔断等遮挡措施，以阻隔视

《城市公共厕所设计规范》（CJJ 14—2016）

线、气味、声音等。在前室内一般布置洗手盆、污水池等卫生器具。公用卫生间前室布置尺寸如图 2.13 所示。

（2）公用卫生间内部设大便器、小便器。大便器有蹲式与坐式两种，目前我国的公共建筑中多采用蹲式大便器，而在一些标准较高或老年人、残疾人使用的卫生间中则采用坐式大便器。不同的厕位之间应有隔断分隔，公用卫生间隔间尺寸与设备布置如图 2.14 所示。公用卫生间内卫生器具布置与组合的尺寸如图 2.15 所示。

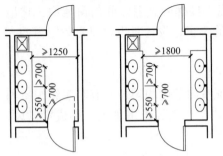

图 2.13 公用卫生间前室布置尺寸

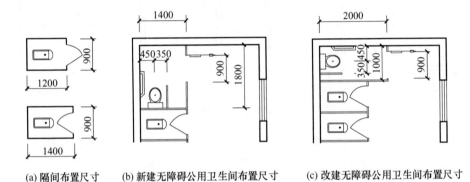

(a) 隔间布置尺寸　　(b) 新建无障碍公用卫生间布置尺寸　　(c) 改建无障碍公用卫生间布置尺寸

图 2.14 公用卫生间隔间尺寸与设备布置

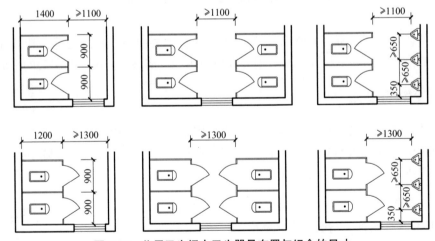

图 2.15 公用卫生间内卫生器具布置与组合的尺寸

2. 专用卫生间

专用卫生间一般为某部分特定人群服务，常设置在住宅、公寓、旅馆标准间、套房等单元或套间的内部，使用人数较少。专用卫生间内部组合了盥洗、洗浴、如厕等多项功能，具有面积小、功能多、空间布局紧凑的特点。

针对不同的使用对象和使用要求，专用卫生间内卫生器具的种类和数量也不同，一般应配置三件卫生器具：便器、洗浴器（浴缸或喷淋）、洗面器，或为其预留设置位置及条件。以住宅为例，根据使用功能，组合不同的设备，卫生间的使用面积也不同：三件卫生设备集中配置时不应小于 2.50m^2；设便器、洗面器时不应小于 1.80m^2；设便器、洗浴器时不应小于 2.00m^2；设洗面器、洗浴器时不应小于 2.00m^2；设洗面器、洗衣机时不应小于 1.80m^2；单设便器时不应小于 1.10m^2。

专用卫生间内的卫生器具的布置方式可参照表 2-5。

表 2-5　专用卫生间内的卫生器具的布置方式

布置方式	实例图
单件布置	
两件布置	
两件加淋浴	
三件布置	
三件分设	

此外，在老年人公寓等有无障碍设计要求的专用卫生间内应设安全扶手，并注意卫生器具的高度设计、地面砖的选择、卫生间门的开启方向等细节，具体设计时应参照相关规范。

2.3.2 浴室与盥洗室

除了公共浴室，民用建筑中常见的浴室、盥洗室都属于辅助使用空间，如体育建筑、工厂车间、宿舍等建筑中，都会根据具体需要设置相应的浴室、盥洗室，此外还应附设更衣室。浴室、盥洗室内主要的卫生器具有洗手盆、污水池、淋浴器，一般不设浴盆。更衣室内设存衣柜、更衣凳。浴室、盥洗室还可与卫生间组合。浴室、更衣室的布置尺寸及组合方式如图2.16所示。

考虑方便残疾人和老年人使用，浴室内可设1个无障碍淋浴间或盆浴间。设计时应考虑设置轮椅回旋空间，以及存衣柜、更衣台、坐凳、洗浴台、安全扶手等设施。老年人使用的无障碍淋浴间如图2.17所示。

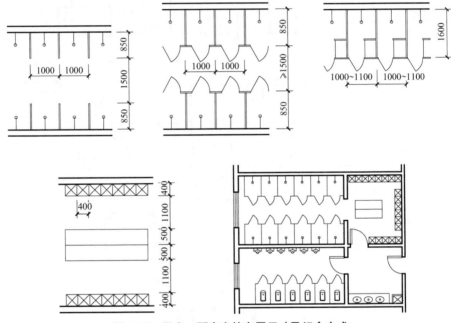

图2.16 浴室、更衣室的布置尺寸及组合方式

图2.17 老年人使用的无障碍淋浴间

2.3.3 厨房设计

住宅、公寓中的厨房一般为一户独用，厨房内应设置洗涤池、案台、炉灶、抽油烟机及热水器等设施或预留位置。厨房设计时应满足以下要求。

（1）厨房应有足够的面积。厨房的面积大小主要由设备布置、操作空间、套型标准等因素决定，一般住宅内厨房的最小使用面积为 4m²。

（2）厨房应按炊事操作流程布置。常见的布置形式有一列型、并列型、L 型、U 型等，如图 2.18 所示。其中，一列型布置动作呈直线进行，动线距离较长；并列型布置动线距离变短，且直线行动减少，但操作者经常要 180° 转身；L 型与 U 型布置较理想，动线距离较短，从冰箱、洗涤池到案台、炉灶的操作顺序不重复，但转角部分的储藏空间使用率较低。

公共建筑厨房

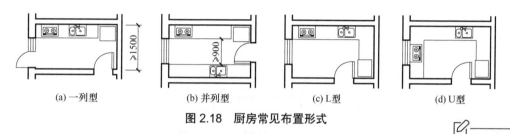

图 2.18 厨房常见布置形式

（3）充分利用厨房的有效空间布置足够的储藏设施，如吊柜等。

（4）厨房在套内空间的位置应满足下述条件：为满足采光与通风的要求，厨房一般靠外墙布置；为使套内功能合理分区，厨房宜布置在套内靠近入口处。

厨房布置实例

2.4 交通联系空间设计

建筑中各个功能空间的组织需要由交通联系部分来完成，它分为水平交通联系空间（走道等）、垂直交通联系空间（楼梯、坡道、电梯、自动扶梯等）和交通枢纽部分（门厅等）。

交通联系空间设计的主要要求如下。

（1）交通路线短捷，联系方便。

（2）具有足够的宽度或面积，便于疏散。

（3）满足一定的采光与通风要求。

（4）与建筑整体风格协调一致。

2.4.1 走道

1. 走道类型

根据走道与房间的位置关系，走道有内廊式和外廊式两种形式（图 2.19）。

内廊式走道［图 2.19（a）］在走道两侧均布置房间，走道位于建筑的内部。这种走道形式可提高交通空间的利用率，减少交通面积，各功能空间之间联系紧密，利于保温节能。其缺点是北侧房间的朝向不好，走道内的采光与通风较差，需在房间内墙上开窗间接采光。

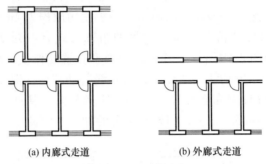

(a) 内廊式走道　　　　(b) 外廊式走道

图 2.19　走道的类型

外廊式走道［图 2.19（b）］只在走道的一侧布置房间。根据地方的气候特点，外廊式走道可做成封闭式或开敞式。这种走道形式的优点是大部分使用房间可获得良好的朝向，走道靠外墙一侧可开窗或直接敞开，采光与通风条件好。其缺点是交通路线加长，交通面积增加，且建筑的外表面积增大，不利于保温节能。

此外，还有一种走道称为过廊或连廊，它的两侧不布置房间，通常用于联系两座建筑或一座建筑中的两个分离的体块，使它们之间的交通更加便捷。

2. 走道宽度

走道承担的主要功能是交通联系与疏散，一般净宽要求不小于 1100mm。当走道还兼具其他功能时，宽度应适当加大。例如，中小学教学楼的教学用房内的走道，净宽不应小于 2400mm，单侧走道及外廊的净宽不应小于 1800mm。医院门诊楼的走道兼有候诊的功能，单侧候诊时，走道净宽不应小于 2400mm；双侧候诊时，走道净宽不应小于 2700mm。在有无障碍设计要求的建筑内，室内走道净宽不应小于 1200mm，人流较多或者较集中的大型公共建筑室内走道净宽不宜小于 1800mm。对于一些人员较为集中的场所，如学校、商店、办公楼等，疏散走道的宽度应根据每层的人数经计算确定，每 100 人的最小疏散净宽不小于表 2-6 的规定。

表 2-6　疏散走道每 100 人的最小疏散净宽　　　　单位：m/100 人

楼层位置	耐火等级		
	一、二级	三级	四级
地上 1～2 层	0.65	0.75	1.00
地上 3 层	0.75	1.00	—
地上 4 层及以上	1.00	1.25	—

3. 走道长度

走道长度除了取决于它所联系房间的尺寸与数量，最关键的是安全疏散距离的影响。

它与建筑的类型、耐火等级、楼梯间的类型等方面有关，如图2.20所示。表2-7中给出了房间疏散门至最近安全出口（封闭楼梯间）的最大距离，可间接地控制走道的长度。当楼梯间为非封闭楼梯间时，L_1应按表2-7的规定减少5m，L_2应减少2m。

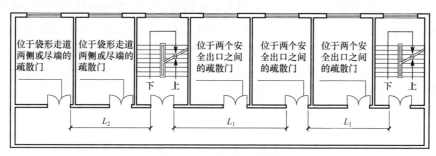

图2.20　走道长度的规定

表2-7　直通疏散走道的房间疏散门至最近安全出口的最大距离　　　　单位：m

名称			位于两个安全出口之间的疏散门（L_1）			位于袋形走道两侧或尽端的疏散门（L_2）		
			耐火等级			耐火等级		
			一、二级	三级	四级	一、二级	三级	四级
托儿所、幼儿园			25	20	15	20	15	10
医疗建筑	单、多层		35	30	25	20	15	10
	高层	病房部分	24	—	—	12	—	—
		其他部分	30	—	—	15	—	—
教学建筑	单、多层		35	30	25	22	20	10
	高层		30	7	—	15	—	—
高层旅馆、展览建筑			30	—	—	15	—	—
其他建筑	单、多层		40	35	25	22	20	15
	高层		40	—	—	20	—	—

注：1. 一、二级耐火等级的建筑物内的观众厅、多功能厅、餐厅、营业厅和阅览室等，其室内任何一点至最近安全出口的直线距离不大于30m。
2. 建筑内开向敞开式外廊的房间疏散门至最近安全出口的直线距离可按本表的规定增加5m。
3. 建筑物内全部设置自动喷水灭火系统时，其安全疏散距离可按本表的规定增加25%。

2.4.2　楼梯与坡道

1. 楼梯

楼梯是建筑中的垂直交通联系部分，楼梯间的形式、楼梯梯段与平台的宽度、楼梯的位置和数量应满足使用方便和安全疏散的要求。

1) 楼梯的形式

楼梯是建筑中的活跃元素，在满足交通联系的基础上，其形态有很丰富的变化，可归纳为直线式、折线式和曲线式三种基本类型。在具体设计中,楼梯的空间形态是多种多样的,其常见形式如图 2.21 所示。其中,直跑楼梯(直行单跑楼梯和直行多跑楼梯)具有方向单一、贯通空间的特点;平行双跑楼梯是建筑中最常见的形式,一般布置在单独的楼梯间内,具有节省建筑面积、使用方便的特点;平行双分楼梯为均衡对称的形式,典雅庄重,常布置在门厅中轴线上;折行多跑楼梯可灵活地适应不规则的空间形状;剪刀楼梯可有效利用空间,利于人流疏散;弧形楼梯和螺旋形楼梯常用于建筑的门厅或过厅部分,形式灵活多样,具有极强的装饰作用。疏散用楼梯和疏散通道上的阶梯不宜采用螺旋形楼梯和扇形踏步。设计中可根据具体的要求,选择适宜的楼梯形式。

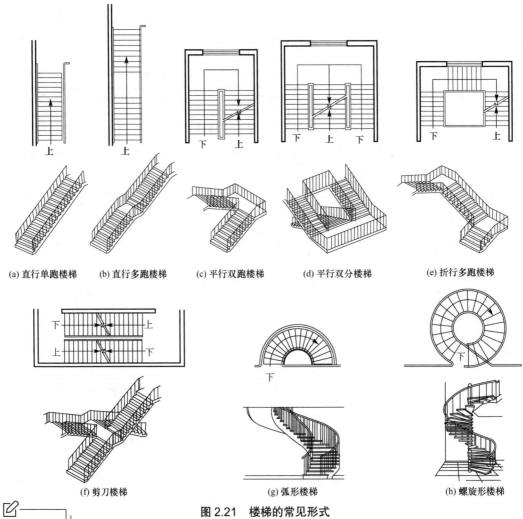

图 2.21 楼梯的常见形式

各种楼梯实例

2)楼梯梯段与平台的宽度

楼梯梯段的宽度应结合通行的人流量,根据相关的建筑设计规范和防火疏散要求来确定,计算方法参照表 2-6。楼梯主要尺度与设计详见第 9 章。

3）楼梯的位置和数量

楼梯作为二层及二层以上建筑的安全疏散出口，其位置应满足疏散距离的要求，可参照表2-7的规定设置。同时，作为交通联系部分，楼梯对日照、采光的要求较低，常布置在北向或被包裹在大空间建筑的核心部位。

楼梯的数量要根据使用人数和防火规范的要求来确定。一般一幢公共建筑内应至少设2部疏散楼梯。当疏散距离超出规范规定的条件时，应增加楼梯数量。当符合表2-8所列条件之一时，公共建筑可设1部疏散楼梯。

表2-8 公共建筑可设置1部疏散楼梯的条件

耐火等级	最多层数	每层最大建筑面积/m²	人数
一、二级	3层	200	第二、三层的人数之和不超过50人
三级	3层	200	第二、三层的人数之和不超过25人
四级	2层	200	第二层人数不超过15人

注：本表所列条件不适用于医疗建筑、老年人照料设施、托儿所、幼儿园的儿童用房、儿童游乐厅等儿童活动场所和歌舞娱乐放映游艺场所。

建筑设计中，应将楼梯的位置和数量结合起来考虑，使其在建筑中均匀布置，既满足防火疏散的要求，又体现经济、美观的原则。

2. 坡道

坡道是用于联系地面不同高度空间的通行设施，一般坡度在1∶12～1∶8之间。与楼梯相比，坡道的坡度平缓，上下更省力，通行能力与水平走道近似，疏散能力较大，其缺点是占用面积很大。

为了方便残疾人或需要借助轮椅代步的人通行，目前在新建和改建的城市道路、房屋建筑、室外通路中广泛使用坡道来解决通行问题，具体的设计要求与构造详见9.7节。

2.4.3 电梯与自动扶梯

电梯是建筑物楼层间垂直交通运输的快速运载设备，常见于高层建筑或一些有特殊要求的多层建筑物中，如航站楼、地铁站、医疗建筑、商场、有无障碍设计要求的建筑等。

自动扶梯是以运输带的方式，在建筑物的楼层间大量、连续输送流动客流的装置，由于运输效率高而多用于人流较密集的公共场所，如航站楼、地铁站、商场、医院等。

电梯与自动扶梯的类型、设计要求与构造将在第9章中详述。

2.4.4 门厅

门厅是建筑中的交通枢纽，起着组织流线与空间过渡的作用。由于建筑类型不同，门厅还兼有一些附属功能。例如，旅馆的门厅应设置休息会客、邮电通信、预订票证等服务性功能空间；医院门诊楼的门厅应设置挂号、问询、收费、取药等功能空间；图书馆的门厅则应设验证、咨询、寄存和监控等设施。

1. 门厅的设计要求

（1）门厅在平面中的位置应明确突出，一般设置在建筑物中人流、物流的集中交汇处，面向主要道路，以方便人流出入。

（2）门厅内路线导向应明确，应能有效组织各交通流线，避免互相干扰，避免影响通行与疏散。

（3）门厅内应有良好的空间环境，如充足的采光、适宜的空间比例等。

（4）门厅应注意防雨、防风、防寒，一般在出入口处设雨篷、门廊或门斗。

（5）门厅对外出入口还应按照防火规范的要求满足一定的疏散宽度，具体可参照《建筑设计防火规范（2018年版）》（GB 50016—2014）中给出的相关计算方法。

（6）在寒冷地区，公共建筑入口处要求设两道门，门的间距也应考虑到同时开启时的使用问题。《无障碍设计规范》（GB 50763—2012）中规定：建筑物无障碍出入口的门厅、过厅如设置两道门，门扇同时开启时两道门的间距不应小于1500mm，可以避免轮椅使用者在其间通行时被同时开启的门扇碰撞（图2.22）。

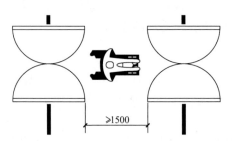

图2.22　无障碍设计中门厅处两道门同时开启的间距要求

2. 门厅的面积指标

门厅的面积可根据建筑的使用性质、规模、质量标准及空间效果等因素综合确定。在一些公共建筑设计规范中，规定了门厅的面积定额，如旅馆的门厅面积指标为$1 \sim 6 m^2 /$间，乙级电影院的门厅面积指标不应小于$0.3 m^2 /$座。

3. 门厅的布置方式

门厅的布置方式与建筑的平面形式有关。

当建筑的平面形式为对称式布局时，门厅布置在建筑的中轴线上，如图2.23（a）所示。对称式布局方式给人庄重、严肃的印象，常用在图书馆、办公楼等建筑中。

当建筑的平面形式为非对称式布局时，门厅的位置就会自由一些，常布置在建筑不同体块的衔接处，如图2.23（b）所示。非对称式布局给人活泼、灵动的印象，常用于旅馆、医院、教学楼等多种建筑类型中。

第2章 建筑平面设计

(a) 对称式布局

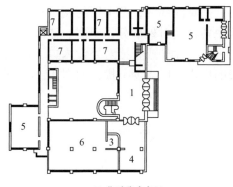
(b) 非对称式布局

1—门厅；2—过厅；3—出纳室；4—目录厅；5—阅览室；
6—书库；7—办公室；8—装订室；9—陈列室；10—接待厅。

图 2.23　某图书馆门厅布置方式

2.5　建筑平面组合设计

建筑平面组合设计是将建筑的各部分功能房间有机地整合到一起，其影响因素主要涉及功能分区、结构类型选择、设备管线布置及基地环境等多个方面。协调好各部分之间的关系，灵活运用各种平面组合方式，使建筑满足适用、经济、美观的要求，是建筑平面组合设计的主要任务。

2.5.1　建筑平面组合的影响因素

1. 功能分区

功能分区主要是按照主次、内外、动静或使用流程等将性质相似、大小接近的房间组织在一起，各分区之间既要分隔，不互相干扰，也要注意有便捷、密切的联系，以提高建筑使用效率。

1）主次分明

建筑内部房间从功能的重要程度上看，有的是主要的，有的则是次要的、从属的。例如，住宅中的卧室、起居室是主要部分，卫生间、厨房则是次要部分；幼儿园中的幼儿生活用房是主要部分，行政办公室、厨房、洗衣间等则是次要部分；教学楼中的各类教室、实验室是主要部分，管理、办公、储藏等用房则是次要部分。因此，在平面分区时，要将相同类型的用房组织在一起，把主要功能设置在建筑的入口附近（图 2.24）。

2）内隐外敞

建筑中各部分房间面向的使用群体不同，有的房间与外部联系密切，供公众使用，有的房间与内部联系密切，供内部人员使用，组合时应注意区分。例如，住宅中的起居室、餐厅为家庭公共活动及待客场所,是对外部分,卧室、书房等属于主人的私密空间,是对内部分;图书馆的阅览室是对外部分,而行政、办公用房是对内部分;餐饮建筑中餐厅是对外部分,厨房、储藏室、办公室是对内部分。对外部分应设置在建筑靠近主入口门厅处或直接对外设入口,使人易于到达;对内部分则应设置在建筑平面中较隐蔽的位置,以减少干扰,如图 2.25 所示。

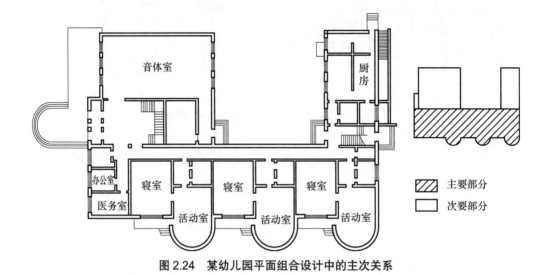

图 2.24 某幼儿园平面组合设计中的主次关系

图 2.25 住宅户型设计中的内外分区

3)动静分离

从使用要求来看,有的房间需要安静,有的房间在使用中声音干扰较大,应在平面中分区布置。例如,部分中小学教学楼中的音乐教室、小礼堂、报告厅为动区,普通教室、办公室为静区,如图 2.26 所示;酒店中的接待、餐饮部分为动区,客房部分为静区。在平面布置中，应使动静分离，动区和静区可分别布置在同一层平面的不同区域，或分别布置在不同楼层。

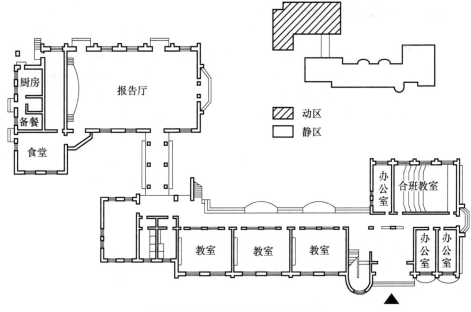

图 2.26 教学楼设计中的动静分区

4）洁污分区

洁污分区主要体现在医院类建筑的平面关系划分中。此外，在普通住宅的套型设计中，也经常提到洁污分区，如厨房在使用中会产生油烟、污水、噪声，属于污的部分，卧室、起居室则属于洁的部分，应注意平面上的划分，将污的部分靠近出口。

5）流程清晰

流程通常指在建筑中完成某种行为或工艺的顺序。例如，在交通建筑中，人们需经过买票、行李托运、候车、检票，再经过通道到达月台上车；在医院的手术室中，根据严格的消毒流程，医护人员需经过换鞋、更衣、刷手等环节方能进入手术室内，各部分房间布局必须遵循使用流程，如图 2.27 所示。

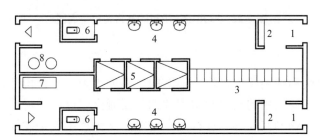

1—换鞋区；2—鞋柜；3—更衣柜；4—洗面池；
5—淋浴间；6—厕所；7—搁板；8—污衣袋。

图 2.27 手术室设计中的流程关系

2. 结构类型选择

建筑常见的结构类型有混合结构、框架结构和空间结构。建筑平面组合设计中要结合所选择的结构类型，合理确定平面各组成部分的尺寸与形状，既要满足经济性要求，又要兼顾结构合理性及结构与造型的一致性。

1）混合结构

混合结构指在同一房屋结构体系中，采用两种或两种以上不同材料组成的承重结构体系。一般采用钢筋混凝土楼（屋）盖和用砖或其他砌块（如混凝土砌块）砌筑的承重墙组成结构支撑体系。其主要的优点是构造简单、施工进度快、造价较低、承重墙所用材料便于就地取材。其缺点是砌体强度比混凝土强度低得多，因此建造房屋的层数有限，一般不超过7层。此外，多层砌体房屋一般采用刚性方案，故横墙间距受到限制，不可能获得较大空间，因而只能用于住宅、宿舍、普通办公楼、学校、小型医院等民用建筑及中小型工业建筑中。图2.28 所示为采用墙体承重的某宿舍楼平面图。

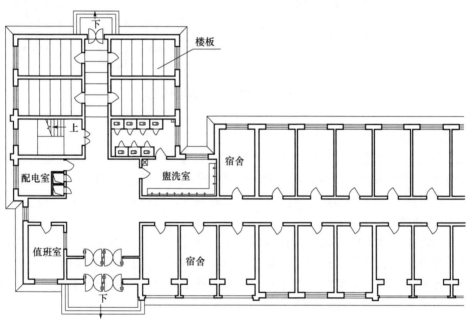

图 2.28 采用墙体承重的某宿舍楼平面图

2）框架结构

框架结构是由梁和柱刚性连接的骨架结构。墙体作为非承重构件，只起到分隔空间的作用。框架结构主要使用的材料是型钢和钢筋混凝土，这两种材料具有很好的抗压性能和抗弯性能，建筑物的空间和高度都大大增加。其优点主要是建筑具有较好的抗震性和整体性，平面布局灵活性大，窗的位置更加自由，建筑形式更为多样。其缺点是钢材和水泥用量大，造价较高。框架结构常用于商店、教学楼、图书馆、高层和多层住宅、旅馆等建筑中。图2.29 所示为采用框架结构的某教学楼平面图。

第 2 章 建筑平面设计

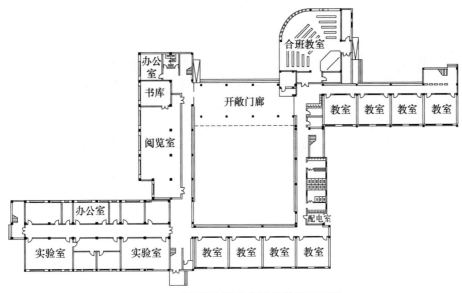

图 2.29 采用框架结构的某教学楼平面图

3）空间结构

随着建筑技术的发展，出现了各种大跨度空间结构，如网架、薄壳、折板、悬索、薄膜结构等。这些空间结构形式使得大跨度空间的建造成为可能，其具有使用材料少、受力合理的特点，且大空间中无视线阻隔，建筑形式也常常令人耳目一新。空间结构常用于体育馆、体育场、航站楼、剧院等大跨度建筑中，如图 2.30 所示。

(a) 国家游泳中心采用的空间钢架与 ETFE 薄膜结构

(b) 悉尼歌剧院采用的薄壳结构

图 2.30 空间结构

3. 设备管线布置

建筑要达到预期的使用功能目标还应在建筑内合理配置各类设备管线，包括给排水、采暖、通风、空调、配电、通信等各项系统。常见的设备管线较为集中的位置有：住宅中的厨房、卫生间；教学楼、办公楼中的卫生间；旅馆、公寓中的卫生间；等等。在建筑平面组合设计时，要预留出这些管线的空间，并合理确定它们在平面中的位置，尽量上下对位、集中敷设，以缩短管线长度，便于施工、管理和维护。图 2.31 所示为旅馆卫生间内的设备管线布置。

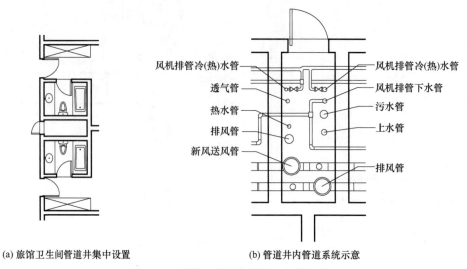

(a) 旅馆卫生间管道井集中设置　　(b) 管道井内管道系统示意

图 2.31　旅馆卫生间内的设备管线布置

4. 基地环境

建筑与它所处的环境密切相关,既要解决好拟建建筑与周边原有环境的关系,也要解决好地段内各建筑间的关系。设计应充分掌握地段的各项条件,从建筑及其附属设施的功能布局、地形与地势、日照间距、防火间距等方面对建筑的平面组合进行推敲,使其功能合理、形态美观,并符合相关规范的要求。

1) 建筑及其附属设施的功能布局

在地段中,不仅要为建筑本身寻求一个合理、优越的位置,还要结合具体功能要求布置必要的场地、院落、道路、绿化等室外设施。例如,在幼儿园的总平面设计中,要对建筑、室外游戏场地、绿化用地及杂物院等进行总体布置。其中,场地入口与建筑入口的位置、杂物院与供应用房的关系、室外游戏场地与建筑内幼儿生活用房的关系,都会影响到建筑平面功能的组合,设计时要符合幼儿生理、心理特点,做到分区合理、朝向适宜,游戏场地要日照充足,如图 2.32 所示。

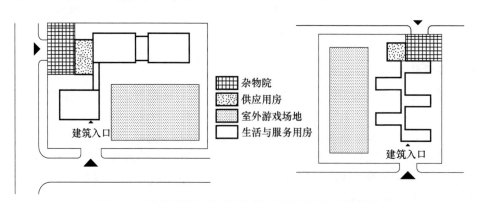

图 2.32　幼儿园的地段功能布局对建筑平面组合的影响

2）地形与地势

建筑基地的地形与地势是十分重要的设计限定条件，若善加利用，可以给建筑赋予独特的区域特色。

（1）地形条件。地形对建筑平面组合的影响主要体现在建筑的平面形状上。在接近方形的地段内，建筑布局通常较为集中；在狭长地段内，建筑布局易呈线性；当地段边界出现转角或弧线等不规则形时，建筑布局通常顺应地形，处理手段灵活多样，如图2.33所示。当基地面积较紧张时，地形对建筑平面组合的限定作用体现得更为明显。建筑平面组合的形状与基地的形状常常一致。

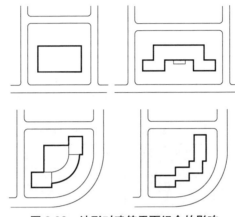

图2.33　地形对建筑平面组合的影响

（2）地势条件。地势对建筑平面组合的影响主要体现在各层平面的标高选取上，常结合建筑剖面、立面进行设计。有效利用地势，可减少土方量，创造富有空间层次的建筑景观，如图2.34所示。

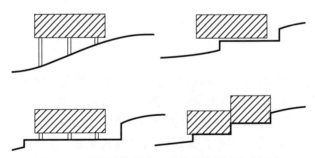

图2.34　利用地势创造丰富的建筑平面组合形态

3）日照间距

建筑中部分房间有日照时间的要求。日照间距是指前后两座建筑之间，根据日照时间要求所确定的距离，以满足使用舒适性和卫生的要求，如图2.35所示。对于居住建筑来说，这一点尤为重要。在建筑平面组合设计中，为满足这一距离要求，建筑平面的位置、形状都可能受到影响。日照间距的计算公式为

$$L = H/\tan\alpha$$

式中：L——日照间距；

H——南向前排房屋檐口至后排房屋底层窗台的高度；

α——冬至日正午的太阳高度角（当房屋为正南向时）。

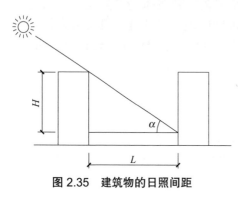

图 2.35 建筑物的日照间距

由于南北的地理位置不同，南方的日照间距小，越向北日照间距越大。

4）防火间距

建筑与建筑之间还要保持一定的防火间距，以保证发生火灾时，能够顺利实施消防救援，并防止火势蔓延。在进行建筑平面组合设计时，要注意拟建建筑与周边其他建筑的距离，合理退让。《建筑设计防火规范（2018 年版）》（GB 50016—2014）中规定了民用建筑之间的防火间距（表 2-9），设计中可参考使用。

表 2-9 民用建筑之间的防火间距　　　　　　单位：m

建筑类别		高层民用建筑	裙房和其他民用建筑		
		一、二级	一、二级	三级	四级
高层民用建筑	一、二级	13	9	11	14
裙房和其他民用建筑	一、二级	9	6	7	9
	三级	11	7	8	10
	四级	14	9	10	12

2.5.2 建筑平面组合形式

常用的建筑平面组合形式有以下几种。

1. 走道式组合

走道式组合把使用空间和交通联系空间明确分开，房间沿走道的一侧或两侧布置，各使用空间之间各自独立，互不干扰，如图 2.36 所示。这种平面组合形式的适应性很强，一般房间面积不是很大，采光和通风情况都比较好，常用于旅馆、宿舍、办公楼、学校、疗养院、医院等建筑中，是最常用的建筑平面组合形式。

2. 单元式组合

将功能关系密切的房间组合到一起，在建筑中自成系统，这样的系统称为单元。将多个单元在空间中组合到一起的方式叫作单元式组合。这种建筑平面组合形式常见于居住类建筑中，其以楼梯、电梯作为各单元住户之间的交通联系。这种组合形式可以减少住户之间的干扰，同时能减少交通面积，使平面布局更紧凑。单元的组合也可以灵活处理，根据地段的条件，确定组合单元的数量和位置，可以呈一字形、L 形或错落布置，组合形式多样，如图 2.37 所示。

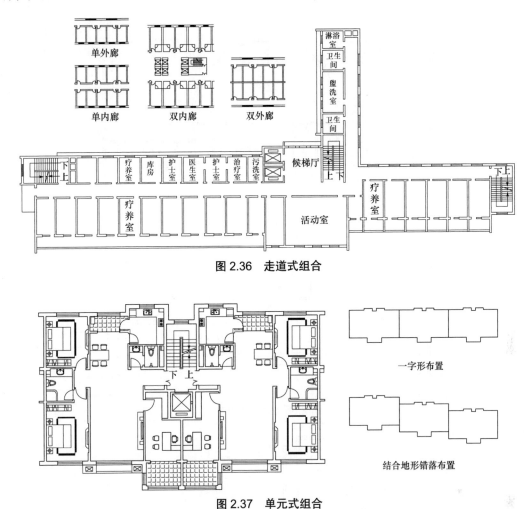

图 2.36　走道式组合

图 2.37　单元式组合

3. 大厅式组合

大厅式组合即以大厅作为交通联系的手段，将各使用空间联系起来，通常见于房间面积较大，并且集中排布的情况，如图 2.38 所示。将大房间出口处的缓冲空间合并到一起形成大厅，既解决了交通联系的问题，又解决了人流集散的问题。由于各房间之间没有干扰，在管理上也具有较强的灵活性。例如，在展览建筑中，根据布展需要，可以所有展厅同时开放，也可以只开放部分展厅。车站、图书馆等建筑也常用此种组合形式。

4. 串联式组合

在进行建筑平面组合设计时，若部分功能空间之间联系密切或有流程上的顺序关系，则可采用串联式组合，如图 2.39 所示。各房间穿套布置，交通联系部分就包含在房间面积中，人的流线靠房间内的家具或设施进行引导和划分，组合时应注意流线的合理性，避免重复或交叉。这种组合形式常见于陈列室、浴室、游泳馆等功能空间中。

建筑的组成功能具有多样性和复杂性，一座建筑中常常组合了多种使用功能，因此，平面组合中也相应地采用不同的组合形式，可以以一种组合形式为主，以其他组合形式为辅。

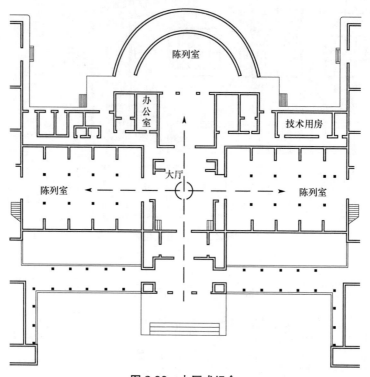

图 2.38　大厅式组合

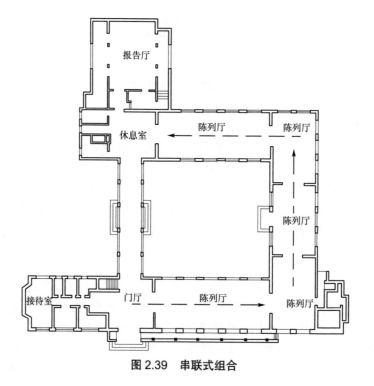

图 2.39　串联式组合

本章小结

本章主要讲述建筑平面设计的内容和方法，包括主要使用空间设计、辅助使用空间设计、交通联系空间设计及建筑平面组合设计四部分。其中，建筑平面组合设计需要结合具体设计情况，综合运用涉及的相关知识，是本章的重点和难点。

第2章英语专业词汇

思考题

知识拓展

1. 建筑平面设计包含的主要内容有哪些？
2. 如何确定房间的面积？房间的形状和尺寸与哪些因素有关？举例说明。
3. 如何确定房间门窗的位置、大小和数量？
4. 公用卫生间内卫生器具的数量和布置有什么要求？
5. 专用卫生间中主要的卫生器具有哪些？主要布置方式有哪些？
6. 建筑中的交通联系空间主要指什么？
7. 防火规范中对走道的长度和宽度有什么规定？
8. 简述建筑平面组合的影响因素。
9. 简述建筑平面组合的形式、特点及适用范围。

第 3 章 建筑剖面设计

教学目标

(1) 熟悉如何确定房间的剖面形状。
(2) 掌握房间各部分高度的确定。
(3) 了解建筑层数的确定及影响因素。
(4) 了解建筑空间的组合与利用。

3.1 房间的剖面形状

房间的剖面形状分为矩形和非矩形两类。一般民用建筑多采用矩形剖面,采用矩形剖面可以获得简洁、规整、便于竖向空间组合的体型;同时,具有结构简单、施工方便等优点。非矩形剖面灵活自由、适应性强,但结构复杂。

房间剖面形状的选择主要根据使用要求和特点来确定,同时还要结合具体的物质技术、经济条件及特定的艺术构思考虑,使之既能满足使用要求,又能达到一定的艺术效果,主要考虑以下几个方面的要求。

3.1.1 室内使用性质和活动特点的要求

在民用建筑中,绝大多数建筑属于一般功能要求的建筑,如住宅、学校、办公楼、旅馆、商场等,这类建筑房间的剖面形状多采用矩形。

1. 人体活动及家具设备的要求

房间剖面在高度上需确定房间的净高,这与人体活动尺寸有很大关系。一般房间的净高以人举手不接触到顶棚为宜，因此，房间的净高应不低于2.20m，如图3.1所示。

不同使用功能的房间对净高要求也不同。住宅中卧室和起居室使用人数少、面积不大，净高不应低于2.40m；中小学教室使用人数多，使用面积较大，净高也较大，一般净高为3.00～4.50m；商店营业厅由于受房间平面形状、客流量及通风方式等因素的影响，其净高一般为3.00～3.50m；公共建筑的门厅人流较多，高度比其他房间高，甚至可以做中庭。

房间内的家具设备及人们使用家具设备的必要空间，也直接影响到房间的净高。例如，学生宿舍，其净高与床位布置形式有关，当采用单层床时，其净高不应低于2.60m；当采用双层床时，其净高不应低于3.40m；当采用高架床时，其净高不宜低于3.40m，如图3.2所示。又如，医院手术室，其净高应考虑手术台、无影灯及手术操作所需的必要空间，净高不应低于3.00m，如图3.3所示。再如，对于有空调要求的房间，通常在顶棚内布置水平风管，确定层高时应考虑风管尺寸及必要的检修空间。

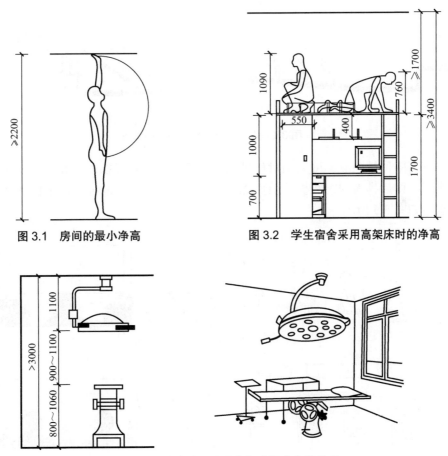

图3.1 房间的最小净高　　　　图3.2 学生宿舍采用高架床时的净高

图3.3 医院手术室中照明设备与房间净高的关系

2. 视线要求

观众厅视线设计

对于某些有特殊功能要求的房间，如影剧院的观众厅、体育馆的比赛大厅和教学楼中的阶梯教室等，应根据使用要求选择合适的剖面形状。这类房间除平面形状、大小应满足一定的视距、视角要求外，空间上也需要满足良好的视线要求，即舒适、无遮挡地看清对象。

在剖面设计中，为了保证良好的视线质量，即视线无遮挡，需要进行视线设计，可将座位逐排升高，使室内地面形成一定的坡度。地面的升起坡度主要与设计视点的位置及视线升高值有关。设计视点是指按设计要求所能看到的极限位置，是视线设计的主要依据。各类建筑由于功能不同，观看对象性质也有所区别，设计视点的选择也不同。例如，电影院的设计视点在银幕底边的中点，而体育馆的设计视点在边线或边线上空 300～500mm 处，如图 3.4 所示。另外，第一排座位的位置、排距等对地面的升起坡度也有影响。

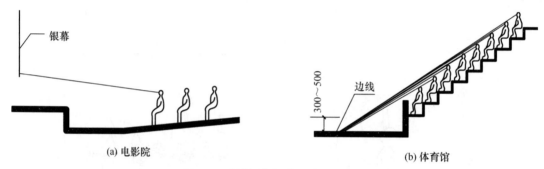

图 3.4　设计视点与地面坡度的关系

在平面座位排列时，可采用对位排列（即后排人的视线擦着前排人的头顶而过）和错位排列（即后排人的视线擦着前面隔一排人的头顶而过）两种方法来保证视线无遮挡的要求，如图 3.5 所示。

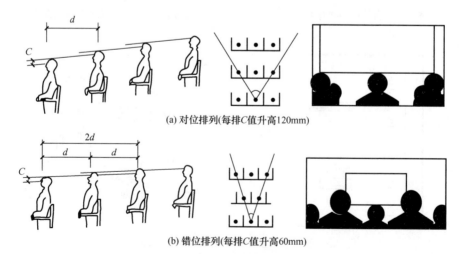

图 3.5　座位排列法及其视线升高值

以中学阶梯教室地面升高剖面为例,排距取 900mm,采用对位排列时,逐排升高,地面起坡大;采用错位排列时,每两排升高一级,地面起坡小,如图 3.6 所示。

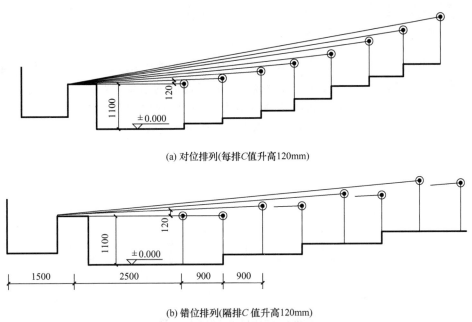

图 3.6　中学阶梯教室地面升高剖面

3. 音质要求

剧院、电影院、会堂等建筑,大厅的音质要求对其剖面形状的影响也很大。为保证室内声场分布均匀,防止出现空白区、回声和聚焦等现象,在剖面设计中要注意顶棚的处理。

顶棚的高度和形状是保证听得清楚、真实的一个重要因素。一般情况下,顶棚高度不宜过大,否则将增加声音的反射距离,以致产生回声。顶棚的形状应使大厅各座位都能获得均匀的反射声,如图 3.7 所示。对于锯齿形或波浪形顶棚,声线可按照设计要求反射到需要的区域,具有扩散性好、声能分布均匀等优点。凸面是声扩散面,不会产生聚焦,声场分布均匀;而凹面易产生聚焦,声场分布不均匀,设计中要慎用。因此,大厅顶棚应尽量避免采用凹面或拱顶。

图 3.7　观众厅的几种剖面形状示意

3.1.2 采光和通风的要求

为了保证房间必要的学习、生活及卫生条件,房间的高度应有利于天然采光和自然通风。

1. 天然采光

房间内应尽量采用天然采光。采光房间内光线的照射深度,主要由侧窗的高度决定。进深越大,要求侧窗上沿的位置越高,即相应房间的净高也要大一些。当房间采用单侧窗采光时,通常侧窗上沿离地的高度应大于房间深度的1/2[图3.8(a)];当房间允许两侧开窗时,侧窗上沿离地的高度不小于总深度的1/4[图3.8(b)]。当房间进深大,侧窗不能满足采光要求时,可以采用高侧窗或屋顶设天窗采光等方法解决,从而形成各种不同的剖面形状,如图3.9所示。

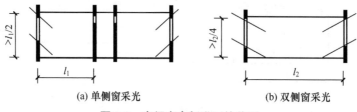

(a) 单侧窗采光　　　　(b) 双侧窗采光

图3.8　房间窗高与进深的关系

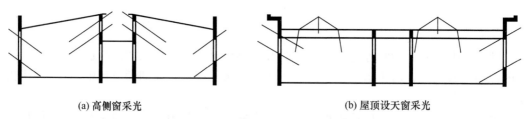

(a) 高侧窗采光　　　　(b) 屋顶设天窗采光

图3.9　房间利用高侧窗和天窗采光

有的房间虽然进深不大,但有特殊要求,如展览馆中的陈列室,为使室内照度均匀、稳定、柔和,并减轻和消除眩光的影响,避免直射阳光损害陈列品,需设置各种形式的屋顶采光窗,如图3.10所示。

(a) 矩形天窗　　　(b) 三角形天窗　　　(c) 高侧窗

图3.10　特殊采光方式形成的剖面形状

2. 自然通风

为了使室内有良好的自然通风效果，除利用侧窗外，还可通过在屋顶设置通风窗等办法来解决，尤其是在操作过程中常散发出大量蒸汽、油烟等的厨房类房间，可在顶部设置排气窗（图 3.11），以加速排除有害气体。

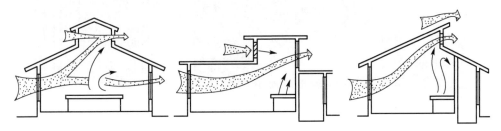

图 3.11　顶部设置排气窗的剖面形状

3.1.3　结构、材料和施工的要求

房间的剖面形状不仅要满足使用要求，还应考虑结构、材料和施工的要求。大量民用建筑采用的矩形剖面，有利于梁板结构布置，施工简单。即使有特殊要求的房间，在满足使用要求的前提下，也宜优先考虑矩形剖面；但在功能要求或者经济较合理的情况下，也可以采用非矩形剖面。

特殊的结构形式往往能为建筑创造出独特的室内空间，这一点在大跨度建筑中呈现得尤为突出，如悬索结构、壳体结构、网架结构等结构形式，其灵活多变的空间形式展现出的力度与动势是其他形式的建筑所没有的，如图 3.12 所示。

(a) 悬索结构　　　　　(b) 壳体结构　　　　　(c) 网架结构

图 3.12　空间结构类型

3.1.4　室内空间比例的要求

室内空间的封闭和开敞、宽大和矮小、比例是否协调都会给人不同的感受。例如，宽而矮的空间比例使人感觉宁静、开阔、亲切，但过低又会使人产生压抑、沉闷的感觉；高而窄的空间比例易使人产生兴奋、激昂、向上的情绪，且有严肃感，如图 3.13 所示。合适的空间比例会给人舒适的感觉。例如，住宅建筑的房间净高 2.40m，使人感到亲切、随和，若用于教室，就显得过于低矮。因此，面积大的房间高度要高一些，面积小的房间高度则可适当降低。

(a) 宽而矮的空间比例　　　　(b) 高而窄的空间比例

图 3.13　空间比例不同给人不同的感受

3.2　房间各部分高度的确定

3.2.1　房间的高度

在建筑剖面设计中，首先要确定的是房间的净高和层高（图 3.14）。净高是指楼地面完成面到吊顶或楼盖、屋盖底面之间的距离。层高是指该层楼地面完成面到上一层楼地面完成面之间的距离。

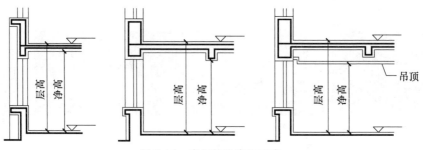

图 3.14　房间的净高和层高

净高是供人们直接使用的有效室内高度，它与室内活动特点、采光通风要求、结构类型、设备尺寸等因素有关。有时房间的平面形状也间接地影响到房间净高的确定。

净高的常用数值参考如下。

对于卧室、起居室，净高≥2.40m；对于办公、工作用房，净高≥2.50m；对于走廊，净高≥2.00m；对于小学教室，净高≥3.00m；对于中学教室，净高≥3.05m；对于幼儿园的活动室，净高≥3.00m；对于多功能活动室，净高≥3.90m。

层高是国家对各类建筑房间高度的控制指标。各类建筑主要使用房间的常用层高参见表 3-1。

表 3-1　各类建筑主要使用房间的常用层高　　　　　　　　　　　单位：m

建筑类型	房间名称			
	教室、实验室	风雨操场	办公、辅助用房	起居室、卧室
中学	3.30～3.60	3.80～4.00	3.00～3.30	
小学	3.20～3.40	3.80～4.00	3.00～3.30	
住宅				2.80
办公楼			3.00～3.30	
宿舍楼				2.80～3.30
幼儿园	3.00～3.20			3.00～3.20

3.2.2 窗台高度

窗台高度主要与室内的使用要求、人体尺度、家具尺寸及通风要求有关。一般民用建筑，窗台高度主要考虑方便人们工作、学习，保证书桌上有充足的光线，通常为900～1000mm［图3.15（a）］。

有特殊要求的房间，应根据要求确定合适的窗台高度。例如，展览馆的陈列室，为消除和减少眩光，应避免陈列品靠近窗台布置，窗台到陈列品的距离要使保护角大于14°，因此，一般将窗下口提高到离地2500mm以上，形成高侧窗［图3.15（b）］；卫生间的窗台高度可提高到1800mm以上［图3.15（c）］；托儿所、幼儿园的窗台高度应考虑儿童的身高及较小的家具设备，一般为600～700mm［图3.15（d）］；医院的儿童病房，为方便照顾患者，窗台高度较一般民用建筑要低一些［图3.15（e）］。

某些公共建筑的房间（如餐厅、休息厅），以及疗养建筑和旅游建筑，为使室内阳光充足和便于观赏室外景色，丰富室内空间，常将窗台做得很低，甚至采用落地窗。

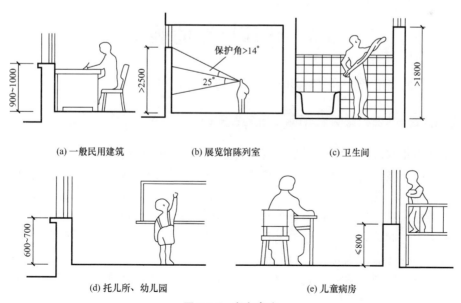

(a) 一般民用建筑　　(b) 展览馆陈列室　　(c) 卫生间

(d) 托儿所、幼儿园　　(e) 儿童病房

图 3.15　窗台高度

3.2.3 室内外地面高差

为了防止室外雨水流入室内和防止墙身受潮，民用建筑通常将室内地面适当提高，使得建筑物室内外地面形成一定高差。

室内外地面高差主要由以下几方面因素确定。

1. 建筑物沉降量

一般建筑物建成后会有一定的沉降量，沉降量的大小决定室内外高差的多少。

2. 防水、防潮要求

对于地下水位较高或雨水量较大的地区及较重要的建筑物等，需要提高室内地面，一般情况下室内外高差≥300mm。

3. 地形及环境条件

位于山地和坡地的建筑物，应结合地形的起伏变化和室外道路布置等因素，综合确定底层地面标高，使其既方便内外联系，又有利于室外排水和减少土石方工程量。

4. 建筑物使用性质特征

民用建筑应具有亲切、平易近人的感觉，因此室内外高差不宜过大。纪念性建筑除在平面空间布局和造型上反映其独特的性格特征外，常采用高的台基和较多的台阶来增强建筑严肃、庄重、雄伟的气氛。

室内外地面高差的确定除要考虑以上因素外，还要考虑便于人流和货流的通行。例如，住宅、商店、医院等建筑，室外踏步的级数以不超过四级，即室内外地面高差≤600mm 为宜；而仓库类建筑，为便于运输常在入口处设置坡道代替台阶，为了不使坡道过长影响室外道路布置，以室内外地面高差≤300mm 为宜。

3.3 建筑层数的确定

建筑层数的确定受很多因素影响，具体表现在以下几方面。

3.3.1 建筑基地环境与城市规划的要求

环境协调和城市的总体规划制约着每幢建筑的层数和高度。建筑的层数不能脱离环境，特别是位于城市街道两侧、广场周围、风景区等位置的建筑，更需要考虑建筑与周围建筑、道路、绿化等的协调一致。不同位置的建筑，城市规划制约的条件有所不同。例如，在某些风景区附近，必须重视建筑与环境的关系，不得建造高大的建筑，而应以自然环境为主，充分利用大自然来美化和丰富建筑空间。又如，在机场附近的建筑，为了不影响飞机的起降，也有高度的限制。

另外，城市规划必须从宏观上控制每个局部区域的人口密度。在实际设计中，通过居住区的容积率来控制此区域的人口密度。

3.3.2 建筑的使用性质

有些建筑的使用性质对建筑层数也有一定要求。例如，住宅、办公楼、旅馆等建筑，多由若干面积不大的房间组成，高度和荷载较小，可采用多层和高层。对于托儿所、幼儿园等建筑，考虑到儿童的生理特点和安全，同时为便于室内与室外活动场所的联系，其层数不应超过3层。影剧院、体育馆等一类公共建筑中都有面积和高度较大的房间，由于人流集中，为迅速而安全地进行疏散，宜建成低层。

3.3.3 建筑结构类型和地震烈度

建筑结构类型是决定建筑层数的基本因素。混合结构的建筑是以墙或柱承重的梁板结构体系，一般为1～6层，如住宅、宿舍、小学教学楼（4层及4层以下）、中学教学楼（5层及5层以下）、中小型办公楼、医院、食堂等。多层和高层建筑可采用梁柱承重的框架结构、剪力墙结构或框架-剪力墙结构等。空间结构体系如薄壳结构、网架结构、悬索结构等，则适用于低层大跨度建筑，如影剧院、体育馆、仓库、食堂等。

根据地震烈度不同，对建筑的高度和层数要求也不同。表3-2所列为砌体房屋高度和层数限值，表3-3所列为现浇钢筋混凝土房屋最大适用高度。

表3-2 砌体房屋高度和层数限值

砌体类型	最小墙厚/m	地震烈度									
		6		7				8		9	
		0.05g		0.10g		0.15g		0.20g		0.30g		0.40g	
		高度/m	层数	高度/m	层数	高度/m	层数	高度/m	层数	高度/m	层数	高度/m	层数
普通砖	0.24	21	7	21	7	21	7	18	6	15	5	12	4
多孔砖	0.24	21	7	21	7	18	6	18	6	15	5	9	3
多孔砖	0.19	21	7	18	6	15	5	15	5	12	4	—	—
小砌块	0.19	21	7	21	7	18	5	18	6	15	5	9	3

表3-3 现浇钢筋混凝土房屋最大适用高度 单位：m

结构类型	地震烈度				
	6	7	8（0.2g）	8（0.3g）	9
框架	60	50	40	35	24

续表

结构类型		地震烈度				
		6	7	8（0.2g）	8（0.3g）	9
框架－抗震墙		130	120	100	80	50
抗震墙		140	120	100	80	60
部分框支抗震墙		120	100	80	50	不应采用
筒体	框架－核心筒	150	130	100	90	70
	筒中筒	180	150	120	100	80
板柱－抗震墙		80	70	55	40	不应采用

3.3.4 建筑防火的要求

按照《建筑设计防火规范（2018年版）》（GB 50016—2014）的规定，建筑层数应根据建筑的耐火等级来决定。例如，耐火等级为一、二级的民用建筑，按照建筑功能不同，其层数也有所不同；耐火等级为三级的民用建筑，允许层数为 1～5 层；耐火等级为四级的民用建筑，允许层数为 1～2 层。民用建筑的耐火等级与最多允许层数见表 3-4。

表 3-4　民用建筑的耐火等级与最多允许层数

名称	耐火等级	允许建筑高度或层数	防火分区的最大允许建筑面积 /m²	备注
高层民用建筑	一、二级	按规范第 5.1.1 条确定	1500	对于体育馆、剧场的观众厅，防火分区的最大允许建筑面积可适当增加
单、多层民用建筑	一、二级	按规范第 5.1.1 条确定	2500	
	三级	5 层	1200	
	四级	2 层	600	

注：表中所指规范为《建筑设计防火规范（2018 年版）》（GB 50016—2014）。

3.4　建筑空间的组合与利用

3.4.1 建筑空间的组合

建筑空间的组合就是根据内部使用要求，结合基地环境等条件，通过分析建筑功能在水平和垂直方向上的相互关系，将各种不同形状、大小、高低的空间组合起来，使之成为使用方便、结构合理、体型简洁而美观的整体。

1. 建筑空间的组合原则

（1）根据建筑功能，分析建筑空间的剖面组合关系。在建筑剖面设计中，应将对外联系密切、人员出入频繁、室内有较重设备的房间放到建筑的下部空间；反之，则放到建筑的上部空间。

（2）根据房屋各部分的高度，分析建筑空间的剖面组合关系。由于建筑功能的差别，导致建筑各个房间的高度要求不一致，尤其是集多种功能于一体的综合性建筑。在建筑剖面设计中，需要在建筑功能分析的基础上，将不同高度的空间进行归类整合，按照建筑剖面组合规律，使建筑各个部分在垂直方向上协调统一。

2. 建筑空间的组合规律

1）相同或相近的小空间组合

在建筑设计中，常常把高度相同或相近的、使用性质相似的、联系密切的空间组合在同一层，在满足功能要求的前提下，统一各层的高度，以利于结构布置和便于施工。

2）大小、高低相差悬殊的空间组合

（1）以大空间为主体的空间组合。有些建筑如体育馆、影剧院等，主要是以大空间为主要组合对象，在其周围布置小空间，或利用大空间中的局部夹层来布置小空间。这种组合方式应注意处理好辅助空间的通风、采光、疏散等问题。如图 3.16 所示的建筑，其以比赛大厅为中心，而将其他辅助用房布置在看台下，并向周边延伸，不但充分利用了空间，而且丰富了造型。

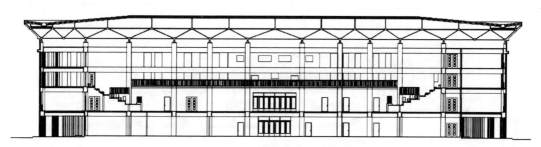

图 3.16　以大空间为主体的空间组合

（2）以小空间为主体的空间组合。以小空间为主的建筑，由于某些功能需要在建筑内部设置大空间，如商住楼的营业厅、办公楼中的会议室和报告厅、教学楼中的活动室等。通常将这类建筑的大空间依附于主体小空间的一侧，从而不受层高与结构的限制；或将大小空间上下叠合，把大空间布置在一、二层或是顶层，如图 3.17 所示。

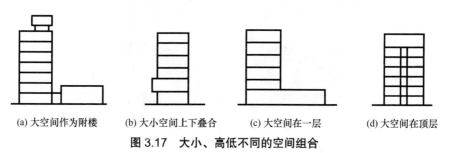

(a) 大空间作为附楼　　(b) 大小空间上下叠合　　(c) 大空间在一层　　(d) 大空间在顶层

图 3.17　大小、高低不同的空间组合

（3）综合性的空间组合。对于集多种功能于一身的综合性建筑，常常由若干大小、高低、形状各不相同的空间组成。对于这类建筑，必须综合运用多种组合形式，才能满足功能及艺术性的要求。

3）错层式空间组合

错层是指在建筑的纵向或横向剖面中，将建筑几部分之间的楼地面高低错开，并用台阶、楼梯等进行过渡。

当建筑内部出现高低差，或由于地形的变化使建筑几部分空间的楼地面出现高低错落时，可采用错层的方式使空间取得协调统一。错层楼地面的高差可通过室内踏步、楼梯或室外台阶来解决，如图3.18所示。

4）退台式空间组合

建筑由下至上收缩形成露天退台，设计时可以利用其空间作为室外活动场地或绿化布置等，既可以缩短建筑间距，又可以节约用地，还可以极大地丰富建筑造型，如图3.19所示。

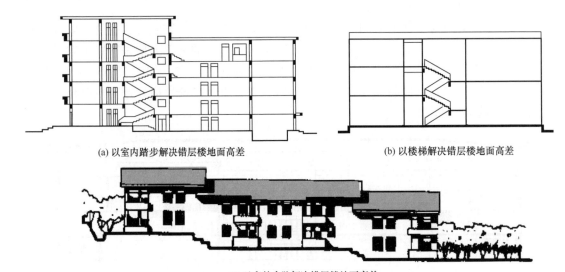

(a) 以室内踏步解决错层楼地面高差　　(b) 以楼梯解决错层楼地面高差

(c) 以室外台阶解决错层楼地面高差

图3.18　错层楼地面高差的处理方法

图3.19　退台式空间组合

3.4.2 建筑空间的利用

合理利用建筑空间不仅可以增加使用面积、节约投资，还可以改善室内空间比例、丰富室内空间的艺术效果。

1. 夹层空间的利用

在公共建筑中的营业厅、体育馆、影剧院、候机楼等，由于功能要求导致内部主体空间与辅助空间的面积和层高不一致，因此常采用在大空间周围布置夹层的方法来组合小空间，以达到利用建筑空间及丰富室内空间的目的，如图3.20所示。

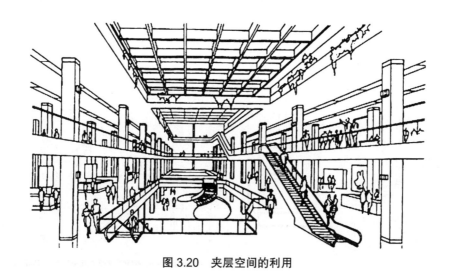

图 3.20　夹层空间的利用

2. 房间上部空间的利用

房间上部空间的利用主要是指除人们日常活动和家具布置外的空间的利用，如住宅中常利用房间上部空间设置搁板、吊柜作为储藏之用，如图3.21所示。

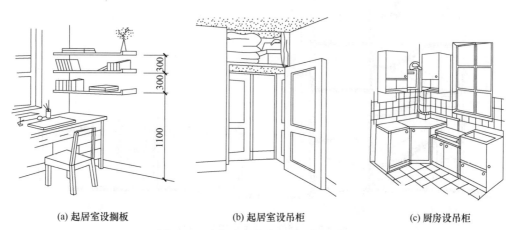

(a) 起居室设搁板　　　　(b) 起居室设吊柜　　　　(c) 厨房设吊柜

图 3.21　房间上部空间设置搁板、吊柜

空间利用

3. 结构空间的利用

在建筑中，墙体厚度增加，所占用的室内空间也相应增加，因此充分利用墙体空间可以起到节约空间的作用。通常可利用墙体空间设置壁柜、窗台柜，利用坡屋顶的内部空间设置阁楼，如图 3.22 所示。

4. 楼梯间及走道空间的利用

一般民用建筑楼梯间底层休息平台下至少有半层高，该空间可作为储藏室和辅助用房及出入口等。同时，楼梯间顶层有半层高，可以利用此空间布置一个小储藏室，如图 3.23（a）所示。

民用建筑走道主要用于人流通行，其面积和宽度都较小，高度也相应较低，可充分利用走道上部多余的空间布置设备管道及照明线路［图 3.23（b）］。

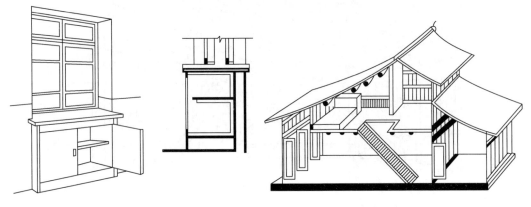

(a) 窗台下的空间利用　　　　(b) 坡屋顶的空间利用

图 3.22　建筑结构空间利用

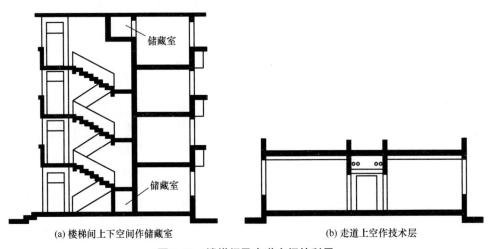

(a) 楼梯间上下空间作储藏室　　　　(b) 走道上空作技术层

图 3.23　楼梯间及走道空间的利用

本章小结

本章讲述了建筑中房间剖面形状的确定与要考虑的要求、房间各部分高度的确定、建筑层数的确定及影响因素、建筑空间的组合与利用等。其中，确定房间的剖面形状及其各部分的高度是学习的重点。

第 3 章英语专业词汇

思考题

1. 如何确定房间的剖面形状？试举例说明。
2. 什么是净高、层高？确定净高与层高的因素有哪些？
3. 确定建筑的层数和总高度应考虑哪些因素？试举例说明。
4. 窗台高度如何确定？常用尺度是多少？
5. 确定室内外地面高差应考虑哪些因素？
6. 建筑空间组合有哪几种方式？试举例说明。
7. 建筑空间利用有哪些处理方法？

第 4 章 建筑体型和立面设计

（1）了解建筑体型和立面设计的要求。
（2）掌握建筑体型设计的常规方法。
（3）掌握建筑立面设计的基本要点。

4.1 建筑体型和立面设计要求

建筑体型和立面设计构成了建筑的整个外部形象。建筑体型设计是对建筑整体形状体量、组合形式、比例尺度等进行设计；建筑立面由门窗、墙面、阳台、雨篷、檐口、勒脚及台阶等组成，建筑立面设计就是恰当地确定这些组成部分的形状、尺度、比例、排列形式、材料和色彩等，是对建筑体型设计的进一步深化。建筑体型和立面设计是整个建筑设计的重要组成部分。为达到适用、经济、美观三者的有机结合，设计者要善于运用各种设计手法，并应遵循建筑体型和立面设计的基本法则。

4.1.1　符合城市规划和基地环境的要求

单体建筑的体型和立面首先必须满足《中华人民共和国城乡规划法》的要求。在此基础之上，还要与所建地块周边环境、相邻建筑、区域建筑群体、城市整体设计等相协调。

拟建地块的气候、主导风向、建筑朝向等自然状况是影响建筑体型和立面的主要因素之一。例如，地处寒带的建筑，立面上的门窗洞口面积不宜过大，且应以南向开窗采光为主；反之，地处热带的建筑，常以遮阳通风为设计重点，立面常见遮阳板、挡光栏板，随着节能建筑的发展，还出现了以植物作为隔热层、太阳能集热板作为遮阳构件等形式，如图4.1所示。

拟建地块的地势环境是影响建筑体型的又一重要因素。针对地形的高差变化进行体型设计，会使建筑更好地与环境相融合，如图4.2所示。

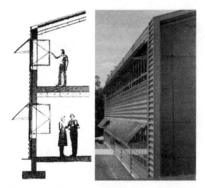 

图4.1　法国TotalEnergies公司办公楼　　　　图4.2　流水别墅

此外，建筑的体型和立面还要满足整个城市的文脉特征和总体规划。建筑的立面构图要素、风格基调、建筑体型等，要与原有建筑相配合，并适应拟建地段周围的环境。

流水别墅

4.1.2　符合建筑功能的要求和建筑类型的特征

建筑的外观应与内在的功能要求和建筑类型特征相统一。不同类型的建筑，由于使用功能不同，人流方向、空间组织也不同，因此建筑体型和立面也就不同。庄重的行政办公类建筑体型多以简洁大方为主，外立面构图尽量避免曲线类的设计要素，多采用行列式窗，建筑体型常采用对称式，在色彩和选材上以冷色调硬朗材质为主，如图4.3所示。托幼类建筑则多数采用色彩缤纷、造型多样的体块组合形式，以满足幼儿心理的需求，如图4.4所示。

图4.3　长春市政府办公大楼　　　　图4.4　北京小牛津双语幼儿园

这些建筑在体型和立面上恰当地反映出建筑的性格特征，人们可以直观地从外形上判断出该建筑的使用功能和类型特征。

4.1.3 符合建筑结构和技术的要求

建筑是一个技术与艺术的综合体,技术是艺术的先决条件,艺术是技术的客观反映。其中,技术包括结构选型、施工工艺、工程做法、建造技术手法等。建筑结构作为建筑的骨架,对建筑造型艺术起到支撑作用,因此建筑的外观形式要能反映出其空间的支撑体系和结构类型特点,如图 4.5 所示。

(a) 北京故宫

(b) 国家体育场(鸟巢)

图 4.5　建筑的外观形式与结构类型的对比

古往今来,随着建筑材料和施工做法的日益革新,出现了越来越多的建筑外观形式;此外,通过建筑外观形式和建筑材料可以判断其建造年代,并反映出相应时代的建筑技术特征。

4.1.4 符合国家法规和相关经济技术指标

建筑体型和立面设计需严格遵守相应的国家建筑设计规范,符合相关的经济技术指标,以安全、适用、经济、美观为原则,尽量节约建筑成本。在体型设计上,有序地组织空间,采用合理的建筑体形系数、结构类型、建筑用材,以满足建筑节能的要求。

4.1.5 符合建筑构图的基本规律

建筑根据其各自的功能属性,在设计时所采用的体量组合方式、饰面材质及立面构图形式等都不尽相同,但人们通过长期的建筑设计实践和对客观美学法则的不断总结,形成了建筑构图的基本规律。进行建筑体型和立面设计时,必须遵循如统一与变化、均衡与稳定、比例与尺度、韵律与节奏等方面的基本规律。

4.2　建筑体型设计

建筑体型设计是建筑设计的重要环节,它客观反映了建筑的内部空间。建筑体型设计的内容涉及建筑体型所采用的组合方式、连接方法、细部处理等。

4.2.1 建筑体型的组合方式

建筑体型的组合方式可归纳为三种类型：单一体型、单元组合体型和复杂体型。无论哪种组合方式的建筑体型，在设计中都应做到在多样变化中求统一，在完整统一中求变化，以实现体型简洁、均衡完整、比例适当、重点突出、交接明确且与环境相协调的目标。

1. 单一体型

单一体型是指建筑物整体采用比较完整而简洁的几何形体构成，如长方体、球体、棱锥等，这些几何形体具有简洁、明了、完整的形体特征。例如，1939年纽约世博会的主题馆（图4.6），简练地采用了球体和棱锥；中国国家大剧院（图4.7）采用半椭球体，创造出完整协调的建筑体型，令人印象深刻。

图4.6 纽约世博会主题馆

图4.7 中国国家大剧院

2. 单元组合体型

单元组合体型由几个或多个形式相同的单元体根据功能需要，按照一定的秩序拼连组合而成，常见于住宅、教育和医疗类建筑中。这种组合体型可根据需要灵活增减单元体，既可以形成简单的一字形，也可以形成L形、锯齿形、阶梯形等体型，对地段环境适应性强，在建筑立面构图上产生有节奏的韵律感，如东京中银舱体大楼（图4.8）。但是这种组合体型的各单元体形式及体量均等，缺乏主从关系，不易突出构图中心。

3. 复杂体型

复杂体型由两个以上的简单体型组合而成，适用于内部功能复杂的建筑。由于组合的空间体量多且复杂，在体型设计中要以各体量之间的协调与统一为前提，解决好组合中的主从关系、对比与微差、稳定与均衡等问题。

图4.8 东京中银舱体大楼

1）主从关系

建筑的每一个空间的功能属性、所占的体量和比例不尽相同，这就从客观上决定了建筑有主要部分和从属部分。因此，解决好建筑体型的主从关系，做到主次分明、重点突出，是达到建筑整体造型统一的有效手段。在建筑体型设计中，通常采用以下两种主从关系。

（1）中轴对称的主从关系。对称体型的建筑具有明确的中轴线，建筑各部分的主从关系分明，形体比较完整，给人以端正、庄严的感觉，多为古典建筑所采用。一些纪念性建筑、大型会堂、行政中心等建筑，为了显得庄重、严肃，通常也采用对称的体型（图4.9、图4.10）。

图4.9　维也纳卡尔教堂

图4.10　陕西省政府大楼

（2）非对称的主从关系。非对称体型的建筑布局比较灵活自由，能适应各种复杂的功能关系和不规则的基础形状，在造型上容易使建筑物取得轻快、活泼的表现效果，常为文教建筑、疗养院、园林建筑、旅游建筑等采用。当建筑物有几个形体组合时，通常可以由各部分体量之间的大小、高低、宽窄、形状的对比，前后位置关系的调整，以及突出入口等手法来达到突出主要形体的目的（图4.11、图4.12）。

图4.11　阿塞拜疆巴库阿利耶夫文化中心

图4.12　朗香教堂

2）对比与微差

对比是指要素之间显著的差异，微差是指要素之间不显著的差异。就形式美而言，两者都是不可缺少的。对比可以借相互之间的烘托、陪衬来突出各自的特点，以求变化；微差则可以借相互之间的连续性求得协调。没有对比会使人感到单调，过分地强调对比又会失去相互之间的协调一致性而造成混乱，只有把这两者巧妙地结合在一起，才能达到既有变化又和谐一致、既多样又统一的效果。

建筑中的对比和微差限于同一性质要素之间的差异，如大与小、曲与直、虚与实，以及不同形状、不同色彩与质感等。例如，吉林广电大厦（图4.13）将不同形状的体块在三个维度进行穿插组合，强烈的方向与形状的对比，增强了建筑体型的空间变化，并且赋予了建筑极强的表现力。挪威某民俗博物馆（图4.14）则通过窗墙的虚实对比、体型的变化来展现独特的建筑形象。

图4.13　吉林广电大厦

图4.14　挪威某民俗博物馆

3）稳定与均衡

稳定是指建筑物通过自身体量对抗重力以求得平衡的状态，即建筑体量上下之间的轻重关系。一般来说，上小下大、上轻下重的建筑给人以稳定、安全的感觉（图4.15），而上大下小会给人头重脚轻、不稳定的感觉。但随着新结构、新材料、新技术的发展，传统的稳定观被颠覆，上大下小、上重下轻的建筑同样可以获得稳定感，如图4.16所示。

图4.15　天坛

图4.16　2010年上海世博会中国馆

均衡是指建筑各组成部分前后左右的轻重关系。对称的建筑体型具有明确的中轴线，可看成是均衡中心（也是视觉中心），左右体量对称相等，其本身就是均衡的，如图4.17所示；非对称的建筑体型由于构图元素形式不同，建筑形式自由灵活，可将建筑的主出入口或要突出的主要体块放在视觉中心位置，以达到不对称的均衡，如图4.18所示。

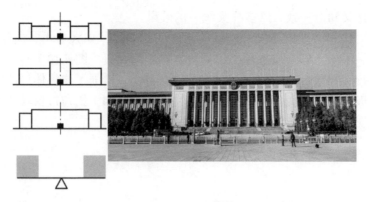

图 4.17　人民大会堂

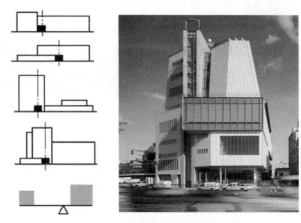

图 4.18　美国纽约惠特尼博物馆

4.2.2　建筑体型的连接方法

绝大多数的建筑体型设计不只局限于单一体型，在进行建筑体型设计时，各体量之间的高低、大小、形状各不相同，如果连接不当，则会影响体型的完整性，甚至会直接破坏使用功能和结构的合理性。建筑的使用功能、结构形式、所处地块环境等都是建筑各体块连接的影响因素，建筑体型常见的连接方法可概括为以下三种。

1. 直接连接

在建筑体型设计时，将不同体量的单一体块直接相贴即为直接连接。这种连接方法是最常见的一种体型组合方式，它可以有机完整地连接各单一体块，具有简洁明快的特点，是满足功能连续性最直接的连接方式，如图 4.19 所示。

2. 咬合连接

咬合连接是相连接的体量间穿插连接、部分重叠的连接方式，如图 4.20 所示。以这种连接方式连接的建筑，其体型在外观上较复杂，在重合部分形成公共区域，但各体量仍保持自身的形体识别性，从而具有有机紧凑的整体效果。

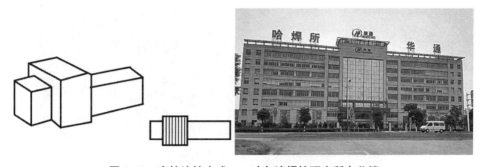

图 4.19　直接连接方式——哈尔滨焊接研究所办公楼

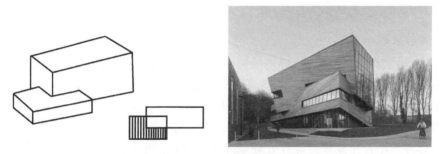

图 4.20　咬合连接方式——英国杜伦大学奥格登中心

3. 过渡连接

过渡连接有两种形式：一种是通过连廊连接（图 4.21），即各体量各自独立并通过连廊连接，以这种连接方式连接的建筑，其体型舒展而通透，有利于围合庭院并营造室内外良好的流通环境；另一种是通过有实用功能的连接体连接（图 4.22），结合使用功能的需要，连接体可作为主要体量的公共部分，配以楼梯、卫生间等辅助空间，可以有效地节省面积，确保主要体量的完整性。

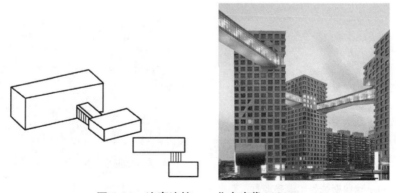

图 4.21　连廊连接——北京当代 MOMA

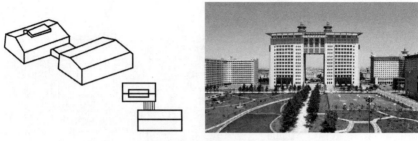

图 4.22　连接体连接——长春理工大学理工科技大厦

4.2.3 建筑体型的细部处理

1. 转角的处理

建筑体型的细部会受到周边环境的影响，因此建筑的转角会发生一定变化，一般是根据道路或待建地块规划控制线的走向，进行建筑形体的曲折变化，以取得整体统一的流畅效果，如图 4.23 所示。为加强建筑的视觉中心，可提升转角处局部的高度，使其成为塔楼（图 4.24）；或加大体量，增加突出主体的观赏立面（图 4.25）。在建筑转角处，相邻墙常采用直角处理，这样处理最为经济合理；也可采用圆角、锐角或切角处理，以及虚角和镂空角等处理方法，以取得丰富的视觉效果。

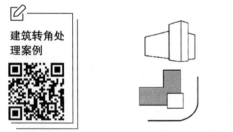
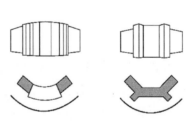

图 4.23　结合地块进行转角处理的常见方式

图 4.24　瑞典斯德哥尔摩市政厅

图 4.25　某转角独栋商业建筑

2. 主入口的处理

为了避免体型单一导致建筑整体有呆板之感，单一体型建筑在不影响结构的前提下，通常会加强主入口、檐口或细部的处理。例如，伦敦瑞士再保险大厦，在保证整体效果完整的前提下，对主入口进行镂空处理，突出了建筑主入口，增加了建筑的灵动性，如图 4.26 所示。

图 4.26　伦敦瑞士再保险大厦主入口

4.3　建筑立面设计

建筑立面设计是对建筑外部形象的进一步推敲，应展现建筑个性，其立面构图应做到多样统一，通常可以从以下几个方面来丰富建筑的立面效果。

建筑外立面设计欣赏

4.3.1　建筑立面展现建筑个性

建筑立面所表现的个性是建筑内部使用功能的外在表现。不同类型的建筑根据其功能在立面处理上也会采用不同的方法。例如，教学楼在立面开窗处理时，要考虑采光，窗洞口的面积会大于采光要求不高的建筑；工业建筑由于功能所需，层高较大，在立面设计时多采用大尺度带形窗，体型上融入天窗等元素。可见，每种建筑类型都有其性格标志，在进行建筑立面设计时，应抓住建筑的标志特征才能使建筑的形式与功能相统一。

4.3.2　建筑外轮廓设计

建筑外轮廓是反映建筑形象的重要标志。影响建筑外轮廓的首要因素是建筑的使用功能。例如，博览类建筑的展览大厅由于展示需要，通常层高要大于辅助空间；观展类建筑的舞台部分要高于入口大厅等，这就导致建筑外轮廓高低起伏变化较大。其次，建筑结构形式对建筑外轮廓的影响也很大，如传统的中国木结构建筑，在其外轮廓处理上，就采用了大屋顶配以曲线的形式。近现代建筑随着结构技术的发展，出现了壳体结构、网架结构、悬索结构等多样化的结构形式，建筑外轮廓也随之变化多样，如图 4.27 所示。

图 4.27　不同结构形式得到的建筑外轮廓

4.3.3　材料质感与色彩的运用

质感是指物体表面的质地和感觉，可以利用不同质地的建筑立面材料给人带来不同的心理感觉。例如，毛石、花岗岩、拉丝涂料、仿石材涂料等粗糙的饰面材料给人以稳重、敦实的感觉（图 4.28）；大理石、饰面砖等表面光滑的材料给人以细腻、轻快的感觉；现代建筑还经常利用玻璃幕墙与装饰铝板的立面组合营造出轻巧、细腻、现代的商业气氛（图 4.29）。

图 4.28　上海世博城市最佳实践区旧厂房墙面　　　图 4.29　北京双子座大厦

利用建筑立面材料的色彩烘托出建筑的艺术气息，也是建筑立面设计中常用的设计手法。例如，红、橙、黄等暖色使人感到温暖、热烈、兴奋；青、蓝、绿等冷色让人感到清新、淡雅、明快。建筑立面色彩应结合建筑的性格、体型与尺度、环境气候特征，并考虑民族传统文化和地方特色等因素进行选择。

4.3.4　建筑立面的虚实对比

在建筑立面中，门窗洞口、玻璃幕墙等部分视线通透，构成了立面"虚"的部分，墙面、柱面等部分构成了立面"实"的部分。

在建筑立面设计中常常利用材质形成的通透与封闭的对比，或者光影所形成的明与暗的对比，给人以或虚或实的感觉。一般来说，立面上开窗面积大，建筑显得较为轻盈、开敞（图 4.30）；立面上实墙面积多，建筑则显得较为坚实、厚重（图 4.31）。在建筑立面设计时，应结合建筑物的性格特征和采光通风要求等，做出合理的选择。

图 4.30　北京 SKP 购物中心

图 4.31　德国斯图加特的奔驰博物馆

4.3.5　建筑立面的比例与尺度

任何物体，都存在三个方向（长、宽、高）的度量，比例就是这三个方向的度量之间的比较关系。和谐的比例可以给人以美感。建筑立面设计的重点是协调整体与立面各构成要素之间的度量关系，以及调整相互之间的相对度量关系，如果比例失调，则会影响建筑形象的完美。通常来讲，可以通过将一系列相似的形状经过等比例放大或缩小，用对角线相互平行、垂直或重合的方法来求得和谐统一的比例关系，如图 4.32 所示。

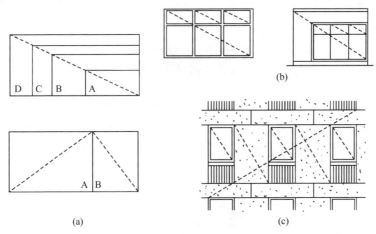

图 4.32　和谐统一的比例关系

另外，建筑为人所用，一切建筑尺度的确定都来源于人体尺度，建筑立面的尺度也应如此。建筑立面各部分的尺度要与整体建筑的尺度相配合，避免夸张、不合理的立面尺度。图 4.33 所示为建筑尺度对比。

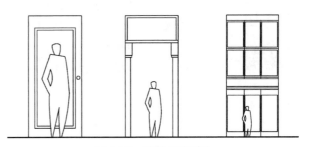

图 4.33　建筑尺度对比

4.3.6 立面线条处理

建筑各个面的转折、变换,以及色彩或材料的交接,在立面上都会反映出许多线条,还可将建筑表面的柱、窗台线、雨篷、檐口等看作"线条"。

根据建筑功能需求,结合建筑的构造特点,合理运用这些有规则、有秩序的"线条",可增加建筑的立面效果。一般采用水平线条,可以帮助建筑延展体量,使建筑显得稳重、舒展(图4.34);采用竖直线条,可以增加建筑向上的动势,使建筑显得高大挺拔(图4.35);采用纵横交织的线条,可以使建筑立面更加富于变化,个性十足,让人印象深刻(图4.36)。

图4.34　某公寓大楼

图4.35　上海环球金融中心

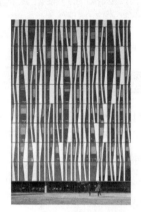
图4.36　某商务大楼

第4章英语专业词汇

本章小结

建筑的体型和立面设计要以满足建筑的使用功能为设计的首要前提,设计中需符合具体要求、遵循审美感受,结合实际自然情况和人文背景,采用合理的设计手法进行创作,力求达到建筑内部使用功能与外部体型立面相统一的完整效果。

知识拓展

思考题

1. 建筑体型与立面设计的要求有哪些?
2. 哪种体型组合方式适用于文教类建筑?并尝试设计。
3. 建筑立面的比例与尺度如何确定?
4. 在生活中找出2～3种相邻墙面转角处理的实例。

第 5 章
民用建筑构造概述

（1）熟悉建筑物的构造组成与作用。
（2）掌握影响建筑构造的因素与建筑构造设计原则。

5.1 建筑物的构造组成与作用

一幢民用建筑一般由基础、墙（或柱）、楼地层、楼梯、屋顶、门窗等部分及一些附属设施组成，如图 5.1 所示。它们在不同的部位发挥着各自的作用。

1. 基础

基础是位于建筑物最下部的承重构件，它承受着建筑物的全部荷载，并将这些荷载连同自重传给下面的土层（即地基）。因此，基础必须有足够的强度和稳定性，并能抵御地下各种因素的侵蚀。

2. 墙（或柱）

在砖混结构建筑［图 5.1（a）］中，墙是竖向承重构件，它承受着建筑物的全部荷载，并将这些荷载连同自重传给基础。外墙作为围护构件，抵御着自然界各种因素对建筑物的侵袭，使建筑物的室内具有良好的生活与工作环境。内墙起着分隔房间的作用，并创造舒适方便的室内使用环境。

在框架结构建筑中［图 5.1（b）］，柱是主要的承重构件，墙属于非承重墙，其自重由框架梁、柱承担，仅起围护与分隔作用。

民用建筑的构造组成

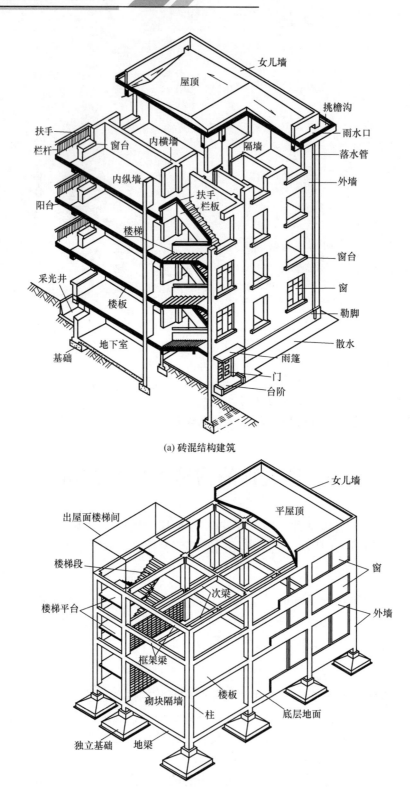

(a) 砖混结构建筑

(b) 框架结构建筑

图 5.1 民用建筑的构造组成

3. 楼地层

楼地层是楼板层与地坪层的总称,是建筑中的水平承重构件。

楼板层将整个建筑物在垂直方向上分成若干层,是建筑物水平方向的承重构件,它承受着作用在其上的荷载(人体、家具、设备重力等),并将这些荷载连同结构自重一起传给墙或柱;同时,楼板层还对墙身起着水平支撑作用,可以增加建筑的整体刚度。作为楼板层,要求其具有足够的强度、刚度及隔声、防火、防水、防潮等性能。

地坪层是建筑物底层与土层相接触的部分,它将其所承受的荷载直接传给下面的支承土层,其应具有坚固、耐磨、防潮、防水、保温等性能。

4. 楼梯

楼梯是建筑物楼层间的垂直交通设施,供人们上下楼层和紧急情况下安全疏散。因此,要求楼梯具有足够的通行能力,且坚固、耐久、防火、防滑。当建筑层数较多时,建筑中除应设置楼梯外,还需设置电梯。人流量较大的公共建筑中还需设置自动扶梯。

5. 屋顶

屋顶是建筑物顶部的覆盖构件,与外墙共同形成建筑物的外壳。屋顶既是承重构件,又是围护构件。作为承重构件,屋顶承受风、雪、人和施工期间的各种荷载,并将这些荷载传递给墙或柱;作为围护构件,屋顶抵御着自然界中风、霜、雨、雪及太阳辐射热等因素对顶层房间的影响。因此,屋顶必须具有足够的强度、刚度及防水、保温、隔热等能力。

6. 门窗

门窗均属非承重构件。门主要用来通行与疏散,窗则主要用来采光和通风,并均有围护和分隔作用。对于某些有特殊要求的房间,还可能要求其门窗具有保温、隔热、隔声及防火能力。

一幢建筑物除上述基本组成部分外,根据使用功能的不同,还有各种不同的构件和配件,如阳台、雨篷、垃圾道、通风道、管道井、台阶等,可按需要设置。

5.2 影响建筑构造的因素

一幢建筑物建成并投入使用后,要经受各种自然因素和人为因素的作用,如图5.2所示。为了提高建筑物对外界各种影响的抵抗能力,延长使用寿命和保证使用质量,在进行建筑构造设计时,必须充分考虑各种因素对它的影响,以便根据影响程度采取相应的构造方案和措施。影响建筑构造的因素很多,大致可归纳为以下几方面。

1. 荷载作用的影响

作用在建筑物上的外力称为荷载。荷载的大小和作用方式是结构设计和结构选型的重要依据,它决定着构件的形状、尺寸和选材等,而构件的形状、尺寸和选材等又与建筑构造密切相关。因此,在确定建筑的构造方案时,必须考虑荷载的影响。

图 5.2　各种自然因素和人为因素对建筑物的影响

荷载有静荷载（如建筑物自重）和活荷载（如人、家具、设备、风、雪及地震荷载等）之分。其中，风力对建筑的影响不可忽视，风荷载是高层建筑中水平荷载的主要组成部分；此外，地震力是自然界中对建筑物影响最大也是破坏最严重的一种因素，我国又是多地震的国家之一，因此，在进行建筑构造设计时，应根据各地区的地震烈度采取相应的技术措施。

2. 自然环境的影响

自然界的风霜雨雪、冷热寒暖的气温变化，以及太阳辐射热等均是影响建筑物使用寿命和使用质量的重要因素。在进行建筑构造设计时，必须针对所受影响的性质与程度，对建筑物的相关部位采取相应的措施，如防潮、防水、保温、隔热、设变形缝等。

同时，在进行建筑构造设计时应充分利用自然环境的有利因素，如利用风力通风、降温、降湿，利用太阳辐射热改善室内热环境等。

3. 人为因素的影响

人们在从事生产和生活活动中，也常常会对建筑物造成一些人为的不利影响，如机械振动、化学腐蚀、爆炸、火灾、噪声等。因此，在进行建筑构造设计时，应针对各种影响因素采取防振、防腐、防火、隔声等相应的构造措施。

4. 物质技术条件的影响

建筑材料、结构、设备和施工技术是构成建筑的基本要素，由于建筑物的质量标准和等级不同，在各基本要素的选择和构造方式上均有所区别。随着建筑业的发展，新材料、新结构、新设备和新工艺不断出现，建筑构造要解决的问题也越来越多、越来越复杂。此外，建筑工业化的发展也要求建筑构造技术与之相适应。

5. 经济条件的影响

随着我国经济的快速发展，建筑业每年要消耗大量资金、材料和能源。为了减少能耗，降低建造成本及日后的使用维护费用，在建筑方案设计阶段——影响工程总造价的关键阶段，就必须深入分析各建筑设计参数与造价的关系，即在满足安全、适用的条件下，合理选择技术上可行、经济上节约的设计方案。

5.3 建筑构造设计原则

1. 满足建筑的使用功能要求

满足建筑的使用功能要求是整个建筑设计的根本。根据建筑的使用功能要求和某些特殊需要，如保温、隔热、隔声、防振、防腐蚀等，在进行建筑构造设计时，应综合分析诸多因素，选择、确定最经济合理的构造方案。

2. 有利于结构的安全

建筑物除根据荷载的性质、大小，进行必要的结构计算，确定构件的必需尺寸外，在构造上还需采取相应的措施，以保证房屋的整体刚度和构件之间的可靠连接，使之有利于结构的安全。

3. 满足建筑现代化的要求

党的二十大报告指出，高质量发展是全面建设社会主义现代化国家的首要任务。建设现代化产业体系是推动高质量发展的重要措施。实现建筑产业现代化是一个综合性的概念，涵盖了建筑设计、施工、管理和使用的各个方面。为了实现建筑现代化提出的高效、环保和人性化的要求，在建筑构造设计时，应遵循功能与审美相统一、建筑与环境和谐共生的设计理念，运用现代先进技术，选用新型建筑材料，采用标准化设计和定型构配件，提高构配件间的通用性和互换性，为建筑构配件的生产工厂化、施工机械化、管理科学化和智能化创造有利条件。

4. 考虑建筑节能与环保的要求

节约建筑用能，有利于保护能源，发展国民经济。建筑节能的两大重点内容就是提高建筑围护结构的热工性能和采暖供热系统的节能。在进行建筑构造设计时，要在我国颁布的有关建筑节能设计标准的基础上，选择节能环保的绿色建材，确定合理的建筑构造方案，提高围护结构的保温、隔热、防潮、密封等方面的性能，从而减少建筑设备的能耗，节约能源，保护环境。

我国既有的高耗能建筑一直是浪费能源的重要根源所在，加强既有建筑的节能改造是缓解建筑能耗过高的主要手段。在进行既有建筑节能改造时，要结合建筑的热工要求与建筑的特点选择合适的构造做法，并可与其他的改建、扩建工作同时进行，费用增加不多，却可达到事半功倍的效果。

5. 经济合理

降低成本、合理控制造价指标是建筑构造设计的重要原则之一。在进行建筑构造设计时，应严格执行建筑法规，节约材料。在材料的选择上，应从实际出发，因地制宜，就地取材，降低消耗，节约投资。

6. 注意美观

建筑构造设计是建筑内外部空间及造型设计的继续和深入，尤其是某些细部构造的处理，不仅影响建筑物的精致和美观，而且直接影响建筑物的整体效果，应给予充分考虑和研究。

总之，在建筑构造设计中，必须全面贯彻国家建筑政策、法规，充分考虑建筑物的使用功能、所处的自然环境、材料供应及施工技术条件等因素，综合分析、比较，选择最佳的构造方案。

本章小结

第5章英语专业词汇

一幢民用建筑是由基础、墙（或柱）、楼地层、楼梯、屋顶、门窗等部分及一些附属设施组成，它们在不同的部位发挥着各自的作用。

为了更好地满足使用功能的要求，在进行建筑构造设计时，必须考虑荷载作用、自然环境、人为因素、物质技术条件、经济条件等因素对建筑的影响。

建筑构造应遵循满足建筑的使用功能要求、有利于结构的安全、适应建筑工业化的需要、考虑建筑节能与环保要求、经济合理、注意美观等原则。

思考题

1. 建筑物的构造组成及各部分的作用是什么？
2. 影响建筑构造的因素有哪些？
3. 建筑构造设计的原则有哪些？

第 6 章 基础与地下室

📚 **教学目标**

（1）了解地基与基础的概念及设计要求。
（2）掌握基础埋置深度的概念，熟悉影响基础埋置深度的因素。
（3）了解基础的分类。
（4）掌握地下室的防水构造。

6.1 地基与基础

6.1.1 基础与地基的概念与设计要求

上部结构、基础、地基的关系示意图

1. 基础与地基的概念

在建筑工程中，把建筑物与土壤直接接触的部分称为基础，把支承建筑物荷载的土层称为地基。基础是建筑物的组成部分，它承受着建筑物的上部荷载，并将这些荷载连同自重传给地基。地基不是建筑物的组成部分，它只是承受建筑物荷载的土层。

地基按照土层性质不同，分为天然地基和人工地基两类。凡天然土层本身具有足够的强度，能直接承受建筑物荷载的地基称为天然地基。凡天然土层本身的承载能力弱，或建筑物上部荷载较大，须对土层进行人工加固处理后才能承受建筑物荷载的地基称为人工地基。人工加固地基的方法有压实法、换土法、打桩法及化学加固法等。

加拿大特朗斯康谷仓地基事故

比萨斜塔为什么是斜的?

2. 地基与基础的设计要求

1)地基应具有足够的承载力和稳定性要求

地基应具有足够的承载力和稳定性,以防止地基发生失稳、滑坡、倾斜等。另外,地基还应满足变形要求,如果地基发生过量的变形,将导致建筑物倾斜、墙体开裂,甚至造成建筑物的破坏。

2)基础应具有足够的强度、刚度和耐久性

基础是建筑物的重要承重构件,为保证基础能承担并传递建筑物的全部荷载,基础应具有足够的强度和刚度。此外,基础材料和构造形式的选择,应与上部结构的耐久性相适应。因为基础是埋在地下的隐蔽工程,一旦发生事故,事先无法警觉,事后又很难补救。

总之,无论是地基还是基础,设计时均要高度重视,保证它们具有足够的可靠性。

6.1.2 基础的埋置深度及其影响因素

1. 基础的埋置深度

基础的埋置深度是指室外地坪至基础底面的垂直距离,简称基础埋深,如图6.1所示。从施工和经济的角度考虑,在满足强度和变形要求的前提下,基础应尽量浅埋,但埋置深度太浅,将影响建筑物的稳定性。基础埋置深度一般不小于500mm,高层建筑基础埋置深度一般为建筑高度的1/12～1/10。为防止自然因素或人为因素造成基础损伤,基础顶面应低于室外地坪100mm。

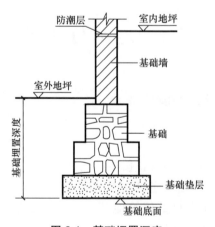

图6.1 基础埋置深度

2. 基础埋置深度的影响因素

影响基础埋置深度的因素很多,主要考虑以下几个方面。

1)工程地质情况

基础必须建造在坚实可靠的地基土层上,不得设置在耕植土、淤泥等软弱土层上。

如果地基的上部土层承载力高，且土质分布均匀，基础宜浅埋，但不得小于500mm；若地基的上部为软弱土层且较厚，达到2～5m时，加深基础不经济，则可改用人工地基或采取其他结构措施来解决。

2）水文地质情况

地下水位的高低随季节而升降，这会直接影响地基承载力。例如，黏性土遇水后，因含水量增加，体积膨胀，土的承载力会下降；若地下水中含有侵蚀性物质，则会对基础产生腐蚀，故基础应尽可能埋置在最高地下水位以上不小于200mm处［图6.2（a）］。当基础必须埋置在地下水位以下时，应将基础底面埋置在最低地下水位200mm以下，避免基础底面处于地下水位变化的范围之内［图6.2（b）］。当地下水中含有侵蚀性物质时，基础应采取防腐蚀措施。

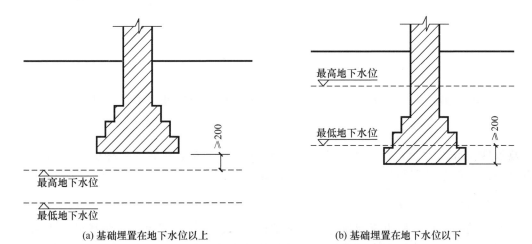

(a) 基础埋置在地下水位以上　　　　(b) 基础埋置在地下水位以下

图6.2　地下水位对基础埋置深度的影响

3）地基土的冻结深度

地面以下的冻结土层与非冻结土层的分界线称为冰冻线。土的冻结深度取决于当地的气候条件，我国严寒地区土的冻结深度最大可达3000mm。季节性冻土是指一年内冻结和解冻交替出现的土层。如果基础埋置在冻结深度内，冬季，土的冻胀会把基础抬起；春季，气温回升，冻土融化，基础会下沉。由于冻胀和融陷的不均匀性，建筑物易出现墙身开裂、门窗变形等问题，甚至会发生基础冻融破坏。

土的冻胀现象及其严重程度与地基土的颗粒粗细、含水量、地下水位高低等因素有关。对于冻而不胀或轻微冻胀的地基土，基础埋置深度可不考虑冻胀的影响。当地基为冻胀性土时，基础埋置深度宜大于冻结深度，一般将基础底面埋置在冰冻线以下不小于200mm处，如图6.3所示。

4）相邻建筑物基础的埋置深度

在原有建筑物附近建造房屋时，要考虑新建建筑物荷载对原有建筑物基础的影响，一般新建建筑物基础的埋置深度应小于原有建筑物基础的埋置深度，以保证原有建筑物的安全。当新建建筑物基础的埋置深度必须大于原有建筑物基础的埋置深度时，两基础间应保持一定的净距，净距一般为相邻基础底面高差的1～2倍，如图6.4所示。

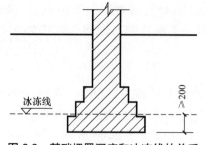
图 6.3 基础埋置深度和冰冻线的关系

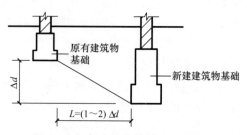
图 6.4 相邻建筑物的基础埋置深度

5）建筑物的使用情况

建筑物的使用情况（如有无地下室、设备基础及地下设施等）也会影响基础埋置深度。

6.2 基础类型

基础的类型较多，可按埋置深度、构造形式、所用材料及受力特点进行分类。

1. 按埋置深度分类

按埋置深度分类，基础可分为浅基础和深基础。浅基础的埋置深度一般为 500～5000mm，埋置深度超过 5000mm 时为深基础。

2. 按构造形式分类

基础的构造形式取决于建筑物的上部结构类型、上部荷载大小及地基土质情况。一般情况下，上部结构类型直接决定了基础的构造形式，但当上部荷载大小或地基土质情况发生变化时，基础构造形式也应随之变化。按构造形式分类，基础可分为条形基础、独立基础、井格式基础、筏形基础、箱形基础、桩基础等。

1）条形基础

当建筑物为墙承重结构时，基础沿墙体连续设置成长条形，该类型基础称为条形基础（或带形基础），如图 6.5 所示。

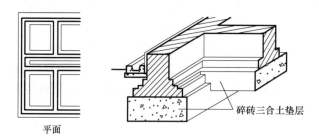
图 6.5 条形基础

2）独立基础

独立基础主要用于柱下，其常用的断面形式有阶梯形、锥形、圆锥壳形等，如图 6.6（a）～（c）所示。当采用预制柱时，独立基础一般做成杯口形，然后将柱子插入杯口内并嵌固，该类型独立基础又称杯形基础，如图 6.6（d）所示。

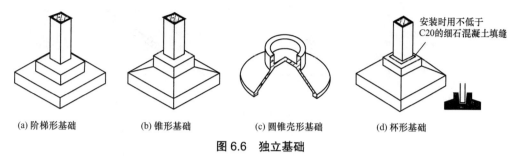

(a) 阶梯形基础　　　(b) 锥形基础　　　(c) 圆锥壳形基础　　　(d) 杯形基础

图 6.6　独立基础

3）井格式基础

当地基条件较差或上部荷载较大时，为了提高建筑物的整体刚度，避免不均匀沉降，常将独立基础在一个或两个方向用梁连接起来，形成十字交叉的井格式基础（或柱下交叉梁基础），如图 6.7 所示。

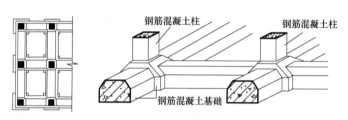

图 6.7　井格式基础

4）筏形基础

当上部荷载较大、地基承载力较差，采用其他基础类型难以满足建筑物的整体刚度和地基变形要求时，常将墙或柱下基础做成一块整板，形成筏形基础。筏形基础有板式和梁板式两类，如图 6.8 所示。前者板的厚度较大，构造简单；后者板的厚度较小，经济且受力合理，但板顶不平，在地面铺设前应将梁间空格填实或在梁间铺设预制钢筋混凝土板。

5）箱形基础

箱形基础是由顶板、底板和纵横墙板组成，整体现浇而成的盒状基础，如图 6.9 所示。箱形基础刚度大、整体性好，且内部中空部分可作为地下室或地下停车场，因此适合在高层建筑及需设地下室的建筑中采用。

6）桩基础

当建筑物荷载较大，地基的软弱土层厚度在 5000mm 以上，采用浅基础不能满足强度和变形要求，或对软弱土层进行人工处理困难或不经济时，常采用桩基础。

桩基础的种类很多：根据材料不同，桩基础一般分为木桩、钢筋混凝土桩和钢桩等；根据断面形式不同，分为圆形桩、方形桩、六角形桩等；根据施工方法不同，分为打入桩、压入桩、振入桩及灌入桩等；根据受力性能不同，分为摩擦桩和端承桩（图 6.10），摩擦桩通过桩身与周围土层的摩擦力将建筑物的荷载传给地基，端承桩通过桩端将建筑物的荷载传给坚硬的地基土层。

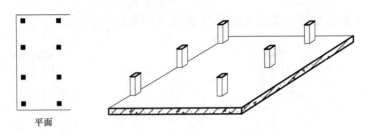

(a) 板式筏形基础

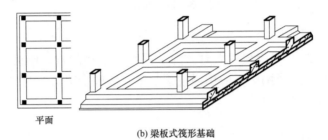

(b) 梁板式筏形基础

图 6.8 筏形基础

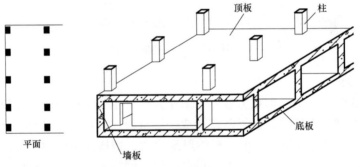

图 6.9 箱形基础

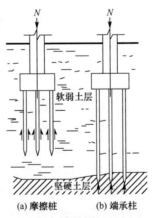

(a) 摩擦桩　(b) 端承桩

图 6.10 摩擦桩和端承桩

桩基础由桩身和承台板（或梁）组成，如图 6.11 所示。承台板（或梁）将上部结构的荷载传给下部的桩身，其中承台板用于柱下，承台梁用于墙下。

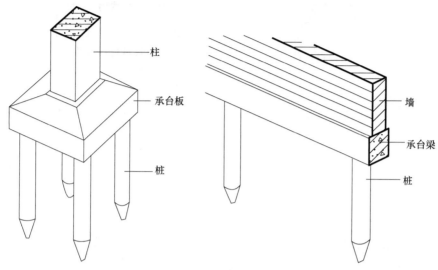

图 6.11　桩基础的组成

3. 按所用材料及受力特点分类

按所用材料和受力特点分类，基础可分为刚性基础和柔性基础。

1）刚性基础

由刚性材料制作的基础称为刚性基础。在常用的建筑材料中，砖、石、素混凝土等抗压强度高，而抗拉强度、抗剪强度低，均属刚性材料。

上部结构（墙或柱）在基础中传递压力是沿一定角度分布的，这个传力角度称为刚性角（或压力分布角），以 α 表示，如图 6.12 所示。基础的出墙长度与高度之比通常称为宽高比，刚性基础的宽高比受刚性角的限制。当上部结构的荷载通过基础传给地基时，如果土壤单位面积的承载能力小，则只有将基础底面积扩大，才能满足地基承载力的要求。如果基础底面宽度加大，超出了刚性角的控制范围，则基础会因受拉开裂而破坏。因此，在增大基础底面宽度的同时必须增加基础高度。

不同材料具有不同的刚性角，可用宽高比来表示。如砖为 1∶1.5，毛石为 1∶1.5～1∶1.25，灰土为 1∶1.5～1∶1.25，三合土为 1∶2.0～1∶1.5，混凝土为 1∶1。

2）柔性基础

当建筑物的荷载较大而地基承载力较小时，由于基础底面宽度需要加大，如果仍采用刚性材料，则势必导致基础高度加大，基础埋置深度也要加大，因此，基础土方工程量会加大，材料用量也会增加，对工期和造价都十分不利，如图 6.13（a）所示。如果在混凝土基础的底部配以钢筋，利用钢筋来承受拉应力，则基础可承受较大的弯矩，即基础不再受刚性角的限制，故将钢筋混凝土基础称为柔性基础（或非刚性基础），如图 6.13（b）所示。

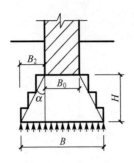 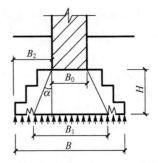

(a) 基础的 B_2/H 值在允许范围内，基础底面不受拉

(b) 基础宽度加大，B_2/H 值大于允许范围，基础因受拉开裂而破坏

图 6.12　刚性基础的受力特点

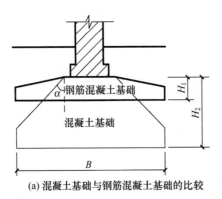 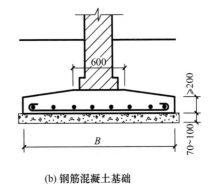

(a) 混凝土基础与钢筋混凝土基础的比较

(b) 钢筋混凝土基础

图 6.13　柔性基础

6.3　地　下　室

　　随着城市用地的日趋紧张，建筑地下空间的开发和利用得到关注，建筑物底层地面以下的空间称为地下室。高层建筑的基础比较深，常利用这一深度建造地下室，既可提高建设用地的利用率，又可缓解城市用地紧张的现状。

　　地下室的墙板、底板长期处于潮湿的土层或地下水的包围之中，由于水的作用，轻则引起地下室室内墙面脱落、生霉；重则进水，影响地下室的正常使用和建筑物的耐久性。因此，无论何种地下室，防潮与防水都是其构造设计中所要解决的重要问题。地下室的防潮与防水构造措施应根据地下水位和地基渗水情况而定。

6.3.1　地下室的组成与类型

1. 地下室的组成

　　地下室一般由墙板、底板、顶板组成，多采用钢筋混凝土现浇而成，如图 6.14 所示。地下室的外墙板不仅承受上部的垂直荷载,还承受土、地下水及土壤冻胀时产生的侧压力。地下室的底板不仅承受作用在其上的垂直荷载,当地下室地面低于地下水位时,其还要承受地下水的浮力作用。因此,地下室的墙板和底板必须有足够的强度、刚度和防水能力;否则,即使采取外部的防潮与防水措施,仍然会出现渗漏现象,严重时将导致地下室不能正常使用,甚至影响建筑物的耐久性。

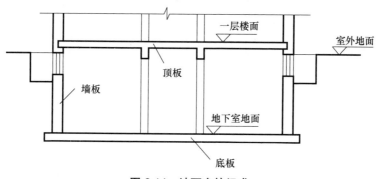

图 6.14 地下室的组成

2. 地下室的类型

1）按使用功能分类

地下室按使用功能分为普通地下室和人防地下室。普通地下室用作地下车库、设备用房等；人防地下室用以应对战时人员的隐蔽和疏散,应具备保障人身安全的各项技术措施。考虑平战结合,和平时期人防地下室可作为普通地下室。

2）按地下室埋置深度分类

地下室按埋置深度分为全地下室和半地下室。当地下室地面低于室外地面的高度,且超过地下室净高的 1/2 时称为全地下室。当地下室地面低于室外地面的高度,且超过地下室净高的 1/3,但不超过 1/2 时称为半地下室。

6.3.2 地下室防水

1. 地下工程的防水类别与防水使用环境类别

地下工程的防水质量直接关系到建筑的使用功能和主体结构的寿命,地下工程的防水设计、施工及其防水质量验收至关重要。按照《建筑与市政工程防水通用规范》（GB 55030—2022）的规定,建筑地下工程的防水类别按其防水功能重要程度由高到低分为甲类、乙类和丙类。

地下工程防水功能重要程度需要考虑渗漏对社会、经济和环境的影响,主要包括以下因素：①渗漏对使用者身心健康的影响；②渗漏对工程内部仪器、设备、物资等财产的影响；③渗漏对工程正常使用状态、结构耐久性、结构安全等的影响；④渗漏后工程维修成本及维修难易程度。

地下工程防水类别及其质量合格判定标准如表 6-1 所示。

表 6-1　地下工程防水类别及其质量合格判定标准

防水分类	甲类	乙类	丙类
防水要求	有人员活动的民用建筑地下室,对渗漏敏感的建筑地下工程	除甲类和丙类以外的建筑地下工程	对渗漏不敏感的物品、设备使用或储存场所,不影响正常使用的建筑地下工程
质量合格判定标准	不应有渗水,结构背水面无湿渍	不应有滴漏、线漏,结构背水面可有零星分布的湿渍	不应有线流、漏泥沙,结构背水面可有少量湿渍、流挂或滴漏

地下工程防水设计工作年限不应低于工程结构设计工作年限。防水工程的耐久性受使用环境的影响,主要影响因素包括气候区、降水、土壤类型、土壤中含有的水分、地下水位高度与基础底面高差、地下的腐蚀性介质等。为便于地下工程使用环境类别的划分,《建筑与市政工程防水通用规范》(GB 55030—2022)采用"抗浮设防水位标高与地下结构板底标高高差"为判定条件,将明挖法地下工程防水使用环境类别划分为两类,见表 6-2。

抗浮设防水位是指建筑工程在施工期和使用期内满足抗浮设防标准时可能遭遇的地下水最高水位,或建筑工程在施工期和使用期内满足抗浮设防标准最不利工况组合时地下结构底板底面上可能受到的最大浮力按静态折算的地下水水位。

表 6-2　地下工程防水使用环境类别

防水使用环境类别	Ⅰ类	Ⅱ类
地下工程情况	抗浮设防水位标高与地下结构板底标高高差 $H \geq 0$m	抗浮设防水位标高与地下结构板底标高高差 $H < 0$m

注意: 防水使用环境类别为Ⅱ类的明挖法地下工程,当工程所在地的年降水量大于 400mm 时,应按Ⅰ类防水使用环境选用。

2. 地下工程的防水等级

地下工程防水等级是采取防水措施的重要指标,由工程防水类别和工程防水使用环境类别共同确定,共分三级。明挖法建筑地下工程防水等级如表 6-3 所示;暗挖法地下工程防水等级应根据工程类别、工程地质条件和施工条件等因素确定。

表 6-3　明挖法建筑地下工程防水等级

地下工程防水使用环境类别	地下工程防水类别		
	甲类	乙类	丙类
Ⅰ类	一级防水	一级防水	二级防水
Ⅱ类	一级防水	二级防水	三级防水

建筑地下工程的防水设防要求，应根据使用功能、使用年限、水文地质、结构形式、环境条件、施工方法及材料性能等因素确定。其中，明挖法建筑地下工程主体结构防水设防要求应按照表6-4进行选用。在选用时，要注意底板、侧墙板和顶板防水层的连续性和适应性，宜选用相同的防水层；如选用不同的防水层，要考虑材料的相容性和施工可行性及其搭接方式、搭接长度和黏结强度等问题。

地下工程迎水面主体结构应采用防水混凝土，并符合《建筑与市政工程防水通用规范》（GB 55030—2022）的规定：①防水混凝土应满足抗渗等级要求；②防水混凝土结构厚度不应小于250mm；③防水混凝土的裂缝宽度不应大于结构允许限值，并不应贯通；④寒冷地区抗冻设防段防水混凝土抗渗等级不应低于P10。

表6-4 明挖法建筑地下工程主体结构防水设防要求

防水等级	防水做法	防水混凝土	外设防水层			
			选材要求	防水卷材	防水涂料	水泥基防水材料
一级	不应少于3道	为1道，应选	不少于2道	防水卷材+防水卷材，防水卷材+防水涂料，防水卷材+水泥基防水材料，防水涂料+水泥基防水材料 防水卷材或防水涂料不应少于1道		
二级	不应少于2道	为1道，应选	不少于1道，任选	防水卷材，防水涂料，天然钠基膨润土防水毯防水，砂浆防水		
三级	不应少于1道	为1道，应选	—			

注：水泥基防水材料指防水砂浆、外涂型水泥基渗透结晶防水材料。

3. 地下室的防水构造

在地下水的作用下，地下室的外墙板受到地下水的侧压力，地下室底板则受到地下水的浮力作用，而且地下水位高出地下室底板越高，侧压力和浮力就越大，渗水也越严重。因此，地下室外墙板与底板必须采取防水措施，如图6.15所示。

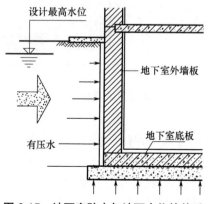

图6.15 地下室防水与地下水位的关系

地下室防水做法有卷材防水、涂料防水、防水混凝土防水等。

1）卷材防水

卷材防水一般用改性沥青卷材和高分子卷材做防水层，这是一种传统的防水做法。

按防水材料的铺贴位置不同，防水做法分外包防水和内包防水两类。外包防水是将防水材料铺贴在迎水面，即外墙板的外侧和底板的下面，其防水效果好，采用较多，但维修困难，难于查找缺陷处。内包防水是将防水材料贴于背水面，其施工简便，便于维修，但防水效果较差，多用于修缮工程。

下面以地下室的卷材外包防水构造为例介绍地下室底板和外墙板的防水做法，如图 6.16 所示。底板的防水做法是：先在地下室底板的混凝土垫层上做 20mm 厚 DS M15 砂浆（1∶3 水泥砂浆）找平层，然后满铺卷材防水层，其上做细石混凝土保护层，最后浇筑防水混凝土底板。地下室外墙板的防水做法是：先在外墙板外面抹 20mm 厚 DS M15 砂浆（1∶3 水泥砂浆）找平层，其上粘贴卷材防水层。防水层自底板下、外墙板外侧，由下而上连续密封铺贴，在最高地下水位以上 500～1000mm 处收头，外侧采用 60mm 厚聚苯乙烯泡沫塑料板保护防水层。

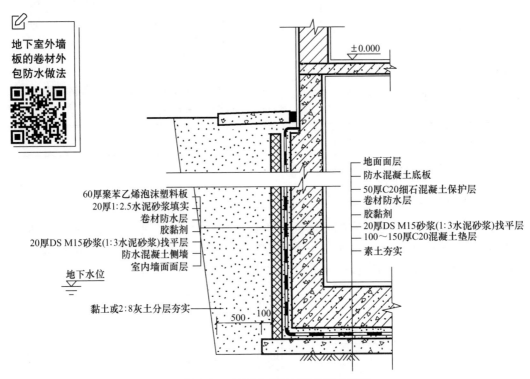

图 6.16 地下室的卷材外包防水构造

地下室底板的卷材防水还可采用预铺反粘法。预铺反粘法是通过将防水卷材直接铺设在找平层上，然后浇筑结构混凝土，使混凝土与卷材胶膜层紧密结合，从而达到防水的效果。这种做法对基层要求低，不受天气及基层潮湿的影响；也无须保护层，卷材直接黏结在结构层上，防水卷材与结构层永久黏结为一体，防水效果好，降低了串水隐患；防水性能不受主体结构沉降影响，有效防止地下水渗入；冷作业施工，无明火，无毒无污染，安全环保。这种做法对雨季施工及赶工期的工程有明显优势。地下室底板预铺反粘防水层构造如图6.17所示。

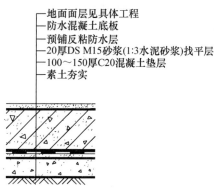

图6.17 地下室底板预铺反粘防水层构造

2）涂料防水

涂料防水是指在施工现场以聚合物改性沥青防水涂料、高分子合成防水涂料等刷涂、刮涂或滚涂于地下室结构表面的一种防水做法。该防水做法一般为多层敷设，为增强其抗裂、抗拉性能，多夹铺1~2层纤维制品（如玻璃纤维布、聚酯无纺布等）。防水涂料应具有良好的弹性、耐久性及耐高低温性能。

3）防水混凝土防水

为满足结构的强度和刚度需要，地下室的底板与墙板多采用钢筋混凝土结构。这时，以采用防水混凝土防水为佳，即在混凝土中掺入一定量的外加剂，如引气剂或密实剂，来提高混凝土的密实性和抗渗性能，以达到防水的目的。为确保防水质量和结构受力，一般外墙板、底板厚度不应小于250mm。

本章小结

本章主要讲述基础与地基的概念及设计要求、基础的埋置深度及其影响因素、基础的类型及地下室的防潮与防水构造等。本章的重点是基础的类型及地下室的防潮与防水构造。

思考题

1. 地基与基础的关系如何？它们的设计要求有哪些？
2. 地基类型有哪些？人工加固地基的方法有哪些？
3. 绘图说明什么是基础埋置深度。影响基础埋置深度的因素有哪些？

4. 常见的基础类型有哪些？
5. 刚性基础与柔性基础有什么不同？
6. 地下室防水等级如何确定？
7. 绘图说明地下室防水构造。
8. 绘图说明地下室底板预铺反粘法防水构造。

第 7 章 墙 体

教学目标

（1）了解墙体的类型及设计要求。
（2）掌握承重块材墙、填充墙构造。
（3）了解墙面装修做法及幕墙的类型及做法。

7.1 墙体的类型及设计要求

7.1.1 墙体的类型

1. 按墙体所处位置及布置方向分类

墙体按其在建筑平面中所处位置不同，有内墙和外墙之分。位于建筑物四周的墙称为外墙，外墙是建筑物的外围护结构，起着挡风、阻雨、保温、隔热等作用，保证室内具有良好的生活和工作环境；位于建筑内部的墙称为内墙，内墙的主要作用是分隔房间。

墙体按布置方向不同，有横墙和纵墙之分。沿建筑物短轴方向布置的墙称为横墙，位于建筑物两端的横墙又称山墙；沿建筑物长轴方向布置的墙称为纵墙。图 7.1 所示为墙体各部分名称。

2. 按墙体受力情况分类

墙体按受力情况不同，有承重墙和非承重墙之分。承重墙直接承担上部结构传来的荷载；非承重墙不承担上部结构传来的荷载。非承重墙又可分为承自重墙、隔墙、框架结构填充墙和幕墙。承自重墙仅承担自身重力,并把自身重力传给基础;隔墙则不承受外来荷载,并将自身重力传给楼板(或梁)或地面垫层;在框架结构中,填充在框架结构柱之间的墙体称为框架结构填充墙,它仅起围护和分隔空间的作用,其自重由框架承担;幕墙(又称悬挂墙)是悬挂在建筑外部的轻质墙体,其不承重,因像挂上去的幕布一样而得名。

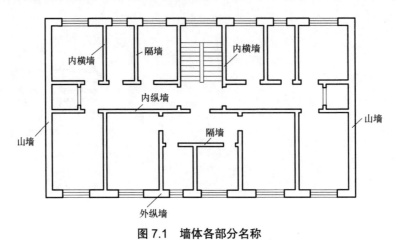

图 7.1　墙体各部分名称

3. 按墙体构造方式分类

墙体按构造方式不同,有实体墙、空体墙、复合墙之分。实体墙(图 7.2)是由单一材料砌成的墙体,如普通砖墙、实心砌块墙、钢筋混凝土墙等。空体墙可以是由单一材料砌成的内部有空腔的墙体,即空斗墙(图 7.3);也可以是用空心砖或空心砌块砌筑而成的墙体(图 7.4)。复合墙则是由两种或两种以上材料组砌而成的墙体。

图 7.2　实体墙　　　　图 7.3　空斗墙　　　　图 7.4　空心砌块墙

板筑夯土墙的施工过程

4. 按墙体施工方式分类

墙体按施工方式不同,有块材墙、板筑墙和板材墙之分。块材墙是用砂浆等胶结材料将各种小型预制块材(如实心砖、空心砖或砌块等)组砌而成的墙体。板筑墙是在现场立模板,在模板内夯筑黏土或浇筑混凝土捣实而成的墙体,如板筑夯土墙和现浇混凝土墙。板材墙是将工厂预制好的墙板运到施工现场组装而成的墙体,如预制混凝土板材墙、轻质条板墙和幕墙等。

7.1.2 墙体的设计要求

墙体根据所处位置和功能的不同，设计时应满足以下要求。

1. 结构安全方面的要求

1）强度要求

承重墙应具有足够的强度来承担上部荷载。影响墙体强度的因素很多，墙体强度主要与所采用的材料、材料强度等级及截面面积有关。

2）稳定性要求

墙体的稳定性与墙体的长度、高度、厚度及纵横向墙体间的距离有关。控制墙体的高厚比是保证墙体稳定的重要措施，墙体高厚比限值在结构上有明确的规定，如表7-1所示。当墙体高度、长度确定后，可通过增加墙厚、增设壁柱或圈梁等办法来提高墙体的稳定性。

表 7-1 墙体高厚比限值

砂浆强度等级	墙体高厚比限值
M2.5	22
M5.0	24
≥M7.5	26

2. 功能方面的要求

1）应满足建筑热工要求

根据地区的气候条件和建筑物的使用要求，墙体应满足必要的保温、隔热要求。

北方寒冷地区要求围护结构具有较好的保温能力，以减少室内热损失，防止墙面结露产生凝结水，避免墙体的空气渗透，具体有以下措施。

（1）提高墙体保温能力，减少热损失。一般有三种做法：增加外墙厚度、选用导热系数小的轻质材料做外墙、采用复合墙。

（2）防止外墙中出现凝结水。在室内温度高的一侧，用卷材、防水涂料或薄膜等材料设置隔汽层，阻止水蒸气进入墙体。

（3）防止外墙出现空气渗透。选择密实度高的墙体材料，墙体内外加抹灰层，加强节点缝隙的处理。

在南方炎热地区，夏季太阳辐射强烈，为防止夏季室外热量通过外墙传入室内，使室内温度过热，一般通过合理设计房间朝向、组织自然通风、设置窗口遮阳、进行环境绿化、外墙采取隔热构造，以及外墙采用浅色、光滑、平整的材料饰面等措施来解决。

2）应满足防火要求

墙体材料的燃烧性能和耐火极限应符合防火规范的有关规定。例如，档案馆建筑、档案库区中同一防火分区内的库房之间的隔墙均应采用耐火极限不低于3.0h的防火墙，以防止火灾蔓延。

3）应满足隔声要求

为保证室内有良好的使用环境，避免室外或相邻房间的噪声影响，墙体必须具有足够的隔声能力。不同使用性质的建筑有不同的噪声控制标准，如住宅卧室昼间的允许噪声级（A声级）≤45dB，普通教室≤50dB，旅馆客房（一级）≤40dB。一般情况下，采用200mm厚的黏土多孔砖墙，耐火极限不小于2.0h，空气隔声不小于45dB。对于墙体，主要考虑隔绝空气传声。为控制噪声，一般采取以下措施：

（1）加强墙体的密缝处理，如对墙体与门窗、通风管道间等处的缝隙进行密封处理。

（2）增加墙体的厚度与密实性，避免噪声穿透墙体及引起墙体振动。

（3）采用空体墙，由于空气或多孔材料具有减振和吸声作用，因而能提高墙体的隔声能力。

（4）设置噪声隔离带，利用绿化降噪。

4）应满足防潮、防水要求

对于卫生间、厨房、盥洗室等有水的房间或地下室的墙体，应采取可靠的防潮、防水措施。

此外，墙体还应考虑经济、美观、建筑工业化等方面的要求。

7.2 承重块材墙构造

7.2.1 块材墙材料

砖的类型

1. 块材

1）砖

砖的种类很多，按所用原料可分为黏土砖、页岩砖、灰砂砖、煤矸石砖、粉煤灰砖、炉渣砖等；按生产工艺可分为烧结砖和非烧结砖，其中非烧结砖又可分为压制砖、蒸养砖和蒸压砖等；按形式可分为实心砖、多孔砖和空心砖（图7.5）。

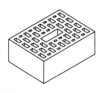
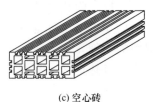

(a) 实心砖　　　　　　(b) 多孔砖　　　　　　(c) 空心砖

图7.5　砖的形式

（1）烧结普通砖。烧结普通砖是以黏土、页岩、煤矸石或粉煤灰为主要原料，经过焙烧而成的孔洞率小于15%的砖，其尺寸为240mm×115mm×53mm（长×宽×厚）。传统的普通黏土砖的缺点是自重大、体积小、施工效率低、生产能耗高，又与农业争地，而且热工性能较差，目前我国许多地区已明令禁止使用普通黏土砖。

砖的强度以强度等级表示，它是根据砖每平方毫米的抗压强度（N/mm²）来划分的。砖的抗压强度有 MU30、MU25、MU20、MU15 和 MU10 五个强度等级。

（2）烧结多孔砖和烧结空心砖。烧结多孔砖和烧结空心砖的原料及生产工艺与烧结普通砖基本相同，由于其坯体有孔洞，因此成型难度较大。烧结多孔砖和烧结空心砖与烧结普通砖相比，节省黏土，节约燃料，墙体自重轻，工效高，并能改善墙体的热工性能，保温性能可提高 25% 左右。为了节约土地资源和减少能耗，烧结多孔砖与烧结空心砖目前应用广泛。

烧结多孔砖的孔洞率≥15%，且孔的尺寸小、数量多，使用时孔洞垂直于承压面。因强度较高，烧结多孔砖常用于砌筑六层以下的承重墙。烧结多孔砖有 DM 型（M 型系列）与 KP1 型（P 型系列）两大类，其规格尺寸见表 7-2。烧结多孔砖的抗压强度等级与烧结普通砖相同，也分为 MU30、MU25、MU20、MU15 和 MU10 五个强度等级。

表 7-2 DM 型与 KP1 型多孔砖规格尺寸 单位：mm

DM 型多孔砖		KP1 型多孔砖	
DM1-1	240 × 190 × 90	KP1-1	240 × 115 × 90
DM1-2		KP1-2	
DM2-1	190 × 190 × 90	KP1-3	178 × 115 × 90（七分砖）
DM2-2		KP1-（1）	
DM3-1	190 × 140 × 90	KP1-（2）	
DM3-2		KP1-（3）	
DM4-1	190 × 90 × 90	注：表中 -1 为圆孔型，-2、-3 为长方形孔型	
DM4-2			
DMP（实心配砖）	190 × 190 × 40		

烧结空心砖的孔洞率≥35%，且孔的尺寸大、数量少，使用时孔洞平行于承压面。烧结空心砖因自重轻、强度低，多用于砌筑非承重墙。烧结空心砖根据其大面和条面的抗压强度值分为 MU10.0、MU7.5、MU5.0、MU3.5 四个强度等级。

（3）蒸压（养）砖。蒸压（养）砖是以石灰、砂子、粉煤灰、煤矸石、炉渣、页岩等含硅材料加水拌和，经成型、蒸压或蒸养而成的。目前使用的主要有粉煤灰砖、灰砂砖和炉渣砖，其规格尺寸与烧结普通砖相同。其中，蒸压灰砂砖按其抗压强度和抗折强度分为 MU25、MU20、MU15 和 MU10 四个强度等级。

2）砌块

砌块是利用混凝土、工业废料（炉渣、粉煤灰等）或地方材料制成的人造块材。

砌块的外形尺寸比砖大，按尺寸大小可分为大型砌块（高度大于980mm）、中型砌块（高度为380～980mm）和小型砌块（高度为150～380mm）三种类型（目前，我国多采用中小型砌块）；按用途分为承重砌块和非承重砌块；按外形特征分为实心砌块和空心砌块（图7.6）；按制作的原材料分为混凝土砌块、轻型混凝土砌块、粉煤灰硅酸盐砌块和加气混凝土砌块等。

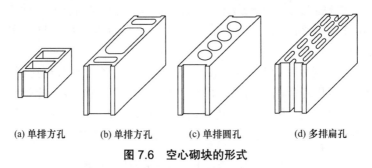

(a) 单排方孔　　(b) 单排方孔　　(c) 单排圆孔　　(d) 多排扁孔

图7.6　空心砌块的形式

由于砌块的材料、规格尺寸不一致，且采用不同的块材，因此建筑构造做法不尽相同。其具体做法应参照国家制定的相应的标准图集。

2. 砌筑砂浆

能将砖、石、砌块等黏结成为整个砌体的砂浆称为砌筑砂浆。砌筑砂浆既能保证墙体传力均匀，又能将墙体空隙填平、密实，还能提高墙体的保温、隔热和隔声性能。

砌筑墙体的砂浆，要求有一定强度及和易性，常用的砌筑砂浆有水泥砂浆、石灰砂浆和混合砂浆三种。水泥砂浆由水泥、砂加水拌和而成，其强度高，防潮、防水性能好，但和易性差，多用于砌筑潮湿环境下的砌体或地下工程。石灰砂浆由石灰膏、砂加水拌和而成，强度不高，但和易性好，多用于砌筑次要的民用建筑地面以上的砌体。混合砂浆由水泥、石灰膏、砂加水拌和而成，强度较高，和易性和保水性较好，常用于砌筑地面以上的砌体，在实际工程中使用广泛。

砌筑砂浆的强度有M15、M10、M7.5、M5和M2.5五个等级。

7.2.2　块材墙的组砌方式

1. 砖墙的组砌方式与墙厚

砖墙的组砌方式主要是指砖块在砌体中的排列方式。为保证墙体的强度和稳定性，砌筑均应遵循横平竖直、错缝搭接、砂浆饱满、厚薄均匀的原则。砖墙组砌时，应丁砖和顺砖交替砌筑，横砌的砖叫丁砖，顺砌的砖叫顺砖。砖墙常见的砌筑方式有全顺式、一顺一丁式、多顺一丁式、两平一侧式、每皮丁顺相间式（又称十字式）及丁顺交错式等（图7.7）。

墙体厚度除应满足强度、稳定性、保温、隔热、隔声及防火等功能方面的要求外，还应与砖的规格尺寸相配合。标准砖的规格为240mm×115mm×53mm（长×宽×厚），按10mm灰缝进行组砌时，其长、宽、厚之比为4∶2∶1，即（4个砖厚+3个灰缝）=（2个砖宽+1个灰缝）=1砖长。由砖可以组砌成不同厚度的墙体，且墙体厚度一般按半砖的倍数确定，如半砖墙、3/4砖墙、一砖墙、一砖半墙、两砖墙等，其构造尺寸（标志尺寸）分别为115（120）、178（180）、240（240）、365（370）、490（490）mm，如图7.8所示。砖墙厚度模数在使用过程中往往与我国现行的《建筑模数协调标准》（GB/T 50002—2013）中规定的模数要求不协调，因此在使用中需注意标准砖的这一特征。

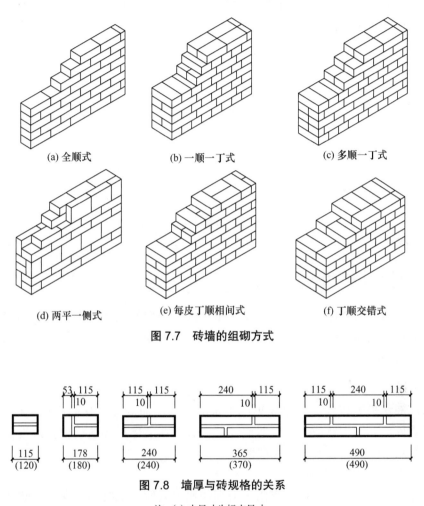

图 7.8　墙厚与砖规格的关系

注：（　）内尺寸为标志尺寸。

DM 型多孔砖的尺寸符合建筑模数协调标准，墙厚以 50mm（1/2M）进级，即有 100mm、150mm、200mm、250mm、300mm、350mm 几种墙厚，高度则按 100mm（M）进级。砌体边角少量不足一块整砖的部位可砍配砖 DMP 或锯切 DM3、DM4 填补。另外，多孔砖墙的窗间墙长度、门窗洞口、墙垛、砖柱等尺寸均应符合 1M 的要求。

KP1 型多孔砖墙的厚度与普通砖墙相同，但是没有数量级 60mm（1/4 砖）的进级，即墙厚有 120mm、240mm、360mm、490mm 几种，不足整砖的部位用"七分砖"砌筑。墙体高度按 100mm（M）进级。

2. 砌块墙的组砌方式

砌块墙在组砌时与砖墙不同，因为砌块规格多、尺寸大，为保证错缝及砌体的整体性，应事先做排列设计，即把不同规格的砌块在墙体中的安放位置用平面图和立面图加以表示。砌块排列设计应满足以下要求：上下皮砌块应错缝搭接，排列整齐、有规律，尽量减少通缝；墙体转角处和内外墙交接处，应使砌块彼此搭接（图 7.9）；优先采用大规格的砌块，尽量减少砌块的规格，使主砌块的总数量在 70% 以上；为减少砌块的规格，允许使用极少量的砖来镶嵌填缝；当采用混凝土空心砌块时，上下皮砌块应孔对孔、肋对肋，以扩大受压面积。

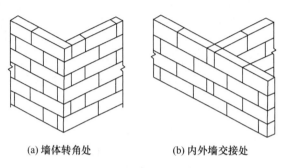

(a) 墙体转角处　　　　(b) 内外墙交接处

图 7.9　砌块应彼此搭接的情况

7.2.3　块材墙的细部构造

为了保证墙体与其他构件的连接及其耐久性，处理好墙体如下部位的细部构造十分重要，如散水、勒脚、防潮层、窗台、过梁及墙身的加强措施等。下面主要以砖墙为例介绍块材墙的细部构造。

1. 墙身防潮

墙体根部接近土壤的部分易受土壤中水分的影响而受潮，从而影响墙体的耐久性。为了阻隔室外雨、雪水及地下潮气对墙体的侵袭，在墙体根部适当位置需设防潮层。墙身防潮层有水平防潮层和垂直防潮层两种。

墙身受潮示意图

1）水平防潮层

为了防止地下水由于毛细作用上升使建筑物墙身受潮，致使室内抹灰粉化、生霉，甚至引起墙体冻融破坏，在墙体水平方向应设置连续封闭的防潮层。防潮层的位置与室内地面垫层材料有关，当室内地面垫层为混凝土等密实材料时，防潮层设在垫层厚度中间位置或低于室内地面 60mm 处（图 7.10）；当室内地面垫层为三合土或碎石灌浆等非刚性垫层时，防潮层应设在与室内地面同标高或高于室内地面 60mm 处。防潮层以下墙体应采用普通砖砌筑。

墙身水平防潮层常用做法有卷材防潮层、防水砂浆防潮层和细石混凝土防潮层等。

（1）卷材防潮层。卷材防潮层是在防潮层位置用 20mm 厚 1∶3 水泥砂浆找平，上铺防水卷材一层[图7.11（a）]。这种做法防潮效果好，但卷材层降低了上下砌体之间的黏结力，削弱了墙体的整体性，对抗震不利，故不宜用于刚度要求高和地震地区的建筑中。同时，防水卷材的使用寿命一般在20年左右，时间久了将失去防潮作用。这种做法目前已较少采用。

（2）防水砂浆防潮层。防水砂浆是在1∶2水泥砂浆中掺入3%～5%的防水剂配制而成。防水砂浆防潮层可采用厚度为20～25mm的防水砂浆作防潮层[图7.11（b）]，也可以采用防水砂浆砌筑2～3皮砖作防潮层[图7.11（c）]。防水砂浆克服了卷材防潮层的不足，且构造简单；但由于防水砂浆系脆性材料，易开裂，故不宜用于结构变形较大或地基可能产生不均匀沉降的建筑中。

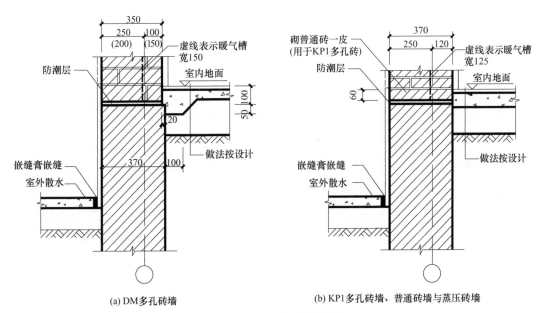

图 7.10　水平防潮层位置

注：KP1多孔砖在防潮层以上砌一皮普通砖。

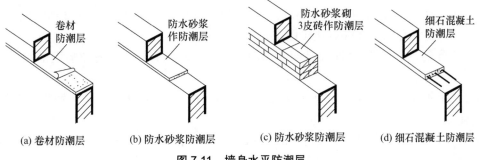

图 7.11　墙身水平防潮层

（3）细石混凝土防潮层。细石混凝土防潮层常采用60mm厚的C20细石混凝土，内配3ϕ6钢筋[图7.11（d）]。这种做法防潮性能、抗裂性能好，且能与砖砌体结合紧密,多用于整体刚度要求较高或地基可能产生不均匀沉降的建筑中。

(4)当基础设有钢筋混凝土圈梁时,可将圈梁调整至防潮层位置,利用基础圈梁代替墙身防潮层。

2)垂直防潮层

当室内地面出现高差或室内地面低于室外地面时,不仅要在不同标高的室内地面处分别设两道墙身水平防潮层,而且为了避免高侧地面房间墙体外侧填土中(或室外地面)的潮气侵入墙身,在墙体靠土层一侧还应设垂直防潮层(图7.12)。其具体做法是在垂直墙面上,先用水泥砂浆找平,再做防水卷材、防水涂料或防水砂浆抹灰防潮层。

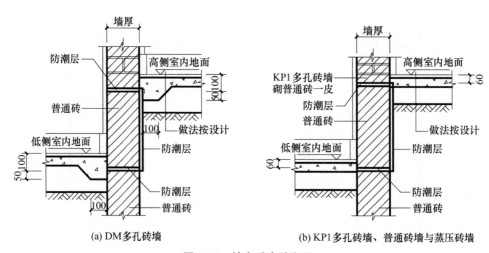

图7.12　墙身垂直防潮层

注:KP1多孔砖在防潮层以上砌一皮普通砖。

2. 勒脚构造

勒脚是外墙接近室外地面的部分。其主要作用是保护外墙身根部免受地表水、屋檐雨水的侵蚀、迸溅,坚固墙体,避免墙体因外界的碰撞而损坏,提高建筑物的耐久性。同时,勒脚还具有增加建筑立面美观的作用。

勒脚的高度一般为600~800mm,考虑建筑立面造型要求,也可将勒脚做至底层窗台。勒脚主要有以下几种做法(图7.13)。

(1)石砌勒脚:对勒脚容易遭到破坏的部分采用石块或石条等坚固的材料进行砌筑。

(2)抹灰勒脚:常用1:2.5水泥砂浆、水刷石、斩假石抹面。抹灰勒脚简单经济,应用较广。

(3)贴面勒脚:采用天然石板和人造石板(如花岗石板、水磨石板或外墙面砖等)贴面。贴面勒脚耐久性好、装饰效果好,多用于装饰标准要求较高的建筑中。

为防止勒脚与散水接缝处向地下渗水,勒脚应伸入散水下,接缝处用弹性防水材料嵌缝。

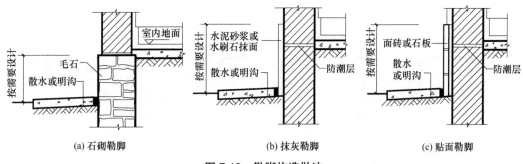

(a) 石砌勒脚　　　　　(b) 抹灰勒脚　　　　　(c) 贴面勒脚

图 7.13　勒脚构造做法

3. 散水与明沟

为防止雨水和室外地面积水渗入地下危害基础，波及墙身，在建筑物外墙四周应设置散水或明沟，将雨水迅速排除。在外墙四周所设置的向外倾斜的排水坡面，称为散水；在外墙四周设置的排水沟，称为明沟（有时也设暗沟）。

散水与明沟做法实例

为保证排水通畅，散水坡度设为 3%～5%。散水的出墙宽度一般为 600～1000mm，当屋面采用无组织排水时，其宽度应比屋顶挑檐宽 200～300mm。散水可采用现浇混凝土、碎石三合土、铺砖、卵石等做法，厚度为 60～80mm。图 7.14 所示为散水构造。当采用现浇混凝土散水时，应沿长度方向每隔 20～30m 设置一道伸缩缝，房屋转角处做 45° 缝；考虑建筑的沉降可能将散水拉裂，散水与外墙之间应设 20～30mm 宽的通缝，伸缩缝及通缝内填嵌缝膏。水泥砂浆面层每隔 1～1.5m 留宽 15mm、深 10mm 的半通缝。

在北方寒冷地区，为防止基层土壤冻胀破坏散水，散水下应设一层 300～500mm 厚的防冻胀层，材料一般为中粗砂、砂卵石、干炉渣或炉渣灰土等。

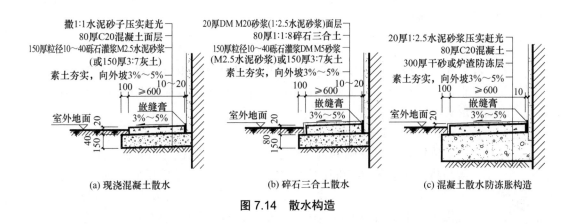

(a) 现浇混凝土散水　　　(b) 碎石三合土散水　　　(c) 混凝土散水防冻胀构造

图 7.14　散水构造

一般在年降雨量为 900mm 以上的地区，常采用明沟排除建筑物周边的雨水，明沟将雨水导入城市排水管网。明沟与散水的构造做法大致相同，明沟宽 200mm 左右，沟底应做不小于 0.5% 的纵向坡度（图 7.15）。也可将明沟与散水结合起来（图 7.16）。

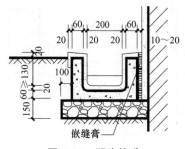
图 7.15 明沟构造

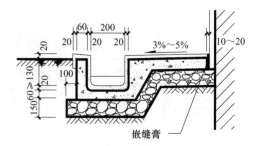
图 7.16 明沟与散水结合构造

4. 窗台

窗洞口的下部应设置窗台。根据位置不同，窗台有内、外之分。外窗台是为了防止窗扇流下的雨水侵入墙身或沿窗缝渗入室内，同时也是建筑立面重点处理的部位，其构造应满足排水和装饰的双重要求；内窗台则是为了排除窗上的冷凝水以保护内墙面，其构造应满足室内装饰和使用方便的要求。

1）外窗台

古典建筑与现代建筑的外窗台形式

外窗台有砖砌窗台和预制混凝土板窗台两种做法，其中砖砌窗台应用更为广泛。

砖砌窗台按做法有平砌和侧砌两种；按其与外墙面的位置有悬挑窗台和不悬挑窗台两种。砖砌悬挑窗台一般向外挑出 50mm（DM 多孔砖墙）或 60mm（KP1 多孔砖墙、普通砖墙与蒸压砖墙），一皮砖或两皮砖厚。表面进行抹面或贴面处理时，应向外做 5% 的排水坡度，并在外缘下做滴水槽或滴水线，以防止雨水污染墙面。当排水要求较高时，可采用外窗台比内窗台低一皮砖的做法。为了立面美观，清水砖墙外窗台一般采用侧砌。

2）内窗台

内窗台可采用水泥砂浆抹面，或安装预制水磨石板、大理石板或人造石材等做法。图 7.17 所示为窗台构造。

5. 过梁

过梁是设置在门窗洞口上的横梁，用来承担洞口上部砌体的荷载，并将其传给洞口两侧的墙体。根据所用材料和构造做法的不同，过梁有砖拱过梁、钢筋砖过梁和钢筋混凝土过梁三种形式。

过梁做法实例

1）砖拱过梁

砖拱过梁是我国的传统做法，有平拱和弧拱之分（图 7.18）。砖拱过梁是将立砖和侧砖相间砌筑，灰缝上宽下窄相互挤压便起到了拱的作用。砖拱过梁施工麻烦、承载力低，对地基不均匀沉降及振动荷载较敏感，不宜用于有集中荷载或地震区的建筑中，多见于历史建筑或仿古建筑中。

2）钢筋砖过梁

钢筋砖过梁是在平砌的砖缝中配置钢筋，以形成可以承受弯矩的加筋砖砌体。钢筋可以布置在洞口上部第一皮砖和第二皮砖之间，也可以布置在第一皮砖下的水泥砂浆层内，两端伸入墙内不小于 240mm（图 7.19）。钢筋砖过梁施工麻烦，多用于跨度在 2m 以内的清水墙或非承重墙的门窗洞口上。

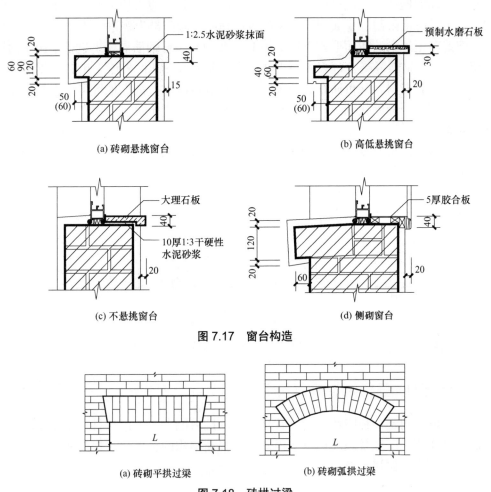

图 7.17 窗台构造

图 7.18 砖拱过梁

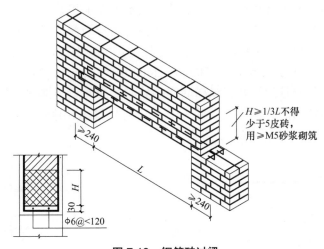

图 7.19 钢筋砖过梁

3）钢筋混凝土过梁

对于有较大振动荷载或可能发生不均匀沉降的建筑，应采用钢筋混凝土过梁。它坚固耐久、不受跨度限制、易成型、可现浇也可预制，应用最为普遍。

钢筋混凝土过梁的断面形式有矩形和L形两种。矩形钢筋混凝土过梁多用于内墙和复合墙中，L形钢筋混凝土过梁多用于外墙中。北方寒冷地区外墙采用L形钢筋混凝土过梁，既可节省材料，又可防止热桥及梁内侧形成冷凝水；南方地区可将钢筋混凝土过梁出挑成遮阳板。为简化构造，节省材料，常将钢筋混凝土过梁与圈梁、雨篷、遮阳板等结合起来。

钢筋混凝土过梁宽度一般与墙厚相同，高度与砖的规格相适应，符合60mm（普通砖）或90mm（多孔砖）的整倍数，两端支承在墙上的长度不得小于240mm（图7.20）。L形钢筋混凝土过梁挑板厚度一般为60mm或90mm，挑出长度通常为120mm，或考虑设置窗套、腰线、雨篷、遮阳板等确定钢筋混凝土过梁出挑长度。

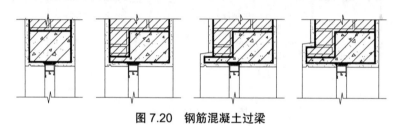

图7.20 钢筋混凝土过梁

7.2.4 墙身的加强措施

由于砌体结构是一种脆性结构，其延性差，抗剪能力弱，而且自重及刚度大，因此有地震荷载作用时，通常破坏严重。因此，为提高结构的整体性，提高建筑物的抗震性能，须采取相应的加强措施。

1. 增设壁柱和门垛

当墙体的窗间墙上出现集中荷载，而墙厚又不足以承担其荷载，或当墙体的长度和高度超过一定限度并影响墙体的稳定性时，常会在墙身局部适当位置增设凸出墙面的壁柱（图7.21），以提高墙体的平面外刚度。壁柱的尺寸应与砌块的规格尺寸相对应，如普通砖墙壁柱尺寸一般为120mm×370mm、240mm×370mm、240mm×490mm等。

当墙体上开设门洞且门洞开在纵横墙交接处时，为便于门框的安装和保证墙体的稳定性，须在门靠墙转角的一侧设置门垛（图7.22）。门垛凸出墙面不小于120mm，宽度与墙厚相同。

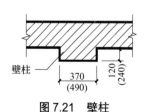

图7.21 壁柱

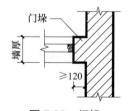

图7.22 门垛

2. 设置圈梁

圈梁又称腰箍，是沿外墙四周及部分内墙同一水平面上设置的连续而封闭的梁。圈梁的作用是提高建筑物的整体刚度及墙体的稳定性，减少由于地基不均匀沉降而引起的墙身开裂，提高建筑物的抗震能力。所以，利用圈梁加固墙身很有必要。

砖混结构建筑中的圈梁与构造柱

圈梁的设置部位与墙体所用材料、地区的抗震设防烈度等因素有关，表 7-3 为多孔黏土砖墙内现浇钢筋混凝土圈梁的设置要求。

表 7-3 多孔黏土砖墙内现浇钢筋混凝土圈梁的设置要求

墙类别	抗震设防烈度		
	6、7 度	8 度	9 度
外墙和内纵墙	屋盖及每层楼盖处	屋盖及每层楼盖处	屋盖及每层楼盖处
内横墙	屋盖及每层楼盖处；屋盖处间距不大于 4.5m；楼盖处间距不大于 7.2m；构造柱对应部位	屋盖及每层楼盖处；各层所有横墙，且间距不大于 4.5m；构造柱对应部位	屋盖及每层楼盖处；各层所有横墙

圈梁有钢筋砖圈梁和钢筋混凝土圈梁两种。

（1）钢筋砖圈梁是在砌体灰缝中设置通长钢筋，数量不宜少于 4ϕ6，间距不宜大于 120mm，分上下两层布置，梁高一般为 4~6 皮砖，宽度与墙厚相同，用 ≥M5 的水泥砂浆砌筑（图 7.23）。

（2）钢筋混凝土圈梁高度不应小于板厚，并不应小于 120mm，常用 180mm、240mm；宽度一般与墙厚相同，当墙厚 ≥240mm 时，宽度不宜小于墙厚的 2/3。常用混凝土的强度等级为 C20，纵向钢筋不少于 4ϕ10，箍筋为 ϕ6，按照抗震设防烈度 6、7 度，8 度，9 度，其间距分别为 250mm、200mm 和 150mm（图 7.24）。为加强基础的整体性和刚性而增设的基础圈梁，截面高度不应小于 180mm，配筋不应少于 4ϕ12。

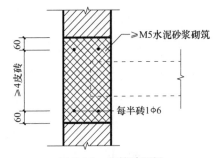

图 7.23 钢筋砖圈梁

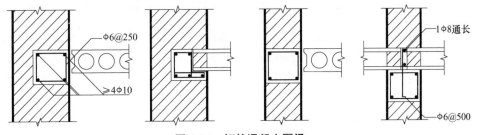

图 7.24 钢筋混凝土圈梁

注：现浇楼盖设圈梁时，将图中预制板改为现浇板，并与圈梁同时现浇。

图 7.24 所示为钢筋混凝土圈梁与预制板的位置关系及其截面形式,若现浇或装配整体式钢筋混凝土楼板、屋盖与墙体有可靠的连接,则这类房屋允许不另设圈梁,但楼板沿墙体周边应加强配筋,并与相应的构造柱可靠连接。

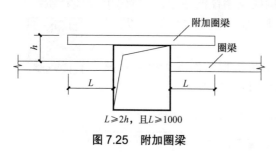

图 7.25 附加圈梁

当圈梁遇到门窗洞口不能闭合时,应在门窗洞口上部或下部设置附加圈梁,进行搭接补强。附加圈梁与圈梁的搭接长度不应小于两者高差的 2 倍,且不小于 1000mm(图 7.25)。

3. 设置构造柱

在抗震设防地区,设置钢筋混凝土构造柱是多层建筑抗震的重要措施。构造柱与各层圈梁及墙体紧密连接,形成空间骨架,从而增强了建筑物的整体刚度、稳定性和抗剪强度,提高了墙体及房屋的抗倒塌能力,在地震作用下做到裂而不倒。

在多层砖混结构中,构造柱一般设置在外墙四角、楼梯间四角、内外墙交接处、较大洞口两侧等位置。对于多层砖砌体房屋,其构造柱设置要求见表 7-4,间距应满足《建筑抗震设计规范(2016 年版)》(GB 50011—2010)的相关规定。

表 7-4 多层砖砌体房屋构造柱设置要求

房屋层数				设置部位	
6 度	7 度	8 度	9 度		
四、五	三、四	二、三	—	楼、电梯间四角,楼梯斜梯段上下端对应的墙体处;	隔 12m 或单元横墙与外纵墙交接处;楼梯间对应的另一侧内横墙与外纵墙交接处
六	五	四	二	外墙四角和对应转角;	隔开间横墙(轴线)与外纵墙交接处;山墙与内纵墙交接处
七	≥六	≥五	≥三	错层部位横墙与外纵墙交接处;大房间内外墙交接处;较大洞口两侧	内墙(轴线)与外墙交接处;内墙的局部较小墙垛处;内纵墙与横墙(轴线)交接处

注:较大洞口,内墙指不小于 2.1m 的洞口;外墙在内外墙交接处已设置构造柱时应允许适当放宽,但洞侧墙体应加强。

构造柱的截面尺寸应与墙厚一致,其最小截面尺寸:DM 多孔砖为 240mm×190mm,KP1 多孔砖、普通砖、蒸压砖为 240mm×180mm。构造柱的最小配筋为纵筋 4Φ12、箍筋 Φ6@250,且在柱上下端加密 Φ6@100;房屋四角的构造柱可适当加大截面和配筋。

构造柱应与各层圈梁和墙体紧密拉结。与圈梁连接处,构造柱纵筋应穿过圈梁并置于圈梁纵筋以内,且保证构造柱上下贯通。构造柱与墙体的拉结筋应从室内地面以上 500mm 处开始设置,沿墙高每 500mm 设 2Φ6 水平拉结筋,每边伸入墙内不少于 1000mm(图 7.26)。

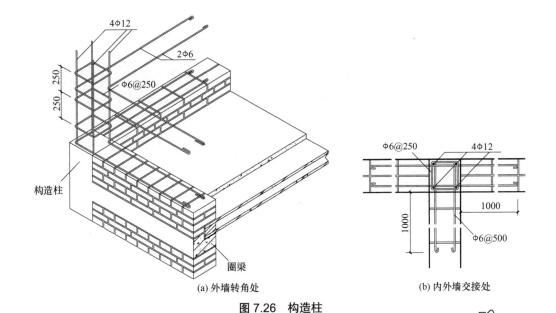

图 7.26 构造柱

构造柱根部嵌入基础内至室外地坪以下 500mm，或锚入埋深小于 500mm 的基础圈梁内（图 7.27）。为了增加构造柱与墙体的拉结，构造柱通常呈马牙槎状，砌墙时在墙内砌成马牙槎，DM 多孔砖墙的马牙槎高 200mm、宽 50mm；KP1 多孔砖墙、普通砖墙、蒸压砖墙的马牙槎高 300mm、宽 60mm（图 7.27）。施工时先绑扎钢筋，后砌墙，随着墙体的上升逐段现浇钢筋混凝土柱身。

建筑中的构造柱及其马牙槎

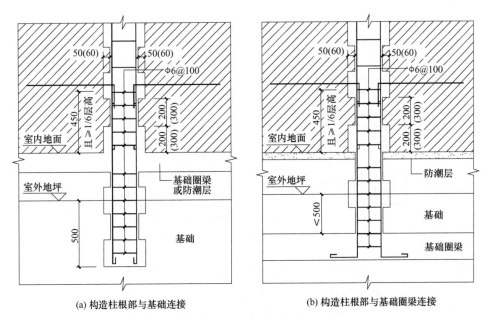

图 7.27 构造柱根部连接

注：（ ）内的数字适用于 KP1 多孔砖墙、普通砖墙、蒸压砖墙内马牙槎。

7.3 填充墙构造

填充墙是分隔建筑内部空间的非承重墙,自重由楼板或梁来承担,且不承担外来荷载。设计时要求填充墙自重轻,隔声好,易于拆装,根据位置不同还要满足防潮、防水、防火等要求。

按构造方式不同,填充墙可分为块材填充墙、轻骨架填充墙和板材填充墙三大类。

7.3.1 块材填充墙

框架结构填充墙

块材填充墙是用普通砖、多孔砖、空心砌块及各种轻质砌块等块材砌筑而成的墙体。为了减小填充墙自重,可采用质轻块大的各类砌块,如目前常用的加气混凝土砌块、轻集料混凝土砌块等。而大量民用建筑中,主要还是使用小型砌块。下面以小型砌块填充墙构造为例进行讲解。

框架结构填充小型砌块墙体的平面模数网格宜采用3M或2M,竖向模数网格采用1M,墙体的分段净长采用1M。框架梁、柱、门窗洞口的平面与竖向尺寸应符合1M的基本模数。小型砌块填充的厚度与轴线定位尺寸应使用符合模数的标注尺寸。为了提高墙体的施工效率,保证施工砌筑质量,建筑设计时应根据墙体分段尺寸,绘制墙体的小型砌块排列施工图。小型砌块的排列应尽量采用长的主砌块,少用辅助砌块,上下皮错缝搭砌,一般搭接长度为200mm,每两皮为一个循环(图7.28)。墙上的电线盒、门窗、卫生设备的固定,应在砌块排列图上标注并预留洞口或预埋,严禁在砌好的墙体上剔凿或用冲击钻钻孔。

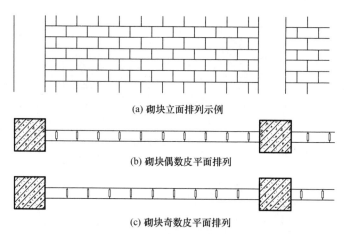

图 7.28 小型砌块填充墙的砌块排列

(a) 砌块立面排列示例
(b) 砌块偶数皮平面排列
(c) 砌块奇数皮平面排列

填充墙应与周边结构构件进行可靠连接。填充墙与框架柱、构造柱拉结时,根据情况可采用拉结筋、钢筋网片及现浇钢筋混凝土带等方式。拉结筋一般沿柱高,每隔400mm设置2ϕ6(墙厚>240mm时设置3ϕ6)或预埋铁件与墙体灰缝拉结筋连接,搭接长度300mm,全长贯通;现浇钢筋混凝土带的纵向钢筋,当墙厚≤240mm时为2ϕ10,当墙厚>240mm时为3ϕ10。横向钢筋均为ϕ6@300,框架柱预埋钢筋与现浇钢筋混凝土带钢筋相同（图7.29）。

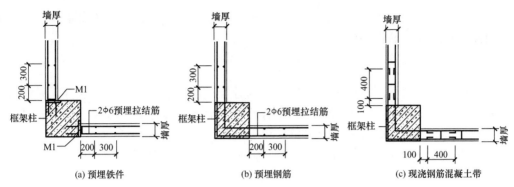

图7.29 填充墙与框架柱、构造柱拉结

小型砌块填充墙的墙顶应与框架梁或楼板拉结（图7.30）。在非抗震设防或6、7度抗震设防且墙长≤5m时，待下部填充墙沉实后，墙顶应用实心砌块斜砌顶紧，并用砂浆填满挤实；当墙长>5m时，墙顶与框架梁或楼板应用膨胀螺栓焊接拉结筋拉结；或在上部框架梁或楼板内设置预埋筋拉结填充墙。

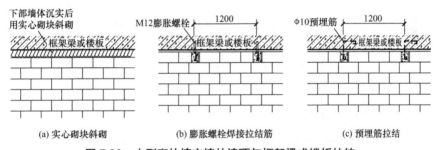

图7.30 小型砌块填充墙的墙顶与框架梁或楼板拉结

当墙长超过层高的1.5～2倍时，宜在墙内设钢筋混凝土芯柱或构造柱。当墙高超过4m或墙上遇门窗洞口时，应分别在墙体半高或外墙窗洞口的上部及下部、内墙门洞口的上部设置拉结筋与柱连接，且沿墙设置贯通的现浇钢筋混凝土带（图7.31）。

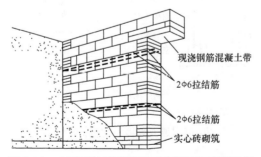

图7.31 小型砌块填充墙的门窗洞口与底部处理

采用轻骨料小型砌块砌筑墙体时，墙底部应砌烧结普通砖、多孔砖、普通小型砌块或现浇混凝土坎台，其高度不宜小于200mm。

7.3.2 轻骨架填充墙

轻骨架填充墙由骨架和面层组成。由于其是先立骨架（墙筋，又称龙骨）再做面层，因而又称之为立筋式隔墙。

1. 骨架

骨架按所用材料不同可分为木骨架和金属骨架。近年来，为了节约木材，提高填充墙的防潮、防水、防火等方面的性能，木骨架已逐渐被金属骨架所取代。一般采用薄壁型钢、铝合金薄板等制成各种配套的龙骨和连接件。

以有贯通龙骨体系的轻钢龙骨填充墙为例（图 7.32），其骨架（龙骨）由厚 0.5～1.5mm 的薄壁型钢构成，断面多为槽形截面，主要优点是强度高、刚度大、自重轻、整体性好、易于加工、便于拆装。轻钢龙骨的安装过程是：先将上下横龙骨用膨胀螺栓（或射钉）固定于楼板、地板（垫）上，然后在其间安装竖龙骨与横龙骨。

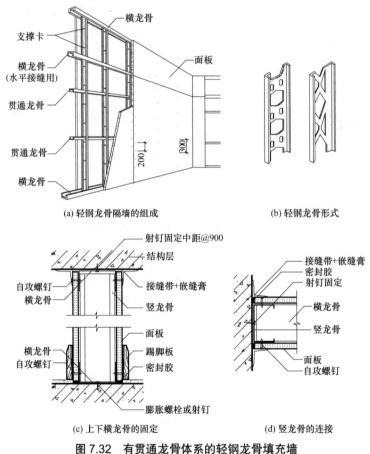

图 7.32 有贯通龙骨体系的轻钢龙骨填充墙

2. 面层

轻骨架填充墙的面层多用人造板材，如木质板材类（如胶合板）、石膏板材类（如纸面石膏板）、无机纤维板材类（如矿棉板）、金属板材类（如铝合金板）、塑料板材类

（如PVC板）、玻璃板材类等。人造板材在骨架上的固定方法有钉、粘、卡三种。安装后要处理好板缝。

以面层采用单层石膏板的轻钢龙骨填充墙为例，石膏板安装后应处理好板接缝，以免板面不平整、板缝开裂及影响填充墙的隔声效果。石膏板板缝处理如图7.33所示。为满足不同的使用要求，可选用多种饰面材料进行装饰，如喷大白浆，刷乳胶漆，贴壁纸、瓷砖或马赛克等。

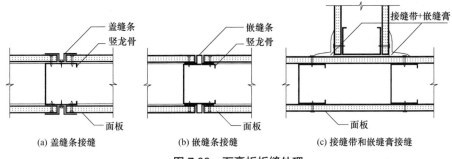

图7.33　石膏板板缝处理

7.3.3　板材填充墙

板材填充墙是指将各种轻质板材用黏结剂拼合在一起形成的填充墙。由于板材填充墙是用轻质板材直接拼装而不依赖于骨架，因此它具有自重轻、安装方便、施工速度快、工业化程度高等特点。目前轻质板材多采用条板，如轻质混凝土条板、增强石膏空心条板、GRC（玻璃纤维增强水泥）轻质条板、轻质陶粒混凝土条板及各种复合板等。

以增强石膏空心条板填充墙为例，所用条板厚度为60～100mm，宽度为600～1000mm，长度略小于房间净高。安装时，条板下部先用一对对口木楔顶紧，然后用干硬性细石混凝土堵严，板缝用黏结砂浆或黏结剂进行黏结，并用胶泥刮缝，平整后再做表面装修（图7.34）。

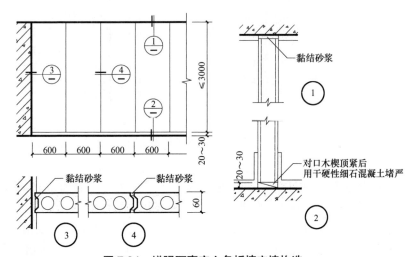

图7.34　增强石膏空心条板填充墙构造

7.4 墙面装修

对墙面进行装修，可保护墙体，提高其对外界各种不利因素的抵抗能力，延长建筑物的使用年限；改善墙体的热工性能、光环境、卫生条件等效能；丰富建筑的艺术形象，美化环境。

墙面装修按其所处的部位不同，可分为室外装修和室内装修；按材料及施工方式的不同，可分为抹灰类、贴面类、涂料类、裱糊类和铺钉类五大类。

7.4.1 抹灰类墙面

抹灰类墙面装修是以水泥、石灰膏为胶结材料加入砂或石碴与水拌和成砂浆或石碴浆，涂抹到墙面上的一种装修做法。它是我国传统的墙面饰面做法，其材料来源广泛，施工简便，造价低廉；但是其饰面耐久性差，易开裂、易变色。因为多系手工操作，且是湿作业施工，所以这种做法功效较低。

根据面层采用的材料不同，除一般抹灰（如石灰砂浆、混合砂浆、麻刀灰、纸筋灰）外，还有装饰抹灰（如水刷石、干粘石、斩假石）。

为保证抹灰层与基层连接牢固和表面平整，避免开裂和脱落，抹灰前应将基层表面的灰尘、污垢、油渍等清除干净，并洒水湿润。同时，一次涂抹不能太厚，施工时须分层操作。抹灰饰面通常分三层进行，即底层（又称刮糙）、中层和面层（又称罩面），如图7.35所示。底层主要起黏结和初步找平作用，厚5～15mm；中层主要起进一步找平作用，厚5～10mm；面层使表面平整、美观，以取得良好的装饰效果，厚3～5mm。

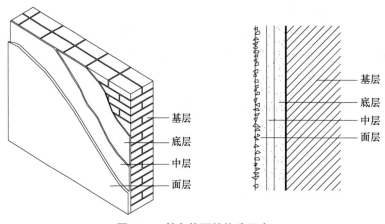

图7.35 抹灰饰面的构造层次

抹灰按质量要求有三种标准，即普通抹灰（一层底灰，一层面灰）；中级抹灰（一层底灰，一层中灰，一层面灰）；高级抹灰（一层底灰，数层中灰，一层面灰）。普通抹灰适用于简易宿舍、仓库等；中级抹灰适用于住宅、办公楼、学校、旅馆及高标准建筑物中的附属房间；高级抹灰适用于公共建筑、纪念性建筑，如剧院、宾馆、展览馆等。

在室内抹灰中，对易受碰撞内墙凸出的转角处或门洞两侧，常用1:2水泥砂浆抹1500mm高，以素水泥浆对小圆角进行处理，俗称护角，如图7.36所示。

此外，在外墙抹灰中，由于墙面抹灰面积较大，为避免面层产生裂纹和便于施工，以及立面处理的需要，常对抹灰面层做分格处理。面层施工前，先做不同形式的木引条，待面层抹灰完毕后取出木引条即形成线脚，如图7.37所示。

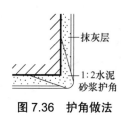

图7.36 护角做法

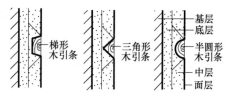

图7.37 木引条线脚做法

7.4.2 贴面类墙面

贴面类墙面装修是指将各种天然石材或人造板、块，通过绑、挂或直接粘贴于基层表面的一种装修做法。它具有耐久性好、装饰性强、容易清洗等优点。常用的贴面材料有花岗岩板和大理石板等天然石板，水磨石板、水刷石板、剁斧石板等水泥预制板，以及面砖、瓷砖、锦砖等陶瓷和玻璃制品。其中，质地细腻、耐候性差的材料，如大理石、瓷砖等多用作室内装修；而质感粗犷、耐候性好的材料，如面砖、锦砖、花岗岩板等多用作室外装修。

1. 天然石板、人造石板墙面

石板的安装可采用绑扎法、干挂法和粘贴法。

1）绑扎法

绑扎法是先在墙体或柱内预埋中距500mm双向φ8Ω形铁箍，与其绑扎固定φ8～φ10钢筋网，再用钢丝或镀锌铅丝穿过事先在石板上钻好的孔眼，将石板绑扎在钢筋网上。上下两块石板用不锈钢卡销固定。石板与墙之间一般留30mm缝隙，当石板就位、校正、绑扎牢固后，分层浇筑1:2.5水泥砂浆或石膏浆，如图7.38（a）所示。

人造石板装修做法与天然石板相同，但不必在板上钻孔，而是利用板背面的钢筋挂钩，用铅丝绑扎在钢筋网上即可。

2）干挂法

干挂法是先借助射钉或膨胀螺栓将专用卡具固定在墙上，或锚固在墙面或柱面上预先固定的型钢或铝合金骨架上，用专用卡具固定石板，石板接缝用硅胶嵌缝，内部不必浇注砂浆。这种石板构造简单、施工方便，也称石板幕墙，如图7.38（b）所示。

3）粘贴法

对于规格较小的板材（边长不超过400mm，厚度为10mm左右）或碎石板也可采用粘贴的方法安装，如图7.38（c）所示。

2. 陶瓷面砖、陶瓷锦砖墙面

陶瓷面砖或陶瓷锦砖通常直接用水泥砂浆粘贴在墙面的基层上。先抹 10～15mm 厚 1∶3 水泥砂浆打底找平，再用 5～10mm 厚 1∶1 水泥细砂砂浆粘贴陶瓷面砖或陶瓷锦砖，最后用水泥砂浆或纯水泥浆嵌缝。

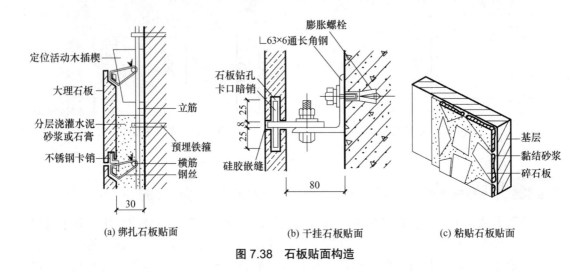

图 7.38 石板贴面构造

7.4.3 涂料类墙面

涂料类墙面装修是指利用各种涂料，敷于平整的基层上而形成整体牢固的涂膜层的一种装修做法。它具有造价低、装饰性强、工期短、工效高、自重轻，以及操作简单、维修方便、更新快等特点，因而得到了广泛的应用和发展。

建筑涂料的品种繁多，按其主要成膜物的不同，可分为有机涂料、无机涂料及有机和无机复合涂料三大类。其施涂方法有刷涂、滚涂、弹涂和喷涂。当施涂涂料面积过大时，可在墙身的分格缝、墙的阴角或落水管等处设分界线。

7.4.4 裱糊类墙面

裱糊类墙面装修用于建筑内墙，是将各种装饰性的墙纸、墙布等卷材类的装饰材料裱糊在墙面上的一种装修做法。常用的装饰材料有 PVC 塑料壁纸、纺织物面墙纸、金属面墙纸、玻璃纤维墙布等。裱糊类墙面装修，装饰性强，施工方法简捷高效，材料更换方便，并可在曲面和墙面转折处粘贴，能获得连续的饰面效果。

墙纸与墙布的粘贴需要在平整的基层上进行，一般先用水泥石灰浆在墙体上打底，干燥后满刮腻子，并用砂纸磨平，然后用 107 胶或其他胶黏剂粘贴墙纸。

7.4.5 铺钉类墙面

铺钉类墙面装修是将各种天然木板或人造薄板镶钉在墙面上的一种装修做法。这类墙面所用材料质感细腻、美观大方、装饰效果好，给人以亲切感，但防潮、防火性能差，一般多用于宾馆、大型公共建筑的大厅等处的墙面或墙裙装修。

铺钉类墙面构造做法与骨架填充墙类似，也由骨架和面板两部分组成，即施工时先在墙面上立骨架（墙筋），然后在骨架上铺钉面板。

1. 骨架

骨架有木骨架和金属骨架之分。木骨架借助墙内的预埋防腐木砖固定到墙上，骨架间距应与墙板尺寸相配合。金属骨架多采用槽形冷轧薄钢板，用膨胀螺栓固定在墙上。为防止骨架与面板受潮，在固定骨架前，应在墙面上先抹 10mm 厚混合砂浆，再涂热沥青两道；或不抹灰，直接在砖墙上涂刷热沥青。以硬木条墙面为例，其装修构造如图 7.39 所示。

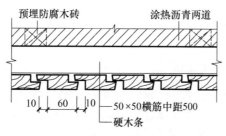

图 7.39　硬木条墙面装修构造

2. 面板

面板多为人造板，包括硬木条板、石膏板、胶合板、纤维板、金属板、装饰吸声板及钙塑板等。

面板在木骨架上用圆钉或木螺钉固定，在金属骨架上一般采用自攻螺钉固定。图 7.40 所示为铺钉类墙面面板接缝处理构造。

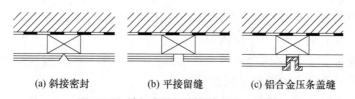

图 7.40　铺钉类墙面面板接缝处理构造

在现代建筑的高级装饰装修中，金属、玻璃装饰板材也得到了广泛应用，与其他材料的饰面搭配中可尽显金属、玻璃材料的光洁明亮、华丽典雅的美感。金属板材（如彩色涂层钢板、铝合金装饰板等）主要靠螺栓、铆钉与墙筋连接，或采用扣接方法与墙筋连接。对于玻璃板材，如平板玻璃、彩色玻璃、压花玻璃、玻璃饰面砖等，其固定方法主要有三种：一是用环氧树脂将镜面玻璃直接粘在衬板上；二是在玻璃上钻孔，用不锈钢螺钉和橡胶垫钉于墙筋上；三是用压条或嵌钉将玻璃卡住。

7.5 幕　　墙

幕墙是现代大型公共建筑和高层建筑常见的外围护墙，由结构框架与镶嵌板材组成，悬挂在建筑主体结构上，也称悬挂墙。其特点是：不承重，但要承担风荷载，并通过连接件把自重和风荷载传给主体结构。幕墙装饰效果好，质量轻，安装速度快，是外墙轻型化、装配化的理想形式。

幕墙按饰面材料分有玻璃幕墙、石材幕墙、金属幕墙、混凝土幕墙、组合幕墙等。下面主要介绍前三种。

7.5.1 玻璃幕墙

玻璃幕墙光污染的原因与防治

玻璃幕墙是指由支承结构体系与玻璃组成的建筑外围护结构。按其结构形式与做法不同，玻璃幕墙分为有框玻璃幕墙、无框全玻璃幕墙和点支式玻璃幕墙。

1. 有框玻璃幕墙

有框玻璃幕墙是将玻璃面板通过铝合金或不锈钢骨架固定在建筑物外墙面上，依据玻璃与骨架的关系，有明框玻璃幕墙与隐框玻璃幕墙之分。

1）明框玻璃幕墙

明框玻璃幕墙是金属骨架明露在室外，将玻璃面板全嵌入金属骨架型材的凹槽内，金属骨架兼有骨架结构和固定玻璃的双重作用。明框玻璃幕墙是最传统的形式，应用最广泛，如图7.41（a）所示。

（1）金属骨架的构成与连接。

金属骨架可用铝合金或不锈钢等型材制作。其中铝合金型材易加工，耐久性好、质量轻、外表美观，是玻璃幕墙理想的框格用料。为了减少能耗，目前已开始采用断桥铝合金型材骨架。

金属骨架由立柱（竖挺）、横梁（横档）组成。立柱通过连接件固定在主体结构的楼板或梁上。连接件上的所有螺栓孔都为椭圆形长孔，以便立柱安装时调整定位。立柱每层一根，上下层立柱接长时，立柱内衬连接套管用螺栓固定，如图7.41（b）所示。考虑金属的涨缩变形，上下立柱之间留15~20mm的空隙，用密封胶嵌缝；立柱与横梁的连接通过角形铝件或专用铝型材用螺栓固定。

幕墙构件应连接牢固，连接处须用密封材料使连接部位密封，用于消除构件间的摩擦响声，防止串烟串火，并消除由于温度变化引起的热胀冷缩应力。

（2）玻璃的种类与安装。

玻璃幕墙的玻璃种类很多，有中空玻璃、钢化玻璃、夹层玻璃、镀膜玻璃、防火玻璃等。其中，中空玻璃具有良好的保温、隔热、隔声和节能效果，在玻璃幕墙中应用广泛。

安装玻璃时，先在立柱内侧安装铝合金压条，将玻璃放入凹槽内，再用密封材料密封。支承玻璃的横梁要倾斜，以排除因密封不严而流入凹槽内的雨水，外侧用横梁盖板盖住，如图7.41（c）所示。

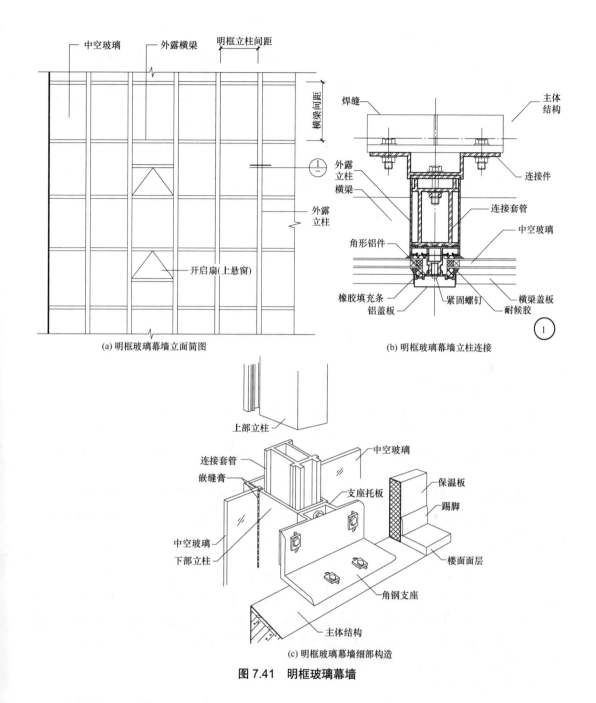

图 7.41 明框玻璃幕墙

2）隐框玻璃幕墙

隐框玻璃幕墙是用高强玻璃黏结剂将玻璃直接粘在铝合金骨架的封框上，建筑立面既不见骨架，也不见封框，使得玻璃幕墙的外表更加新颖、简洁。隐框玻璃幕墙分为全隐框玻璃幕墙和半隐框玻璃幕墙两种，其中半隐框玻璃幕墙可以是横明竖隐，也可以是竖明横隐。图 7.42 所示为隐框玻璃幕墙。

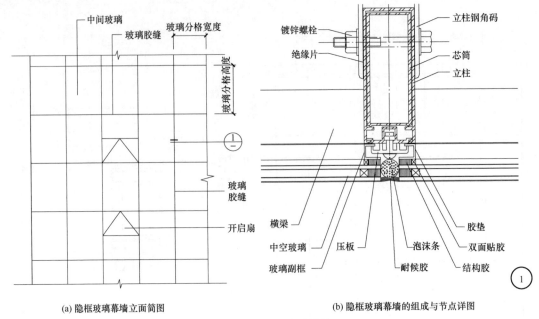

图 7.42 隐框玻璃幕墙

2. 无框全玻璃幕墙

无框全玻璃幕墙是由玻璃板和玻璃肋制作的玻璃幕墙。其玻璃本身既是饰面材料，又是玻璃幕墙的承重构件，将大片玻璃支承或悬吊在主体结构上，幕墙的通透感更强，视线无阻碍，视野更开阔，建筑立面更简洁，被广泛应用于底层公共空间的外装饰中。

无框全玻璃幕墙的支撑系统常用支撑式与悬挂式两种。为提高饰面玻璃的稳定性和刚度，可设置玻璃肋。其材质与饰面玻璃相同，且宽度较小，对玻璃幕墙的整体效果无任何影响。

1）支撑式全玻璃幕墙

当全玻璃幕墙的高度较低时，采用支撑式安装，如图 7.43 所示。通高的玻璃板和玻璃肋上下均镶嵌在金属夹槽内，玻璃直接支撑在下部槽内弹性垫块上。玻璃上部与槽顶之间留出空隙，使玻璃有伸缩的余地。玻璃肋垂直于玻璃面板布置，间距由设计确定，玻璃肋与玻璃板之间的竖缝嵌填结构胶（或耐候密封胶）。玻璃肋与玻璃板之间的关系有双肋、单肋及通肋三种形式，如图 7.44 所示。

2）悬挂式全玻璃幕墙

当幕墙玻璃超过一定高度时，为避免因玻璃细长导致平面外刚度和稳定性较差，在自重作用下发生压曲破坏，无法抵抗各种水平力的作用，可在超高玻璃的上部设置专用的金属夹具，将玻璃板和玻璃肋吊挂起来，即为悬挂式全玻璃幕墙（图 7.45）。这种幕墙是在玻璃顶部增设悬挂梁、吊钩和夹具，将玻璃竖直吊挂起来，然后在玻璃底部两角附近垫上固定垫块，并将玻璃镶嵌在底部金属嵌槽内，槽内玻璃两侧用填充条及密封胶嵌实，限制其水平位移。

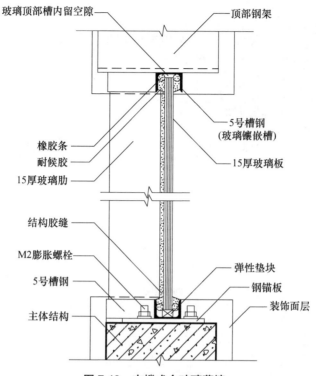

图 7.43 支撑式全玻璃幕墙

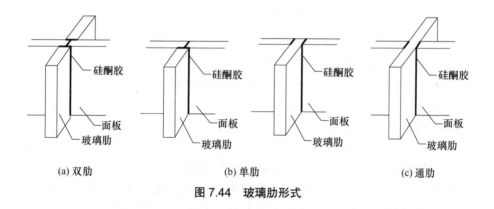

图 7.44 玻璃肋形式

3. 点支式玻璃幕墙

点支式玻璃幕墙是在幕墙玻璃四角打孔,用不锈钢驳接爪连接到支承钢结构上。与框式玻璃幕墙相比,点支式玻璃幕墙具有独立的支承体系,其金属构件工厂化生产且加工精密,现场安装精度高、质量好;所用的玻璃多为低辐射或钢化中空玻璃,减少城市光污染,且玻璃规格限制不严;没有铝合金框架,通透效果好,使建筑内外空间更好地融合。因此,点支式玻璃幕墙被广泛应用于各种大型公共建筑共享空间的外装饰中。

点支式玻璃幕墙主要由支承体系、金属连接件与玻璃组成。

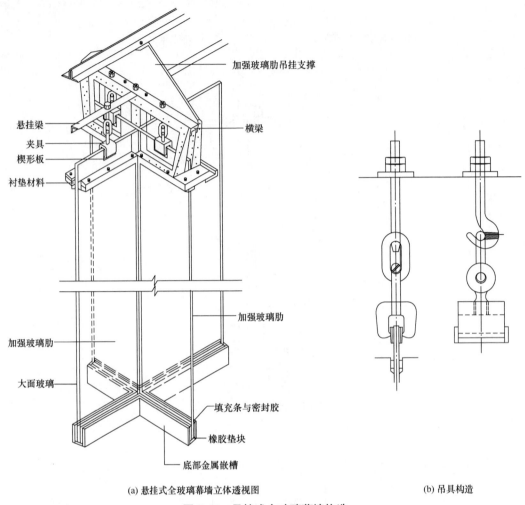

(a) 悬挂式全玻璃幕墙立体透视图　　(b) 吊具构造

图 7.45　悬挂式全玻璃幕墙构造

1）支承体系

支承体系用于将面玻璃承担的各种荷载直接传递到建筑主构件上。根据承受的荷载大小和建筑造型来确定其结构形式和材料，如玻璃肋、不锈钢或铝型材立柱、钢桁架及不锈钢拉杆（索）等。图 7.46 所示为钢桁架点支式玻璃幕墙，即在金属桁架上安装钢驳接爪，面玻璃四角打孔，钢驳接爪上的特殊螺栓穿过玻璃孔，紧固后将玻璃固定在钢驳接爪上。

2）金属连接件

金属连接件包括固定件（俗称爪座和爪子）和扣件，将面玻璃固定在支承结构上。设计金属连接件时需考虑多方面因素，如消除玻璃孔边缘的附加应力，能够调节安装误差，采取减震措施以提高抗震能力等。

3）玻璃

由于钻孔会导致孔边玻璃强度降低，此类玻璃幕墙必须采用强度较高的钢化玻璃，避免玻璃遇到外力破坏时产生锐利的细小碎块而伤人。

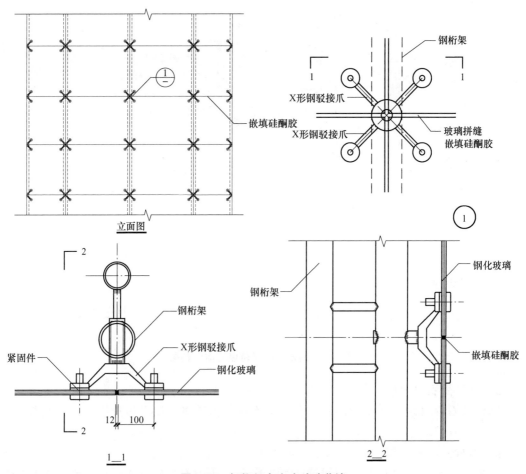

图 7.46 钢桁架点支式玻璃幕墙

7.5.2 石材幕墙

石材幕墙即饰面板材为石板的幕墙,有直接式干挂幕墙与骨架式干挂幕墙两种。

直接式干挂幕墙是利用金属挂件将石材面板直接悬挂在主体结构上,无须钢骨架。这种做法对主体结构墙体强度要求高(如钢筋混凝土墙),且墙面平整、垂直度好,否则应采用骨架式干挂幕墙,即先将金属骨架悬挂于主体结构上,然后再利用金属挂件将石材饰面板挂接于骨架上。

石材幕墙按照石材的安装方法与形式的不同有以下几种。

1)短槽式石材幕墙

在石材侧边中间开短槽,用不锈钢挂件挂接、支撑石板,如图 7.47 所示。这种做法构造简单,技术成熟,目前应用较多。

2)通槽式石材幕墙

通槽式石材幕墙是在石材侧边中间开通槽,嵌入和安装通长金属卡条,石板固定在金属卡条上。这种做法应用较少。

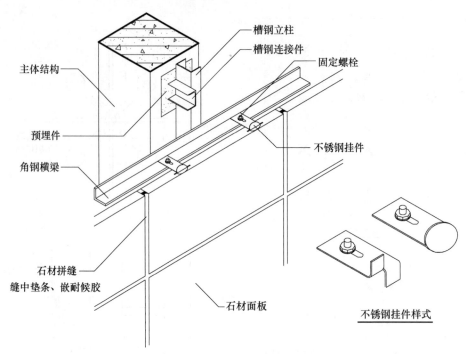

图 7.47 短槽式石材幕墙立体示意图

3）钢销式石材幕墙

钢销式石材幕墙是在石材侧边打孔，穿不锈钢钢销将两块石板连接，钢销与挂件连接，将石材挂接起来。

4）背栓式石材幕墙

背栓式石材幕墙是在石材背面钻四个扩底孔，孔中安装柱锥式锚栓，然后再把锚栓通过连接件与幕墙的横梁相连，如图 7.48 所示。这种做法每个挂件都均匀承受石材重力，且挂件与龙骨挂件间接触面积大，强度和稳定性较好。石材破裂后不易脱落且易于更换，适用于高层和超高层外墙饰面。

7.5.3 金属幕墙

金属幕墙的金属板，既是建筑物的围护构件，也是墙体的装饰面层，多用于建筑物的入口处、柱面、外墙勒脚等部位。用于饰面的金属板有铝合金、不锈钢板、彩色钢板、铜板、铝塑板等薄板。

金属幕墙的构造与石材幕墙基本相同，有直接式和骨架式两种安装方法，多采用骨架幕墙体系，骨架的立柱、横梁可采用型钢或铝型材，并通过角铝用自攻螺钉连接而成，金属面板采用折边加副框的方法形成组合件，再进行安装。

图 7.49 所示为铝塑板幕墙构造。铝塑板（也称复合铝板）是由两层 0.5mm 厚的铝板内夹低密度的聚乙烯树脂，表面覆盖氟碳树脂涂料而成的复合板，厚度一般为 4～6mm。

第7章 墙　体

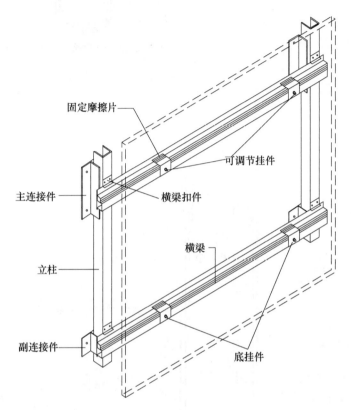

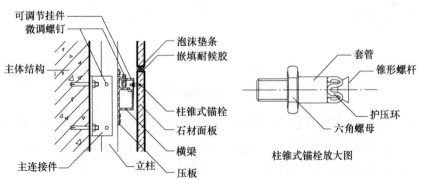

图 7.48　背栓式石材幕墙构造

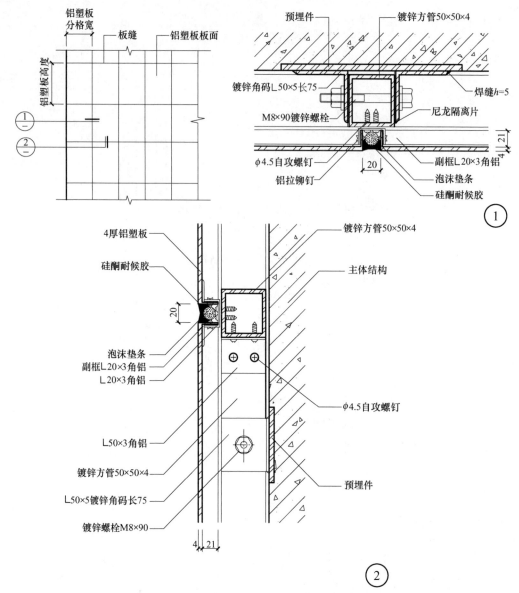

图 7.49 铝塑板幕墙构造

安装时,用镀锌方钢管做立柱和横梁,铝塑板做成带副框的组合件,用 ϕ4.5mm 的自攻螺钉固定,板缝内嵌泡沫垫条再填硅酮耐候胶进行密封处理。铝塑板的表面光洁、色彩多样、防污易洗、防火无毒,加工、安装和保养均较方便,采用较广泛。

本章小结

本章主要介绍了墙体的类型及设计要求,承重块材墙与填充墙构造,墙面装修做法,以及幕墙的类型与做法。本章重点是砖墙细部构造与框架填充墙构造。

思 考 题

第7章英语
专业词汇

1. 墙体的分类方式及类别主要有哪些?
2. 墙体的设计要求有哪些?
3. 砌块墙的材料与组砌方式有几种?
4. 砌块墙的细部构造主要有哪些内容?
5. 简述墙身防潮层的作用、设置位置、做法及其特点。
6. 绘图说明混凝土散水防冻胀构造。
7. 什么是圈梁?钢筋混凝土圈梁的作用及设置要求是什么?
8. 构造柱的作用及设置要求有哪些?
9. 简述填充墙的构造要求及构造做法。
10. 简述墙面装修的作用及做法。
11. 幕墙的类型有哪些?

第 8 章 楼 地 层

教学目标

（1）了解楼地层的组成与设计要求。
（2）熟悉钢筋混凝土楼板的主要类型及特点。
（3）掌握常用的顶棚和地面构造。
（4）掌握地面的排水、防水及隔声构造。
（5）熟悉阳台与雨篷的构造。

8.1 概　　述

楼板层与底层地坪层统称楼地层，二者均是水平承重构件，承受着其上的各种荷载，并把这些荷载传递给支承它们的构件。

8.1.1 楼地层的组成

楼板层通常由面层、结构层和顶棚三个基本层次组成，如图 8.1（a）所示；地坪层的基本构造层次为面层、垫层和基层，如图 8.1（b）所示。

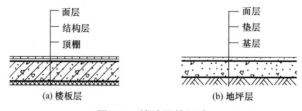

图 8.1　楼地层的组成

1. 面层

面层又称楼面或地面，可以保护结构层，并对室内有装饰作用，各楼板层面层的做法和要求与地坪层面层的做法和要求相同，将在8.4节中详细介绍。

2. 结构层

楼板层的结构层为楼板，楼板将所承担的荷载传给梁、柱或墙。

3. 垫层

地坪层的结构层为垫层，垫层将所承担的荷载均匀地传给地基。垫层有刚性垫层和非刚性垫层之分。刚性垫层常用80～100mm厚C20混凝土；非刚性垫层常用≥100mm厚碎石灌水泥砂浆、≥100mm厚石灰炉渣、≥100mm厚三合土等。当地面荷载较大且地基土质又较差时，多在地基上先做非刚性垫层，再做一层刚性垫层，即为复合垫层。

4. 顶棚

顶棚又称天花板或天棚，是楼板层下表面的面层，其主要功能是保护楼板、装饰室内、敷设管线、改善或弥补楼板在功能上的某些不足。

5. 基层

地坪层中的垫层铺设在密实的地基上，它应满足地面的使用要求。基层的土质情况应按照现行国家标准《建筑地基基础设计规范》（GB 50007—2011）的有关规定进行设计。

6. 附加层

附加层又称功能层，根据使用要求和构造做法的不同，楼地层还需设置找平层、结合层、防水层、隔声层或隔热层等附加层。

8.1.2 楼地层的设计要求

楼地层的设计要求如下。

（1）应具有足够的强度和刚度，以保证结构的安全和正常使用。

（2）满足防火要求。根据建筑物的等级和防火要求，选择材料和构造做法，使其燃烧性能和耐火极限符合《建筑设计防火规范（2018年版）》（GB 50016—2014）和《建筑内部装修设计防火规范》（GB 50222—2017）的规定。

（3）满足隔声要求。为防止楼层上下空间的噪声相互干扰，楼板层应具备一定的隔绝空气传声和固体传声的能力。

（4）满足保温、隔热、防潮、防水等要求。对于有一定温、湿度要求的房间，常在楼板层中设置保温层，以减少通过楼板层的热交换；对于地面潮湿、易积水的房间，如厨房、卫生间等，应处理好楼地层的防渗漏问题。

（5）满足各种管线的敷设要求。由于在现代建筑中，有更多的管线（如电器、电话、计算机等的管线）要借助楼地层来敷设，因此在楼地层设计中应考虑便于敷设各种管线。

（6）考虑经济合理等方面的要求。由于在多层或高层建筑中，楼板结构占有相当大的比例，造价较高，因此在设计中应考虑经济合理的问题。

8.2 钢筋混凝土楼板

钢筋混凝土楼板根据施工方法不同，有现浇钢筋混凝土楼板、预制装配式钢筋混凝土楼板和装配整体式钢筋混凝土楼板三种类型。

8.2.1 现浇钢筋混凝土楼板

现浇钢筋混凝土楼板是在现场经支模板、绑扎钢筋、浇筑混凝土而形成的楼板。这种楼板具有结构整体性强、抗震性能好、梁板布置灵活等优点。但其需用大量模板，现场湿作业量大，且施工工期长，适用于整体性要求高或管道穿越较多的楼板。随着工具式模板的发展和现场浇筑机械化的提高，现浇钢筋混凝土楼板的应用日渐广泛。

现浇钢筋混凝土楼板根据结构形式的不同，可分为板式楼板、梁板式楼板、井式楼板、无梁楼板和压型钢板混凝土组合楼板等。

1. 板式楼板

板式楼板支承在墙上，楼板的荷载直接传给墙体。板式楼板板面上下平整，便于支模施工，是最简单的一种楼板形式。板式楼板适用于平面尺寸较小的房间，如走廊、厕所、厨房等。

当板的长短边之比 $L_2/L_1 \geq 3$ 时，板基本沿短边方向传递荷载，称单向受力板，简称单向板，如图 8.2（a）所示。当长短边之比 $L_2/L_1 \leq 2$ 时，板在两个方向都传递荷载，两个方向都有弯曲，称双向受力板，简称双向板，如图 8.2（b）所示。双向板的受力和传力较合理。当长短边之比 $2<L_2/L_1<3$ 时，宜按双向板计算。

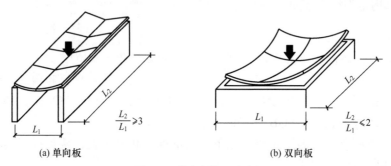

(a) 单向板　　　　　　　　　　　(b) 双向板

图 8.2　单向板与双向板

在多层普通砖、多孔砖房屋中，板伸进纵、横墙内的支承长度应≥100mm；在混凝土构件上的支承长度应≥80mm。

2. 梁板式楼板

当房间尺寸较大时，若采用板式楼板，必然会加大板厚，增加板内配筋。为了使楼板的结构经济合理，常在楼板下设置梁来增加板的支点，从而减小板跨，即形成了梁板式楼板，又叫肋梁楼板。这种楼板上的荷载先由板传给梁，再由梁传给墙或柱。

梁板式楼板通常由板、次梁、主梁组成。一般主梁沿房间短跨方向布置，支承在墙或柱上，次梁沿垂直于主梁的方向布置，支承在主梁上，板支承在次梁上，如图8.3所示。

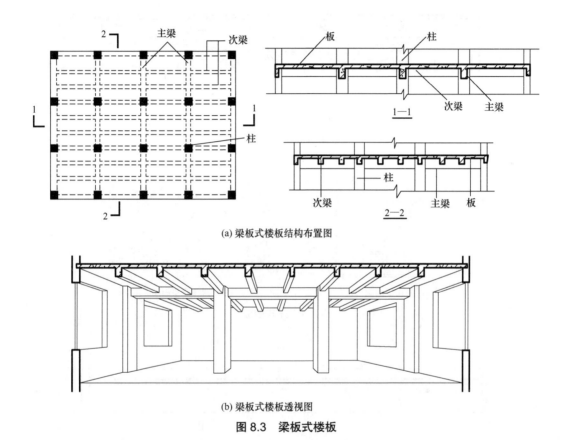

(a) 梁板式楼板结构布置图

(b) 梁板式楼板透视图

图8.3 梁板式楼板

梁板式楼板的尺度应经济合理。一般主梁的经济跨度为 5～8m，主梁的高度为跨度的 1/14～1/8，主梁的宽度为高度的 1/3～1/2；次梁的跨度即为主梁的间距，一般为 4～6m，次梁的高度为跨度的 1/18～1/12，次梁的宽度为高度的 1/3～1/2；板的跨度即为次梁的间距，一般为 1.7～2.7m，板的厚度一般为 60～80mm。

3. 井式楼板

井式楼板是梁板式楼板的一种特殊形式，其特点是无主次梁之分，纵横两个方向的梁等截面、等距离布置，形成井字格。井式楼板的跨度一般为 10～30m，纵横向梁间距一般为 1～3m。梁的布置可采用正交正放的正井式，也可采用正交斜放的斜井式，如图8.4所示。由于布置规整、顶棚美观，井式楼板具有较好的装饰性，一般多用于公共建筑的门厅、大厅或平面尺寸较大的房间。

4. 无梁楼板

无梁楼板是将楼板直接支承在柱上的一种结构形式,如图 8.5 所示。其柱网一般布置成正方形或矩形,柱距一般不超过 6m,板厚不宜小于 120mm。无梁楼板分无柱帽和有柱帽两种类型。当楼面荷载较大时,为增加板在柱上的支承面积,提高楼板的刚度和减少板的厚度,常在柱顶增设柱帽和托板。

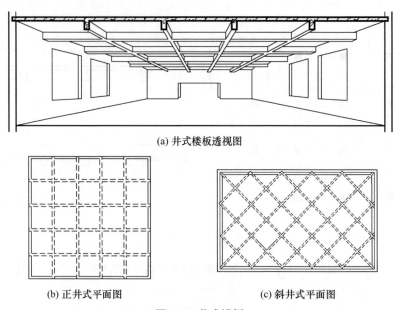

图 8.4 井式楼板

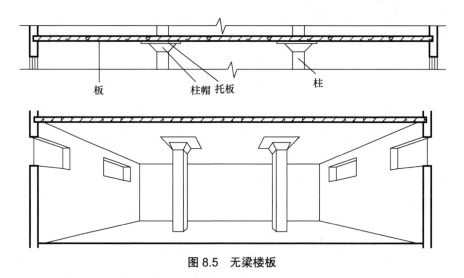

图 8.5 无梁楼板

无梁楼板顶棚平整,室内净空大,有利于采光和通风,但楼板厚度大,多用于荷载较大、管线较多的商店、仓库、展览馆等建筑。

5. 压型钢板混凝土组合楼板

压型钢板混凝土组合楼板是以压型钢板为衬板,并在其上浇筑混凝土而形成的一种整体式楼板结构。这种楼板的压型钢板和混凝土共同受力,压型钢板既是现浇混凝土的永久模板,又承受楼板下部的拉应力。它简化了施工工序,还可利用压型钢板肋间的空间敷设电力或通信管线,并具有结构整体性好、刚度大、抗震性能好等优点。这种楼板多用于大空间和高层民用建筑中。

1)压型钢板混凝土组合楼板的基本组成

压型钢板混凝土组合楼板由现浇混凝土、压型钢板和钢梁三部分组成,如图8.6所示。

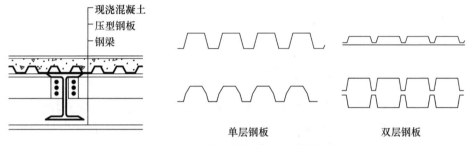

图8.6 压型钢板混凝土组合楼板的组成

现浇混凝土厚度不小于50mm;压型钢板双面镀锌,截面一般为梯形,板宽为500～1000mm,肋高35～150mm。这种楼板的经济跨度为2000～3000mm。

压型钢板有单层和双层之分。双层压型钢板通常由两层截面相同的压型钢板组合而成,也可由一层压型钢板和一层平钢板组成。两层钢板之间形成的空腔,既提高了楼板的隔声效果,又可利用这一空腔敷设设备管线。

2)压型钢板混凝土组合楼板的构造

压型钢板混凝土组合楼板是由焊在钢梁上的抗剪栓钉(又称抗剪螺栓)将现浇混凝土、压型钢板和钢梁结合成整体的,如图8.7所示。楼面的水平荷载通过抗剪栓钉传递到梁、柱上。压型钢板和钢梁的连接如图8.8所示。现浇混凝土上部配置钢筋,以加强现浇混凝土面层的抗裂性和承受支座处的负弯矩。

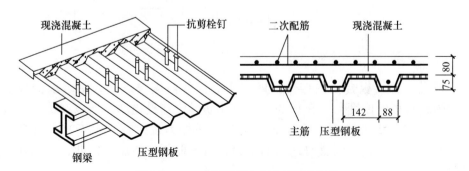

图8.7 压型钢板混凝土组合楼板的构造

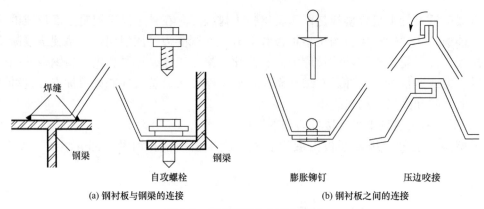

图 8.8 压型钢板和钢梁的连接

8.2.2 预制装配式钢筋混凝土楼板

预制装配式钢筋混凝土楼板是将梁、板等预制成各种规格和形式的构件,在施工现场装配而成。这种楼板可节省模板,缩短工期,有利于建筑工业化,但楼板整体性较差,抗震能力差。因此,这种楼板在工程中应用越来越少。

1. 预制板的板型

1)实心板

实心板上下表面平整,制作简单,板厚一般为 50～80mm,板宽 600～900mm,板跨一般不超过 2400mm,如图 8.9 所示。由于构件尺寸小,隔声能力较差,常用于荷载不大、跨度较小的走廊,或用作阳台板或地沟盖板等。

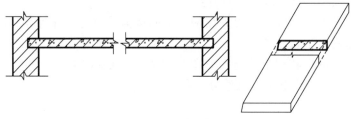

图 8.9 实心板

2)槽形板

槽形板是一种梁板合一的构件,即在实心板的两侧设纵肋,用于承受板上的荷载。为加强槽形板的刚度,常在板的两端设端肋,中部设横肋,所以又称肋形板,如图 8.10 所示。槽形板板面薄、自重轻,但其隔声能力较差;又由于其带有纵肋和横肋,正置时顶棚不平整,倒置时地面不平整,需采取相应措施,因此,民用建筑中已很少采用。

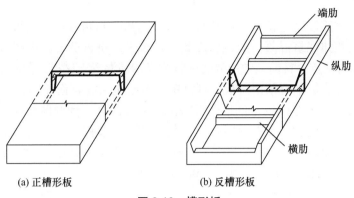

(a) 正槽形板　　　　(b) 反槽形板

图 8.10　槽形板

3）空心板

空心板也是一种梁板合一的构件，其结构计算理论与槽形板相似。空心板上下板面平整，且隔声效果优于实心板和槽形板，是预制楼板中应用最广泛的一种板型，如图 8.11 所示。由于空心板上不能任意开洞，故不宜用于管线穿越较多的房间。

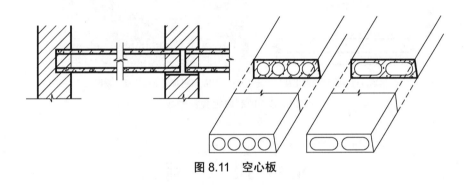

图 8.11　空心板

2. 预制梁的截面形式

在预制装配式钢筋混凝土楼板中，通常设预制梁作为板的支承构件。预制梁的截面形式有矩形、T 形、十字形（又称花篮形）等，如图 8.12 所示。其中，矩形预制梁外形简单，制作方便；T 形预制梁受力合理，节省混凝土；十字形预制梁可提高房间的净空高度及减小板跨。预制梁的截面形式可视实际情况选用。

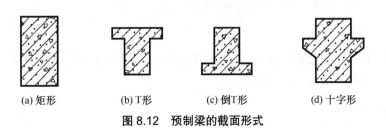

(a) 矩形　　(b) T形　　(c) 倒T形　　(d) 十字形

图 8.12　预制梁的截面形式

8.2.3 装配整体式钢筋混凝土楼板

装配整体式钢筋混凝土楼板是将楼板分为现浇和预制两部分，先将预制构件现场安装，然后在其上整体浇筑混凝土而成，因此它综合了现浇钢筋混凝土楼板和预制装配式钢筋混凝土楼板的优点。目前，常用的装配整体式钢筋混凝土楼板是预制薄板叠合楼板。

预制薄板叠合楼板是由预制薄板和现浇钢筋混凝土层叠合而成的，如图 8.13（a）所示。预制薄板既是永久性模板，也是楼板结构的组成部分。预制薄板底面平整，可直接用于各种顶棚装修。因此，预制薄板具有模板、结构、装修三方面的功能。预制薄板跨度一般为 4000～6000mm，板宽 1100～1800mm，板厚不宜小于 60mm。叠合层的混凝土等级不应低于 C25，厚度不应大于 60mm。

为使预制薄板和叠合层结合可靠、共同工作，预制薄板上表面多做特殊处理，如在上表面做凹槽，或在薄板上表面露出较规则的三角形结合钢筋，如图 8.13（b）所示。

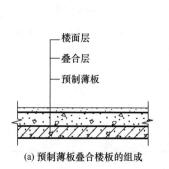

(a) 预制薄板叠合楼板的组成　　(b) 预制薄板叠合楼板实物图

图 8.13　预制薄板叠合楼板

8.3　顶　　棚

顶棚既是楼板层下表面的面层，又是室内空间上部的装饰层，应满足使用功能和美观的要求。顶棚按构造方式不同有直接式顶棚和悬吊式顶棚两大类。

8.3.1 直接式顶棚

直接式顶棚是指直接在楼板结构层的底面做饰面层所形成的顶棚。此种顶棚构造简单，施工方便，造价较低，在民用建筑中广泛使用。

1. 直接喷刷涂料顶棚

当装饰要求不高或楼板底面平整时，可在楼板底面填缝刮平后喷（刷）大白浆、石灰浆等涂料，以增加顶棚的光反射作用。

2. 直接抹灰顶棚

对楼板底面不够平整的房间，可在楼板底面抹灰后再喷刷涂料。楼板底面抹灰可用水泥砂浆、混合砂浆、纸筋灰等，如图 8.14（a）所示。要求较高的房间，可在板底增设一层钢板网，在钢板网上再做抹灰。这种做法强度高，结合牢固，不易开裂脱落。

3. 直接粘贴顶棚

这种顶棚是在楼板底面用水泥砂浆打底找平后，用胶黏剂粘贴塑胶板、墙纸、装饰吸声板等，如图 8.14（b）所示。此种顶棚一般用于楼板底面平整，不需要在顶棚敷设管线，而装修要求又较高的房间，或者有吸声、保温、隔热等要求的房间。

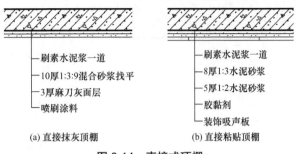

图 8.14 直接式顶棚

4. 结构顶棚

利用结构本身暴露在外的构件，不做任何装饰处理或稍加装饰处理的顶棚，称为结构顶棚，如网架结构屋盖、拱结构屋盖、井式楼盖等。这种顶棚空间变化丰富，具有一定的立体感。

8.3.2 悬吊式顶棚

悬吊式顶棚又称吊顶棚，其构造复杂、施工麻烦、造价较高，一般用于装饰标准较高或楼板底部需隐蔽敷设管线、管道，以及有隔声、吸声等特殊要求的房间。

吊顶棚一般由吊筋（又称吊杆）、骨架（又称搁栅层）、面层三部分组成，如图 8.15 所示。

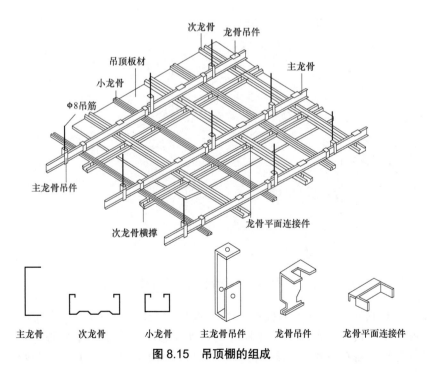

图 8.15 吊顶棚的组成

1. 吊筋

吊筋是吊顶棚的主要受力杆件，顶棚借助于吊筋悬吊在楼板结构下。吊筋有金属吊筋和木吊筋两种，现多用 Φ6～Φ8 钢筋或 8 号铁线作吊筋，间距为 900～1200mm，如图 8.16 所示。

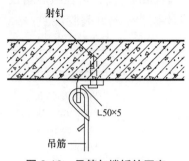

图 8.16 吊筋与楼板的固定

2. 骨架

骨架由主龙骨（主搁栅）和次龙骨（次搁栅）组成。主龙骨与吊筋相连，一般单向布置。次龙骨固定在主龙骨上，可单向布置也可双向布置，视具体情况而定。龙骨按材料不同有金属龙骨和木龙骨两种。为节约木材、提高防火性能，现多用薄壁型钢或铝合金制作的轻型龙骨。

金属龙骨断面多为 [形、U 形，次龙骨断面有 U 形、倒 T 形和 L 形等。主龙骨的间距与吊筋相同，多为 900～1200mm；次龙骨的间距一般为 400～1200mm，根据面层板材的规格尺寸确定。主龙骨借助螺栓、钩挂、焊接等方式与吊筋连接，龙骨之间用配套的吊挂件或连接件连接。

3. 面层

面层是体现吊顶功能的重要组成部分，其通常由板材或搁栅拼装而成。

1）板材类吊顶棚

板材类吊顶棚即将面层板材固定在骨架上。图 8.17 所示为铝合金龙骨吊顶棚。

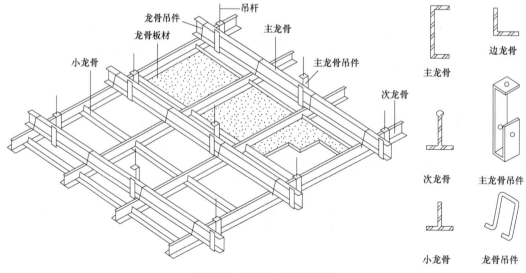

图 8.17 铝合金龙骨吊顶棚

面板根据材料不同，有人造板材、木质板材和金属板材等。人造板材一般有石膏板、矿棉板、塑料板、铝塑板等；木质板材有实木板、胶合板、木丝板等；金属板材有铝板、铝合金板、彩色钢板、不锈钢板等。面板根据形状不同，有条形板材、方形板材或长方形板材等。

吊顶板材与龙骨的连接方式有不外露龙骨和外露龙骨两种，如图8.18所示。不外露龙骨是将板材用自攻螺钉或胶黏剂固定在次龙骨上，形成整片平整的顶棚；外露龙骨是将板材直接搁置在倒T形次龙骨的翼缘上，所有次龙骨外露，形成网格状的顶棚。

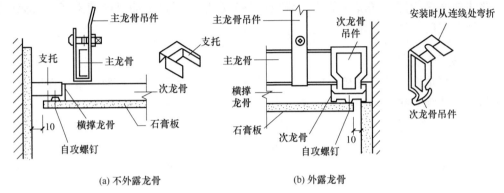

图8.18 吊顶板材与龙骨的连接方式

2）搁栅类吊顶棚

搁栅类吊顶棚又称开敞式吊顶，其表面开敞，减少了吊顶的压抑感，如图8.19所示。它是通过一定的单体构件组合而成的，单体构件有木搁栅构件、金属搁栅构件、灯饰构件及塑料构件等。这样做不仅可以节约大量的吊顶材料，而且施工简便快捷。

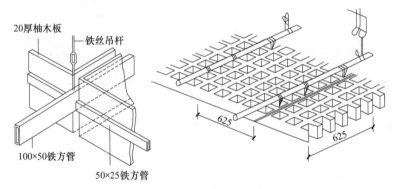

图8.19 搁栅类吊顶棚

8.4 地　　面

楼地面是楼板层的面层和底层地坪层的面层的统称，一般又称地面。

地面是人们日常生活、工作和家具设备直接接触的部分，应坚固耐磨、表面平整，便于清扫且不起灰。不同的房间对地面有不同的要求，对于居住和人们长时间停留的房间，要求地面有较好的蓄热性和弹性；对于厨房、浴室、卫生间，要求地面耐潮湿、不透水；对于有酸碱作用的实验室等，则要求地面耐酸碱、耐腐蚀。

地面的名称是以面层的材料来命名的，根据面层材料和施工方法不同，地面可分为整体地面、板块地面、卷材地面、涂料地面四大类。

8.4.1 整体地面

整体地面是指用现场浇筑的方法做成的整片的地面，按地面材料的不同有水泥砂浆地面、细石混凝土地面及水磨石地面等。

1. 水泥砂浆地面

水泥砂浆地面的构造简单，施工方便，造价低。但水泥砂浆地面的蓄热性能差，地面易起灰，装饰效果差。

水泥砂浆地面的面层有单层和双层两种做法，如图 8.20 所示。单层做法是先抹素水泥砂浆一道做结合层，然后用≥20mm 厚 1∶2 水泥砂浆抹面并压光。双层做法是先用 15～20mm 厚 1∶3 水泥砂浆找平，再用 5～10mm 厚 1∶2 水泥砂浆抹面并压光。双层做法虽然增加了施工程序，但易保证质量，减少了由于材料干缩产生裂缝的可能性。

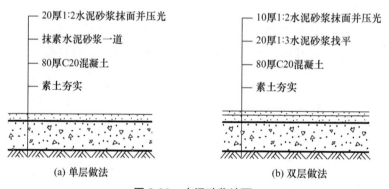

图 8.20 水泥砂浆地面

2. 细石混凝土地面

细石混凝土地面的强度高，干缩性小，地面的整体性好，与水泥砂浆地面相比，克服了水泥砂浆地面干缩大、起砂的不足，但其厚度较大，一般用 40mm 厚 C25 细石混凝土铺设在混凝土垫层上，表面撒 1∶1 水泥砂浆，随打随抹光。

3. 水磨石地面

水磨石地面平整光洁，整体性好，耐磨、耐腐蚀，不透水，利于清洁卫生；但其施工较复杂、弹性差、吸热性强，造价高。水磨石地面常用于人流较大的公共建筑和对装修要求较高的建筑。

水磨石地面是用水泥做胶结材料，大理石或白云石等中等硬度石料的石屑做骨料，经混合搅拌浇抹硬结后，再经磨光打蜡而成。水磨石地面一般为双层做法，先抹

15～20mm 厚 1∶3 水泥砂浆结合层，再用 10～15mm 厚 1∶2.5 水泥石屑浆抹面。待水泥石屑浆凝结后，用磨光机打磨，再用草酸清洗，打蜡保护，如图 8.21 所示。也可用彩色水泥或白水泥加入颜料和不同颜色的石子做成美术水磨石地面。为了防止面层开裂和便于施工，通常用分格条进行分格处理，分格大小和图案视具体情况而定，分格条按材料不同有铜条、铝合金条或玻璃条，用 1∶1 水泥砂浆嵌固在结合层上。

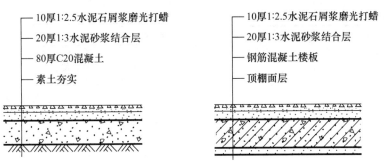

图 8.21 水磨石地面

8.4.2 板块地面

板块地面是借助黏结材料将各种不同形状的块状面层材料粘贴或铺钉在楼板或垫层上的地面。

1. 陶瓷板块地面

用作地面的陶瓷板块有陶瓷锦砖、缸砖、陶瓷彩釉砖和瓷质无釉砖等。陶瓷锦砖（又称马赛克）是用瓷土烧制而成的小块瓷砖，有各种颜色和形状，在工厂预先设计拼成各种图案，正面贴在牛皮纸上。缸砖是用陶土加入不同颜料焙烧而成的各种形状和颜色的小型块材，其背面有凹槽，便于与基层结合。陶瓷彩釉砖和瓷质无釉砖尺寸一般较大，最大可达 1200mm×1200mm。瓷质无釉砖又称仿花岗岩地砖，具有天然花岗岩的质地和纹理。

陶瓷板块铺贴时，先在基层上抹 15～20mm 厚 1∶3 水泥砂浆找平层，再将陶瓷板块用 5～10mm 厚 1∶1 水泥砂浆粘贴拍实，然后用素水泥浆擦缝。陶瓷锦砖要待水泥砂浆硬化后，再洗去表面的牛皮纸，最后用水泥浆嵌缝。陶瓷板块地面构造如图 8.22 所示。

陶瓷板块地面表面致密光滑、坚硬耐磨，耐酸碱、耐腐蚀，防水性能好，色泽稳定，易于清洁，多用于卫生间、浴室及实验室等房间。

2. 石板地面

石板地面的石板有天然石板和人造石板之分。天然石板有大理石和花岗石等，人造石板有预制水磨石板、人造大理石板、人造花岗石板等，它们质地坚硬、色泽艳丽，装饰效果极佳，但价格昂贵，一般用于装修标准较高的公共建筑中。

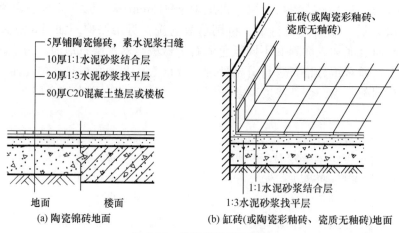

图 8.22　陶瓷板块地面构造

石板的规格尺寸一般为 300mm×300mm～1200mm×1200mm，厚度为 20～30mm。整石板铺贴时，先在刚性垫层上用 20～30mm 厚 1∶3 干硬性水泥砂浆找平，再用 8～10mm 厚 1∶1 水泥砂浆黏结石板，最后将板材缝隙用配色水泥浆擦缝，如图 8.23（a）所示。也可利用天然石碎块，无规则地拼接成碎石板地面，既能降低造价，又可取得别具一格的装饰效果，如图 8.23（b）所示。

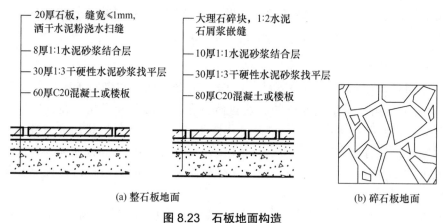

图 8.23　石板地面构造

3. 塑料板块地面

塑料板块地面是指用聚氯乙烯树脂为主要原料，添加增塑剂、填充料、稳定剂、润滑剂和颜料等经塑化热压而成的块材（也可加工成卷材）。其材质有软质、硬质和半硬质。目前我国应用较多的是半硬质聚氯乙烯块材，其规格尺寸一般为 100mm×100mm～500mm×500mm 等，厚度为 1.5～3.0mm。铺贴时先用 15～20mm 厚 1∶2 水泥砂浆找平，干燥后再用胶黏剂粘贴塑料板块，也可干铺。

塑料板块地面色彩丰富，具有一定的吸声能力和弹性，热传导性低，防滑，耐腐蚀，耐潮湿，易于清洁等，但易老化，耐高温和耐刻划性能差，日久容易失光变色，适用于人们长时间逗留且要求安静、清洁的房间。

4．木地面

木地面是指用木板铺钉或粘贴而成的地面。木地面有弹性，保温好，纹理自然美观，但消耗木材资源，造价较高，耐火性差，潮湿环境下易翘曲、变形、腐朽，一般用于装修要求较高或有特殊使用要求的幼儿园、住宅、宾馆、体育馆等建筑中。

木地面按材质可分为普通木地板、新型强化复合木地板和软木地板等。

目前，木地面的做法有铺钉式和粘贴式两种。

1）铺钉式木地面（图8.24）

铺钉式木地面在结构层上固定木搁栅，其固定方法有：在结构层内预埋钢筋，用镀锌铁丝将木搁栅与钢筋绑牢，或预埋U形铁件嵌固木搁栅，也可用水泥钉直接将木搁栅钉在结构层上。木搁栅断面尺寸一般为30mm×50mm或40mm×60mm，中距为300～400mm。在木搁栅上铺钉20～25mm厚木板条。为防止木地板受潮变形，通常在木料表面满涂水溶性防腐剂。为保证搁栅层通风干燥，常在踢脚板处设通风口。

铺钉式木地面也可做成双层木地面。其下层多为毛地板，与搁栅呈30°或45°方向铺钉，面板采用硬木拼花板或硬木条形板。如果需要减振或隔声，可以在木栅格下放置弹性橡胶垫块。双层木地面在减振性能、抗变形能力和耐用性方面更具优势，多用于体育场馆。

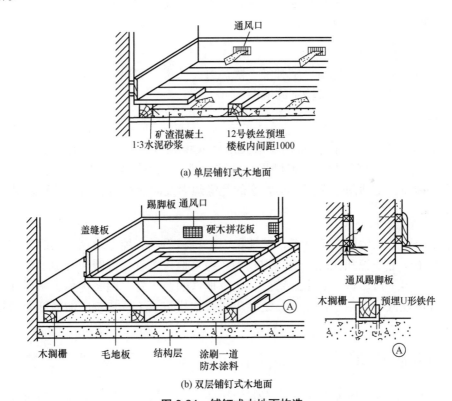

图8.24 铺钉式木地面构造

2）粘贴式木地面（图8.25）

粘贴式木地面是将木地板用木地板专用胶黏剂等黏结材料直接粘贴在找平层上。若为底层地面，则应在找平层上做防潮层，或直接用沥青砂浆找平。粘贴式木地面由于省略了木搁栅，比铺钉式木地面节约木材，造价低，施工简便，但弹性差一些。

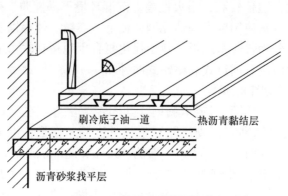

图 8.25 粘贴式木地面构造

8.4.3 卷材地面

卷材地面是用成卷的地面覆盖材料铺贴而成的。常见的地面卷材有软质聚氯乙烯塑料地毡、橡胶地毡和地毯等。

1. 软质聚氯乙烯塑料地毡

软质聚氯乙烯塑料地毡有一定弹性、隔声好、防滑、耐腐蚀、绝缘性能好，且易于清洗，多用于住宅、医院、实验室的地面。

2. 橡胶地毡

橡胶地毡是指在天然橡胶或合成橡胶中掺入填充料、防老剂、硫化剂等制成的卷材。橡胶地毡具有良好的弹性、耐磨性、电绝缘性、保温性和防滑性，适用于展览馆、疗养院等的地面，也适用于车间、实验室的绝缘地面及游泳池边、运动场等防滑地面。

3. 地毯

地毯是一种高级地面装饰材料，按地毯面层材料不同有纯毛地毯、棉织地毯和化纤地毯等。其中纯毛地毯和化纤地毯应用较多。纯毛地毯柔软、温暖、舒适、豪华、富有弹性、隔声，但价格昂贵，易虫蛀霉变。化纤地毯颜色丰富、图案优美、耐湿性和耐久性好，且价格较低，多用于住宅、旅馆客房、公共建筑及工业建筑中洁净度要求较高房间的地面。

8.4.4 涂料地面

涂料地面是由合成树脂代替水泥或部分代替水泥，加入填料、颜料拌和而成的地面材料：一种是单纯以合成树脂作为胶结材料的合成树脂涂料地面，如环氧树脂、聚氨酯、塑料涂布等；另一种是以合成树脂与水泥复合作为胶结材料的聚合物水泥涂料地面，如聚乙酸乙烯酯水泥、聚乙烯醇缩甲醛水泥等。涂料地面是现场涂刷或涂刮，硬化后形成的整体无接缝地面。涂料地面易于清洁,耐水性好,无毒,施工简便,更新方便,可做成各种花纹图案,多用于水泥砂浆地面的装饰和维修。

8.4.5 踢脚板与墙裙的构造

踢脚板是地面在墙面上的延伸部分,又称踢脚线。其作用是遮盖地面与墙面的接缝,保护墙面根部清洁,防止清扫地面时弄脏墙面。踢脚板的高度一般为120～150mm,其所用材料和做法一般与地面一致。踢脚板的构造形式有凸出墙面、与墙面平齐及凹进墙面三种,如图8.26所示。

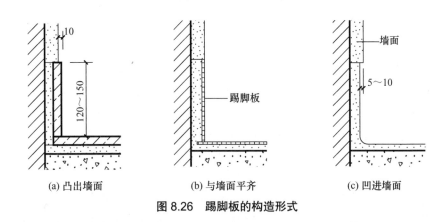

图 8.26　踢脚板的构造形式

墙裙是在墙面距地面一定高度(不宜低于1200mm)范围内采用装饰面板、木线条、涂料等材料进行装饰和保护的装修部分。墙裙不仅具有一定的装饰作用,而且可以避免纯色墙面因人们活动摩擦而产生污浊或划痕。因此墙裙应选用耐磨性、耐腐蚀性好且可擦洗的材料。

8.5　地面的排水、防水及隔声

8.5.1 地面的排水与防水

对于用水频繁、水管较多、室内积水机会多的房间,如卫生间、浴室、实验室等,其地面容易发生渗漏水现象,影响正常使用,甚至降低建筑的使用寿命,因此必须做好这些地面的排水与防水工作。

1. 地面的排水

为便于排水,地面应设地漏,并使地面有一定的排水坡度(排水坡度一般为1%),引导地面水流入地漏。为防止积水外溢,有水房间地面应低于相邻房间或走道15mm,如图8.27(a)所示;也可在门口做≥15mm高的门槛,如图8.27(b)所示。

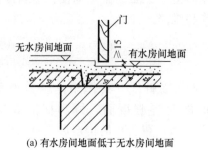
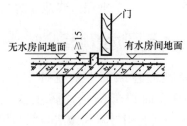

(a) 有水房间地面低于无水房间地面　　(b) 有水房间地面与无水房间地面平齐设门槛

图 8.27　有水房间地面标高处理

2. 地面的防水

有水房间的楼板常采用现浇钢筋混凝土楼板，面层宜采用整体现浇的水泥砂浆、水磨石等，或采用缸砖、瓷砖、陶瓷锦砖等贴面。防水质量要求较高的房间可在结构层与面层间设置防水层。为防止水沿房间四周浸入墙身，应将防水层沿房间四周墙向上卷起 100～150mm，如图 8.28（a）所示；门口处，应将防水层铺出门外至少 250mm，如图 8.28（b）所示。

地面防水

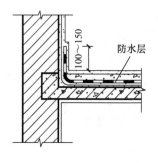
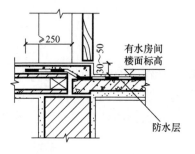

(a) 防水层四周向上卷起　　　(b) 防水层向无水房间延伸

图 8.28　地面的防水构造

有水房间的楼板竖向管道穿过之处是防水的薄弱环节。当竖向管道为普通管道时，可在立管四周用 C20 干硬性细石混凝土填实，再用卷材或防水涂料做密封处理，如图 8.29 所示。当为热力管道穿过楼板时，为防止因温度胀缩变形而引起立管周围混凝土开裂，应在楼板中预埋比热力管道直径稍大的套管，套管高出地面至少 20mm，套管四周进行防水密封处理，如图 8.30 所示。

地面防水
静水试验

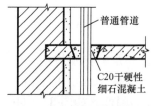
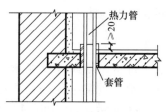

图 8.29　普通管道穿楼板处理　　　图 8.30　热力管道穿楼板处理

8.5.2 地面的隔声

地面的隔声主要是考虑隔绝固体传声，如楼上人的脚步声，拖动家具、撞击物体所产生的噪声，通常可以从以下三方面考虑。

1. 对楼面进行处理

在楼面上铺设富有弹性的材料，如地毯、橡胶地毡、塑料地毡、软木砖等，以减少楼板本身的振动，减弱撞击声的声能，效果比较理想。

2. 设置隔声层

在楼板结构层与面层之间利用弹性垫层设置一道隔声层，将楼板结构层与面层完全隔开，以减少结构的振动。弹性垫层可以是具有弹性的片状、条状或块状的材料，如木丝板、甘蔗板、软木片、矿棉毡等。但必须注意，要保证楼板结构层与面层（包括面层与墙面交接处）完全脱离，以防止产生声桥。图 8.31 所示为隔声楼板。

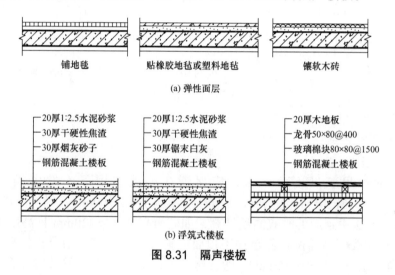

图 8.31 隔声楼板

3. 楼板下做吊顶棚

楼板下做吊顶棚就是利用吊顶棚与楼板的空气间层来隔绝楼板层的撞击声向下层空间传递。还可将吊筋与楼板的刚性连接改用弹性连接，隔声能力可大大提高。图 8.32 所示为利用吊顶棚隔声示意。

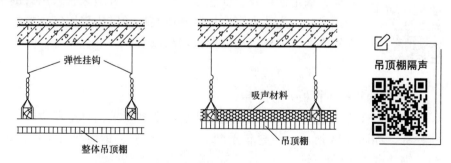

图 8.32 利用吊顶棚隔声示意

8.6 阳台与雨篷

8.6.1 阳台

阳台是多层、高层居住建筑中不可缺少的室内外过渡空间。它起到流通空气、开阔视野的作用。人们可以在阳台上眺望、休息、晾晒衣物和从事家务活动。

1. 阳台的类型

按阳台与建筑物外墙的相对位置，阳台可分为凸阳台（又称挑阳台）、凹阳台、半凸半凹阳台，如图 8.33 所示；按使用性质，阳台可分为生活阳台和服务阳台；按使用条件，阳台可分为开敞式阳台和封闭式阳台。

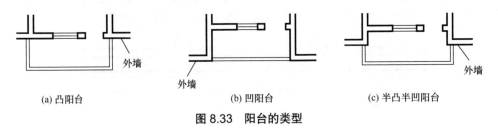

图 8.33 阳台的类型

2. 阳台的设计要求

1）安全、坚固

凸阳台的挑出长度不宜过大，应保证在荷载作用下不发生倾覆现象，以 1200～1800mm 为宜。栏杆（栏板）垂直高度不应小于 1100mm。栏杆（栏板）高度应按所在楼地面至扶手顶面的垂直高度计算，如底面有宽度≥220mm 且高度≤450mm 的可踏部位，则应按可踏部位顶面至扶手顶面的垂直高度计算。阳台栏杆形式应防坠落（垂直栏杆净间距不应大于 110mm）、防攀爬（不设水平栏杆），且放置花盆处应采取防坠落措施。

南北方阳台的区别

2）适用、美观

阳台所用材料应经久耐用，金属构件应做防锈处理，表面装修应注意色彩的耐久性和防污染性。阳台栏杆（栏板）应结合地区气候特点和风俗习惯，满足使用及立面造型的要求。南方地区宜采用有助于空气流通的空透式栏杆，而北方寒冷地区和中高层住宅应采用实体栏杆，并满足立面美观的要求，为建筑物的形象增添风采。

3. 阳台的构造

1）阳台栏杆（栏板）与扶手

阳台栏杆（栏板）的形式考虑地区特点和造型要求，有空花栏杆、实心栏板及组合式栏杆，如图 8.34 所示；按材料不同，有金属栏杆、钢筋混凝土栏杆（栏板）、砖砌栏板、钢筋网水泥栏板等。

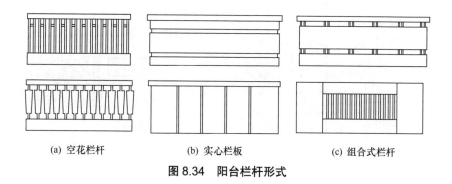

(a) 空花栏杆　　(b) 实心栏板　　(c) 组合式栏杆

图 8.34　阳台栏杆形式

阳台扶手有 $\phi 50$ 钢管扶手和混凝土扶手两种。混凝土扶手顶面宽度一般不小于 120mm，若考虑上面放置花盆，其宽度至少为 250mm，且外侧应设挡板，以防花盆坠落。

2) 阳台栏杆（栏板）与扶手的连接构造

金属栏杆与扶手多采用预埋铁件焊接，或预留孔洞用水泥砂浆锚固。钢筋混凝土栏板与扶手可与阳台板一起整浇而成，也可用预制混凝土栏板借助预埋铁件焊接。砖砌栏板的厚度一般为 60mm，为加强砌体的整体性，一般在砌体中配置通长钢筋或钢筋网，并采用现浇混凝土扶手。图 8.35 所示为阳台栏杆（栏板）与扶手的连接。

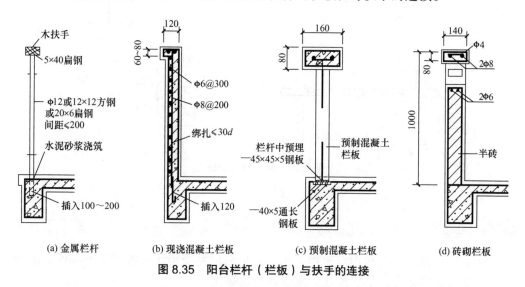

(a) 金属栏杆　　(b) 现浇混凝土栏板　　(c) 预制混凝土栏板　　(d) 砖砌栏板

图 8.35　阳台栏杆（栏板）与扶手的连接

阳台扶手与墙体的连接，多采用墙内预留孔，将扶手或扶手中的铁件伸入孔内，再填入混凝土锚固，或在墙上预埋铁件焊接，如图 8.36 所示。

4. 阳台的排水

开敞式阳台地面应进行防水和有组织排水，阳台地面应低于室内地面 30～60mm，以免雨水流入室内，排水口处设置 $\phi 40$ 或 $\phi 50$ 的镀锌管或塑料管泄水管，泄水管向外挑出至少 80mm，以防积水污染下层阳台，如图 8.37 所示。高层建筑阳台宜用水落管排水。

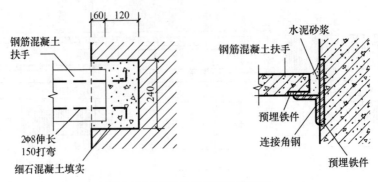

图 8.36 阳台扶手与墙体的连接

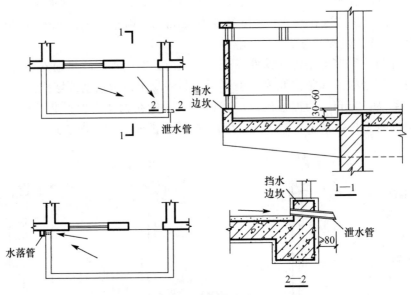

图 8.37 阳台排水处理

8.6.2 雨篷

雨篷是建筑物入口上部用以遮挡雨水、保护外门免受雨水侵蚀的水平构件。雨篷对建筑立面造型影响较大,是建筑立面重点处理的部位。

雨篷按其结构形式不同,可分为板式雨篷和梁板式雨篷。由于承受的荷载不大,一般雨篷板的厚度较薄,而且可做成变截面形式,如图 8.38 所示。

对于板式雨篷,板顶应做好防水和排水处理,一般常用防水砂浆抹面,并做 1% 的排水坡度,防水层应沿外墙上翻至少 250mm,形成泛水,如图 8.38(a)、(b)所示。对于梁板式雨篷,考虑美观及防止周边滴水,常将周边梁向上翻起成反梁式,如图 8.38(c)所示。为防止泄水管阻塞导致上部积水并出现渗漏,通常在雨篷顶部及四周做防水砂浆饰面,形成泛水。雨篷在板底周边应设滴水。对于有节能保温要求的建筑,还需做保温处理以解决"冷桥"问题。

第 8 章 楼 地 层

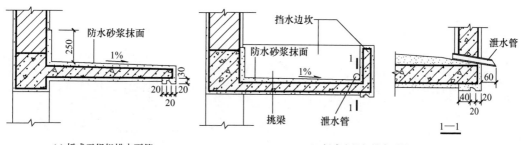

(a) 板式无组织排水雨篷　　(b) 板式有组织排水雨篷

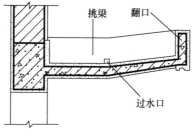

(c) 梁板式雨篷

图 8.38　雨篷构造

本章小结

本章主要讲述楼板层、地坪层、顶棚、地面、阳台与雨篷，重点是钢筋混凝土楼板的类型及特点，常用的顶棚、地面、阳台与雨篷的构造。

第 8 章英语专业词汇

思考题

1. 楼地层的设计要求有哪些？由哪些构造层次组成？
2. 现浇钢筋混凝土楼板按受力分哪几种？各适用什么情况？
3. 地面的类型有哪几种？画图说明各种类型地面的构造做法。
4. 绘图说明阳台排水处理的做法。
5. 绘图说明板式雨篷、梁板式雨篷的构造做法。

第 9 章

楼 梯

> **教学目标**
>
> （1）熟悉楼梯的组成及类型。
> （2）掌握楼梯的主要尺度与设计。
> （3）掌握钢筋混凝土楼梯构造及其细部构造。
> （4）了解电梯与自动扶梯的相关知识。
> （5）熟悉室外台阶及坡道的设计与构造。
> （6）了解楼地面高差处无障碍设计的构造处理及要求。

9.1 概 述

9.1.1 建筑的垂直交通设施

在建筑中，为解决垂直方向的交通，需要设置楼梯、爬梯、台阶、坡道、电梯与自动扶梯等设施。

楼梯既是建筑中各楼层间的垂直交通枢纽，也是进行安全疏散的主要构件；爬梯对使用者的身体状况及持物情况有所限制，在民用建筑中并不多见，一般在通往屋顶、电梯机房等非公共区域采用；在建筑物入口处，通常用台阶联系有高差的室内外地面；为了方便车辆、轮椅通行，建筑物入口处也可增设坡道。

为了使垂直交通更加方便快捷，在建筑中常设置电梯与自动扶梯。电梯常用于多层、高层或有特殊需要的建筑物中，如住宅、商场、医院等；自动扶梯常用于建筑物不同楼层间上下倾斜运送乘客或同一楼层间水平运送乘客，如航站楼。对于设有电梯或自动扶梯的建筑物,也必须设置楼梯,以便在正常情况下的通行及紧急情况下的安全疏散。

楼梯是建筑物中使用最广泛的垂直交通设施,下面重点介绍楼梯的组成与类型。

9.1.2 楼梯的组成

楼梯主要由梯段、平台及栏杆扶手三部分组成,如图 9.1 所示。

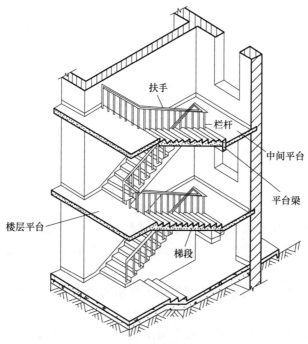

图 9.1 楼梯的组成

1. 梯段

梯段是供建筑物楼层之间上下行走的通道段落,是楼梯的主要使用和承重部分,由若干踏步组成。为了使人们上下楼梯时不致过度疲劳和适应行走的习惯,一般规定每跑楼梯梯段的踏步数不应超过 18 级,但也不应少于 2 级,如果踏步数少于 2 级,根据人体工程学和行为习惯,容易使人摔倒。

2. 平台

平台是指连接两楼梯梯段之间的水平部分。平台按其所处位置不同,分为中间平台和楼层平台。两楼层之间的平台称为中间平台,其作用是供人们行走时调节体力和改变行进方向。与楼层地面标高平齐的平台称为楼层平台,其除起着中间平台的作用外,还用来分配从楼梯到达各层的人流,解决梯段转折的问题。

3. 栏杆扶手

栏杆扶手是设在梯段及平台边缘处的安全围护构件。当梯段宽度不大时，可只在梯段临空面设置；当梯段宽度较大时，需要在梯段中间加设中间栏杆扶手。扶手一般附设于栏杆顶部，供依扶之用，也可附设于墙上，则为靠墙扶手。

楼梯的设计要求：坚固、耐久、安全、防火，人员上下通行方便，搬运家具物品能顺利通过与转弯，具有足够的通行和疏散能力；同时，还应考虑楼梯造型的美观要求，以及满足施工和经济条件等要求。

9.1.3 楼梯的类型

1. 按所处的位置分类

按所处的位置分类，楼梯可分为室内楼梯和室外楼梯。

（1）室内楼梯：位于建筑内部的楼梯。

（2）室外楼梯：位于建筑外墙以外的开敞楼梯，常布置在建筑端部，或结合连廊、栈桥等布置，其四周一般不设墙体，顶层宜设雨篷。符合规定的室外楼梯可作为疏散楼梯，并计入疏散总宽度。

2. 按使用功能分类

按使用功能分类，楼梯可分为共用楼梯、服务楼梯、专用楼梯、专用疏散楼梯等。

（1）共用楼梯：为多个使用功能空间提供交通及疏散的楼梯。它必须满足人员疏散的宽度要求。

（2）服务楼梯：为某个特定功能或少数人使用的楼梯。其尺度应满足相关建筑规范的要求。

（3）专用楼梯：为某一特定楼层或空间使用的楼梯，有时它只贯穿部分楼层。

（4）专用疏散楼梯：在火灾时才使用的、专门用于人员疏散的楼梯。当其符合楼梯、楼梯间设计的规定，满足疏散要求时，可计入疏散总宽度。

3. 按主要承重构件所用材料分类

按主要承重构件所用材料分类，楼梯可分为钢筋混凝土楼梯、木楼梯、钢楼梯等。其中，钢筋混凝土楼梯因其坚固、耐久、防火，应用较为普遍。

4. 按防火性能分类

如何选择楼梯间形式

楼梯可设置成开敞楼梯或布置在楼梯间内，但其防火性能不同。

开敞楼梯是在建筑内部没有墙体、门窗或其他建筑构配件分隔的楼梯，如图9.2所示。火灾发生时，它不能阻止烟、火蔓延，无法保证使用者的安全，只能作为楼层空间的垂直联系。公共建筑内的装饰性楼梯和住宅套内的楼梯等常以开敞楼梯的形式出现。

为了提高楼梯的防火性能，通常将其设置在楼梯间内，常见的楼梯间有敞开式楼梯间、封闭式楼梯间和防烟楼梯间。

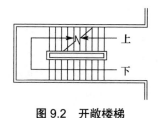

图 9.2 开敞楼梯

（1）敞开楼梯间［图 9.3（a）］：楼梯四周有一面敞开，其余三面为具有相应燃烧性能和耐火极限的实体墙，火灾时不能阻止烟、火进入的楼梯间。在符合规定的条件下，敞开楼梯间可以作为垂直疏散通道，并计入疏散总宽度。

（2）封闭楼梯间［图 9.3（b）］：楼梯四周用具有相应燃烧性能和耐火极限的建筑构配件分隔，火灾时能阻止烟、火进入，并保证人员安全疏散的楼梯间。通往封闭楼梯间的门为双向弹簧门或乙级防火门。

（3）防烟楼梯间［图 9.3（c）］：在楼梯间入口处设有防烟前室或设有开敞式的阳台、凹廊等，能保证人员安全疏散的楼梯间。通向前室和楼梯间的门均为乙级防火门。

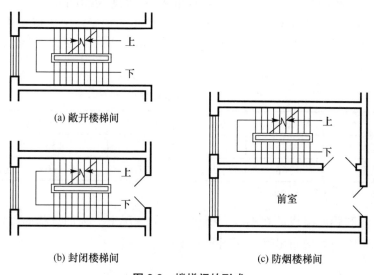

图 9.3 楼梯间的形式

9.2 楼梯的主要尺度与设计

9.2.1 楼梯的主要尺度

1. 楼梯坡度与踏步尺寸

楼梯坡度是指各级踏步前缘的假定连线与水平面之间的夹角，如图 9.4 所示。楼梯坡度过大，行走易疲劳；楼梯坡度越小越平缓，行走也越舒服，但却加大了楼梯间的进深，增加了建筑面积和造价。因此，楼梯坡度是依据建筑的使用性质和人流行走的舒适度、安全感、楼梯间的尺度、面积等因素综合确定的。例如，对于公共建筑中人流量大及有特殊使用人群、安全要求高的楼梯，坡度应该平缓一些；反之则可陡一些，以节约楼梯间面积。

《楼梯 栏杆 栏板（一）》（22J403—1）

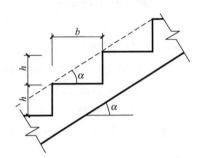

图9.4 楼梯坡度与踏步尺寸

楼梯坡度可采用踏步的高宽比来表达，常用踏步的高宽比为1∶2左右。一般情况下，踏步高度为120～175mm，较适宜的踏步宽度为300mm左右，且不应小于260mm。为了适应人们上下楼的活动情况，一般踏步的宽度应大于成年男子脚的长度，使人们在上下楼梯时脚可以全部落在踏面上，以保证行走时的舒适。常用楼梯的踏步尺寸如表9-1所示。

表9-1 常用楼梯的踏步尺寸 单位：mm

名称	住宅	小学校	中学校	老年照料设施	幼儿园
踏步最大高度 h	175	150	165	150	130
踏步最小宽度 b	260	260	280	300	260

注：$2h+b=600～620$mm 或 $h+b=450$mm。

踏步由踏面和踢面组成。在不改变梯段长度的情况下，为加宽踏面以增加行走的舒适度，可将踢面倾斜或踏面出挑，如图9.5所示。

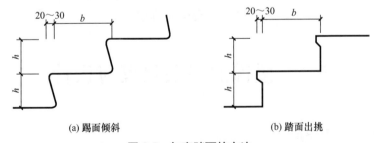

(a) 踢面倾斜　　　(b) 踏面出挑

图9.5 加宽踏面的方法

2. 梯段尺度

梯段尺度主要指梯段宽度（B）和梯段水平投影长度（l）。

梯段宽度是指墙面至梯段内边缘的水平距离，如图9.6所示。在实际应用中人流的通行与安全疏散、家具及设备的搬运通行中经常采用梯段净宽进行约束。比如人流的安全疏散应按《建筑设计防火规范（2018年版）》（GB 50016—2014）来确定，每股人流宽度通常按［550+（0～150）］mm考虑，并不应少于两股人流，两股人流通行时梯段净宽为1.1～1.4m，依此类推。同时，还需满足各类建筑设计规范中对梯段净宽的规定，如表9-2所示。

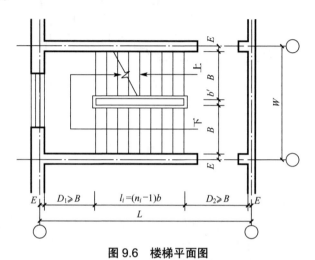

图9.6 楼梯平面图

表9-2 梯段净宽和平台净宽的规定 单位：m

建筑类型		梯段净宽	平台净宽
居住建筑	套内楼梯	一侧临空≥0.75 两侧有墙≥0.90	—
	住宅建筑高度不大于18m且一侧设有栏杆的疏散楼梯	≥1.00	≥1.20
	建筑高度大于18m的住宅	≥1.10	≥1.20
	老年住宅	≥1.20	≥1.20
公共建筑	汽车库、修车库	≥1.10	≥1.10
	老年人照料设施、一般高层公建、体育建筑及儿童建筑	≥1.20	≥1.20
	电影院、剧院、商店、港口客运站、中小学校	≥1.40	≥1.40
	医院病房楼、医技楼、疗养院 次要楼梯	≥1.30	≥1.30
	医院病房楼、医技楼、疗养院 主要楼梯和疏散楼梯	≥1.65	≥2.00
	铁路旅客车站	≥1.60	≥1.60

梯段水平投影长度是踏面宽度水平投影的总和，即 $l_i=(n_i-1)b$，其中 b 为踏面宽度，n_i 为第 i 跑梯段上的踏步数，如图9.7所示。

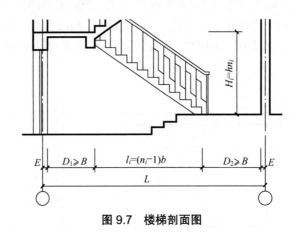

图9.7　楼梯剖面图

3. 平台宽度

平台宽度有中间平台宽度（D_1）和楼层平台宽度（D_2）之分，为了搬运家具设备的方便和通行的顺畅，平台净宽不应小于梯段净宽。楼层平台宽度（D_2）一般比中间平台宽度（D_1）大一些，以利于人流分配和停留。梯段改变方向时，扶手转向端处的平台宽度不应小于1.20m，连续直跑楼梯的平台宽度不应小于1.10m。平台净宽要求如表9-2所示。

4. 梯井宽度

梯井是指由楼梯梯段和平台内侧围成的空间，此空间从顶层到底层贯通，如图9.6所示。梯井宽度（b'）以 60～200mm 为宜。多层公共建筑中双跑双折式楼梯的梯井净宽不宜小于150mm。当住宅中的梯井净宽大于110mm时，必须采取防止儿童攀滑的措施。托儿所、幼儿园、中小学及少年儿童专用活动场所的楼梯，当梯井净宽大于200mm时，其扶手必须采取防止攀滑的措施且采用不易蹬踏的栏杆花饰。

5. 栏杆与扶手的尺寸

栏杆是梯段的安全围护设施，其与人体尺度关系密切，因此应合理地确定其尺寸。栏杆净距不应大于110mm。

扶手的高度是指从踏步前缘至扶手上表面的垂直距离。一般室内楼梯扶手的高度不宜小于900mm（通常取900mm）。楼梯临空处应设置防护栏杆，且下部有人员活动部位的栏杆离楼面100mm高度内不应留空，栏杆高度应≥1.10m。（注：栏杆高度应从楼地面至栏杆扶手顶面垂直高度计算，如底部有宽度≥220mm且高度≤450mm的可踏部位，则应从可踏部位顶面起计算。）在托幼建筑中，需要在 500～600mm 高度处再增设一道扶手，以适应儿童的身高，如图9.8所示。

6. 楼梯下的净高

为了保证人员行走安全不碰头，无压抑感，楼梯下应具有一定的净高。楼梯下的净高包括平台下净高和梯段下净高。平台下净高是指平台或地面到顶棚下表面最低点的垂直距离；梯段下净高是指踏步前缘线至梯段下表面的垂直距离。楼梯下的净高要求：平台下净高不宜小于 2.00m，梯段下净高不宜小于 2.20m，包括每个梯段下行最后一级踏步的前缘线 0.30m 的前方范围，如图 9.9 所示。

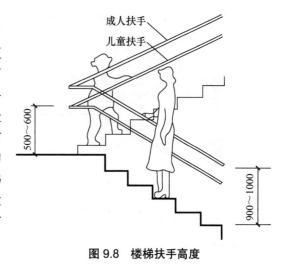

图 9.8　楼梯扶手高度

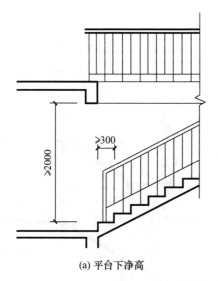

(a) 平台下净高

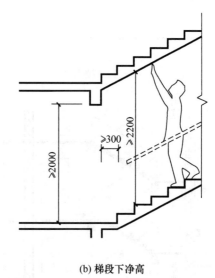

(b) 梯段下净高

图 9.9　楼梯下的净高要求

为了节省空间或便于室内外的联系，往往在楼梯下设出入口，但底层中间平台下的净高不足无法过人。为了使底层中间平台下的净高满足要求，可以采用以下方式解决。

（1）底层设长短跑梯段。起步第一跑设为长跑，可提高中间平台标高，如图 9.10(a) 所示。这种方式适用于楼梯间进深较大、底层平台宽度富余的情况。

（2）局部降低底层中间平台下的地坪标高。底层中间平台下的地坪标高低于室内地坪标高（±0.000mm），但应高于室外地坪标高，以免雨水内溢，如图 9.10（b）所示。这种方式适用于室内外有高差且高差较大的情况。

（3）综合以上两种方式。在采取长短跑梯段的同时，又局部降低底层中间平台下的地坪标高，如图 9.10（c）所示。这种处理方法兼有前两种方式的优点。

（4）底层设直跑楼梯。底层设直跑楼梯直接从室外上二层，如图 9.10（d）所示。这种方式用于住宅建筑时，需注意入口处雨篷底面标高的位置，以保证净高满足要求。

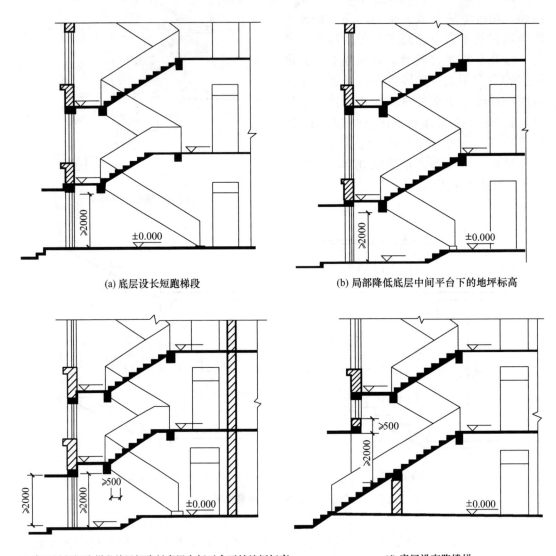

图 9.10　底层中间平台下设出入口时净高不足的处理方式

9.2.2　楼梯设计与实例

1. 楼梯设计

已知建筑的使用条件和使用性质，设计楼梯间的开间、进深尺寸。

（1）根据使用人数计算楼梯梯段的总宽度。

（2）确定楼梯的数量及每部楼梯的梯段宽度。

（3）根据梯段宽度，确定平台宽度。
（4）根据层高，计算每层踏步级数及每跑梯段的踏步级数。
（5）设计底层平台下净高及每个梯段的水平投影长度。
（6）确定楼梯间的进深尺寸。
（7）确定楼梯间的开间尺寸。
（8）绘制楼梯平面图和剖面图。

2. 楼梯设计实例

在已知楼梯间的开间、进深等条件下，如何设计双跑双折式楼梯，可参考以下实例的步骤。

实例：某住宅的开间尺寸为2.70m，进深尺寸为5.40m，层高为2.80m，采用封闭式楼梯间，内墙为240mm，轴线居中，外墙370mm，轴线外侧250mm，内侧120mm。室内外高差600mm，楼梯间底部有出入口，门洞口高2.00m，设计双跑双折式楼梯。

设计步骤：

（1）根据楼梯间开间尺寸W，计算梯段宽度B（图9.6）。

$B=(W-2E-b')/2$（取梯井宽度$b'=60$mm，住宅的梯井可小些）。

$B=(W-2E-b')/2=(2700\text{mm}-120\text{mm}\times2-60\text{mm})/2=1200\text{mm}>550\text{mm}\times2=1100\text{mm}$（满足通行两股人流的要求）。

（2）根据梯段宽度B，确定平台宽度D_1、D_2。

由于D_1、D_2不应小于B，取平台宽度$D_1=D_2=1200$mm。

（3）根据层高F，计算每层踏步级数N。

$N=F/h=2800\text{mm}/175\text{mm}=16$级，取偶数。

如表9-1所示，$b\geq260$mm，取$b=260$mm。

（4）设计底层平台下净高H及每跑梯段的踏步级数n_i。

$H=h_1+h_2-h_3\geq2000$mm；

室外台阶内移高度$h_2=450$mm；

平台梁的截面高度$h_3=250$mm。

则$h_1\geq2000\text{mm}-h_2+h_3=2000\text{mm}-450\text{mm}+250\text{mm}=1800\text{mm}$。

$n_1=h_1/h=1800\text{mm}/175\text{mm}=10.3$级，取$n_1=11$级，所以$n_2=N-n_1=16$级$-11$级$=5$级。以上标准梯段的踏步级数$n_3=N/2=16$级$/2=8$级。

（5）计算每个梯段的水平投影长度$l_i=(n_i-1)b$。

$l_1=(n_1-1)b=(11-1)\times260\text{mm}=2600\text{mm}$；

$l_2=(n_2-1)b=(5-1)\times260\text{mm}=1040\text{mm}$；

$l_3=(n_3-1)b=(8-1)\times260\text{mm}=1820\text{mm}$。

（6）验算进深L。

封闭式楼梯间：$L=2D+l_1+2E=1200\text{mm}\times2+2600\text{mm}+120\text{mm}\times2=5240\text{mm}<5400\text{mm}$，满足要求。

（7）绘制楼梯详图，如图9.11和图9.12所示。

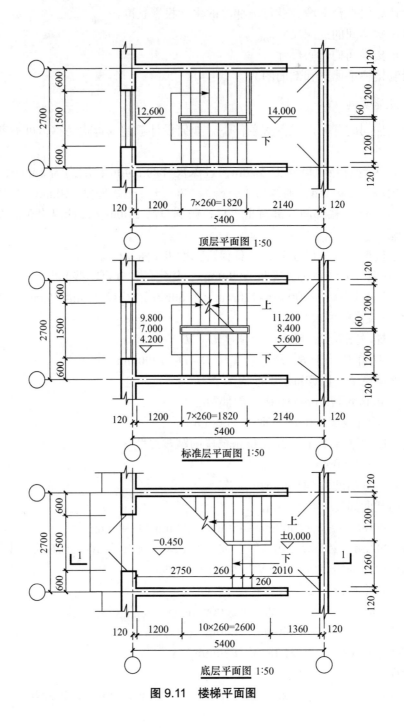

图 9.11 楼梯平面图

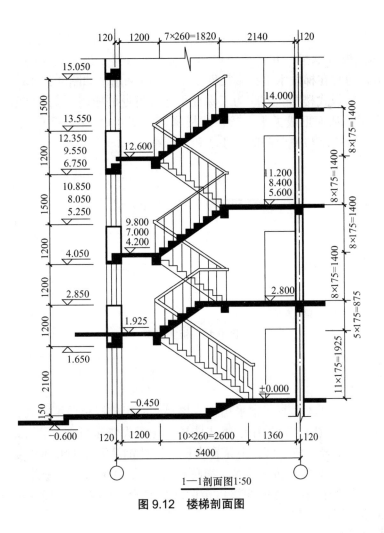

图 9.12 楼梯剖面图

9.3 钢筋混凝土楼梯

钢筋混凝土楼梯按施工方法不同,分为现浇整体式和预制装配式两类。

9.3.1 现浇整体式钢筋混凝土楼梯

现浇整体式钢筋混凝土楼梯可塑性强,结构整体性好,刚度大,有利于抗震,但模板工程量大,施工周期长,自重大,受季节温度影响大。这类楼梯一般适用于抗震要求高、楼梯形式和尺寸变化多的建筑物中。

按梯段的结构形式分类,现浇整体式钢筋混凝土楼梯有板式楼梯和梁板式楼梯两种。

1. 板式楼梯

（1）有平台梁板式楼梯。该类楼梯通常由梯段板、平台梁和平台板组成。楼梯梯段上的荷载由梯段板来承担，并将荷载传至两端的平台梁。该类楼梯构造简单，施工方便，造型简洁，通常在梯段水平投影长度小于 3m 时采用，如图 9.13（a）所示。

（2）无平台梁板式楼梯。有时为了保证平台过道处的净高，也可在板式楼梯的局部位置取消平台梁，从而形成无平台梁板式楼梯，如图 9.13（b）所示。此时，板的跨度应为梯段水平投影长度与平台深度尺寸之和。

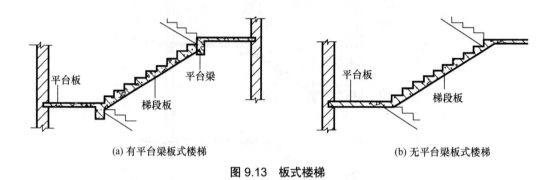

(a) 有平台梁板式楼梯　　　　(b) 无平台梁板式楼梯

图 9.13　板式楼梯

2. 梁板式楼梯

当梯段荷载或跨度较大时，常采用板式楼梯。而当梯段板厚度较大，自重和材料都有所增加，经济性较差时，常采用梁板式楼梯。与板式楼梯相比，梁板式楼梯的钢筋和混凝土用量少，自重轻，较经济；但是在支模、绑扎钢筋等施工方面较复杂。

梁板式楼梯由梯段板、梯段斜梁（简称梯梁）、平台梁和平台板组成。梯段荷载由梯段板承受，并传给梯梁，再由梯梁传至两端的平台梁。梁板式楼梯可分为梁承式楼梯、梁悬臂式楼梯等。

1）梁承式楼梯

梁承式楼梯有明步式和暗步式之分。梯梁在梯段板之下，踏步外露的，称为明步式梁承式楼梯［图 9.14（a）］；梯梁在踏步板之上，形成反梁，踏步包在里面的，称为暗步式梁承式楼梯［图 9.14（b）］。

2）梁悬臂式楼梯

梁悬臂式楼梯即踏步板从梯梁两边或一边悬挑而出，多用于框架结构建筑中或用作室外露天楼梯，如图 9.15 所示。

此楼梯一般为单梁或双梁悬臂支承踏步板和平台板。单梁悬臂多用于中小型楼梯或小品景观楼梯，双梁悬臂则多用于梯段宽度大、人流量大的大型楼梯。由于踏步板悬挑，故此楼梯造型轻盈、美观。踏步板断面形式有平板式、折板式和三角形板式几种。平板式断面踏步板使梯段踢面空透，常用于室外楼梯。折板式断面踏步板踢面未漏空，可加强板的刚度并避免污染侧面，但踏步板底支模困难且不平整。三角形板式断面踏步板板底平整，支模简单，但混凝土用量和自重均有所增加。

第9章 楼 梯

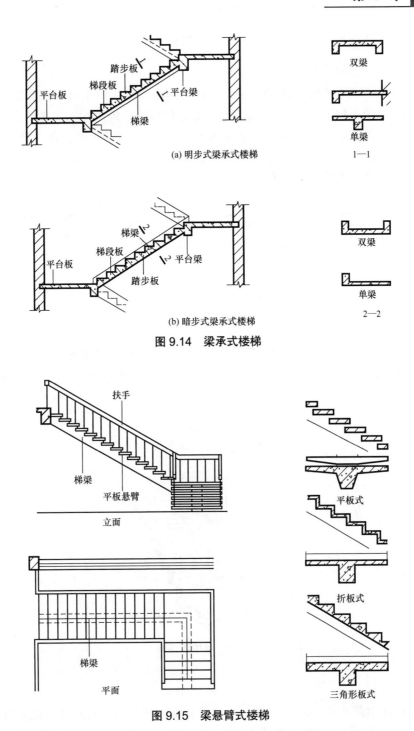

图9.14 梁承式楼梯

图9.15 梁悬臂式楼梯

9.3.2 预制装配式钢筋混凝土楼梯

预制装配式钢筋混凝土楼梯根据生产、运输、吊装和建筑体系的不同,存在着许多不同的构造形式。根据梯段的构造和预制踏步的支承方式不同,预制装配式钢筋混凝土楼梯可分为墙承式楼梯、梁承式楼梯和悬挑式楼梯等类型。

1. 墙承式楼梯

预制装配式钢筋混凝土楼梯

墙承式楼梯由踏步板、平台板两种预制构件组成。预制踏步断面形式如图 9.16 所示。一字形、L 形或倒 L 形踏步板两端支承在墙上，省去了平台梁和斜梁；三角形断面踏步板受力合理、用料省、自重轻，底面平整、简洁，解决了底板不平整的问题；为了减轻自重，常将三角形断面踏步板抽孔，形成抽孔三角形（空心构件）。

图 9.16　预制踏步断面形式

当双跑双折式楼梯采用墙承式楼梯时，楼梯间中间梯井位置须加砌一道砖墙，如图 9.17 所示。这种楼梯构造简单、施工方便、节省材料，但楼梯间空间狭窄，视线、光线受阻，在搬运家具物品及有较多人流上下时均感不便，多用于标准较低的住宅建筑中。

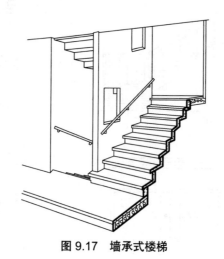

图 9.17　墙承式楼梯

2. 梁承式楼梯

梁承式楼梯由踏步板、斜梁、平台梁和平台板四种预制构件组成。踏步板两端支承在斜梁上（也可采用单斜梁），斜梁支承在平台梁上。斜梁形式应与踏步板协调，三角形踏步板应采用矩形斜梁；一字形、L 形踏步板应采用锯齿形斜梁，如图 9.18 所示。平台梁多为 L 形截面，平台板与预制钢筋混凝土楼板的板形基本相同。

3. 悬挑式楼梯

悬挑式楼梯由踏步板、平台板两种预制构件组成，如图 9.19 所示。踏步板一端依次砌在墙内，另一端悬空，也可采用现浇斜梁悬挑。踏步板的最大悬挑长度可达1.8m，省去了平台梁和斜梁，也无楼梯间中间墙。悬挑式楼梯造型轻巧、空间通透，但其整体性差、抗震能力弱，不宜用于7度以上地震区的建筑中。

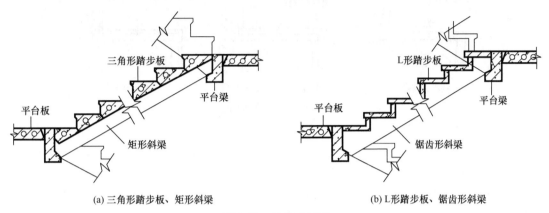

(a) 三角形踏步板、矩形斜梁　　　　(b) L形踏步板、锯齿形斜梁

图9.18　梁承式楼梯

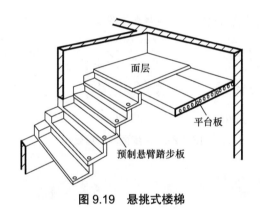

图9.19　悬挑式楼梯

9.4　楼梯的细部构造

9.4.1　踏步面层及其防滑处理

1. 踏步面层

楼梯踏步面层应便于行走、耐磨、防滑并保持清洁。踏步面层的材料应视装修要求而定，一般与门厅或走道的楼地面装修用材一致，常用水泥砂浆、大理石、花岗石、预制水磨石、缸砖等，如图9.20所示。

2. 踏步面层的防滑处理

为避免行人使用楼梯时滑倒，且保护踏步阳角，踏步面层应有防滑措

大理石楼梯测量放线方法

施,特别是人流量较大的公共建筑,必须对楼梯踏步面层进行处理。

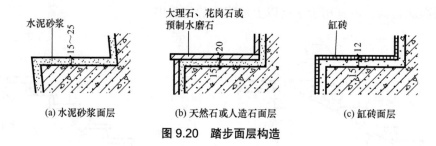

图 9.20 踏步面层构造

防滑处理通常采用的方法是设置防滑条,一般采用设置防滑凹槽,将金属条(铸铁、铝条、铜条)、缸砖等材料设置在靠近踏步前缘处,如图 9.21 所示。防滑条凸出踏步面一般在 2～3mm,过高不便于行走,过低防滑作用不明显。在踏步两端靠近栏杆(或墙)100～150mm 处一般不设置防滑条。

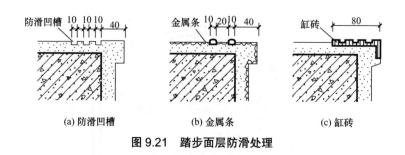

图 9.21 踏步面层防滑处理

9.4.2 栏杆与扶手构造

1. 栏杆的构造

按照形式,栏杆可分为空花栏杆、实心栏板和组合式栏杆三种。

1)空花栏杆

空花栏杆一般采用圆钢、方钢、扁钢和钢管等金属材料做成,如图 9.22 所示。空花栏杆常用断面尺寸:圆钢为 $\phi16～30$mm,方钢为 15～25mm,扁钢为(30～50)mm×(3～6)mm,钢管为 $\phi20～50$mm。

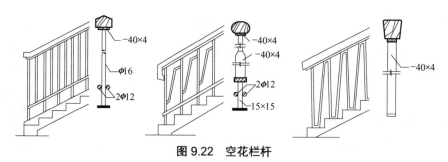

图 9.22 空花栏杆

栏杆与梯段、平台应有可靠的连接，连接方法有预埋件焊接、预留孔洞插接和螺栓连接三种。为了保护栏杆免受锈蚀和增加美观性，常在竖杆下部装设套环，覆盖住栏杆与梯段或平台的接头处。栏杆与梯段、平台的连接如图9.23所示。

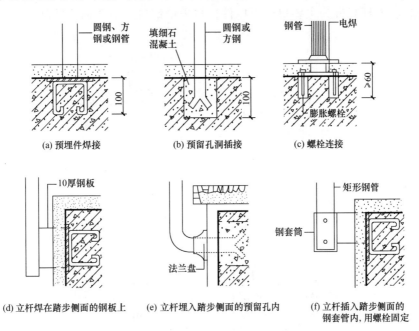

图9.23 栏杆与梯段、平台的连接

2）实心栏板

实心栏板是以栏板取代空花栏杆，可节约钢材，无锈蚀问题，比较安全。栏板通常采用现浇或预制的钢筋混凝土板、钢丝网水泥板或砖砌栏板，也可采用具有较好装饰性的有机玻璃、钢化玻璃等。

工程中采用现浇钢筋混凝土实心栏板时，可利用栏板顶面做扶手，也可利用水磨石等装饰性强的材料做扶手。图9.24所示为实心栏板构造。

玻璃栏板

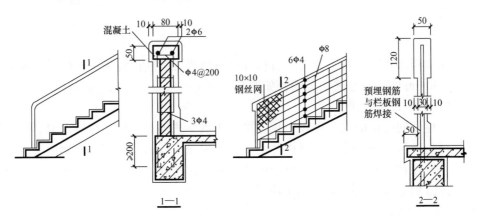

图9.24 实心栏板构造

3）组合式栏杆

组合式栏杆是将空花栏杆和实心栏板组合而成的一种栏杆形式，如图 9.25 所示。栏板为防护和美观装饰构件，通常采用木板、塑料贴面板、铝板、有机玻璃板和钢化玻璃板等材料；栏杆竖杆为主要抗侧力构件，常采用钢材或不锈钢等材料。

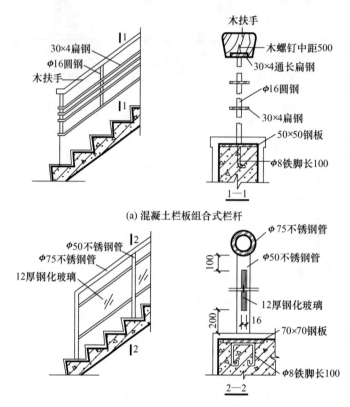

(a) 混凝土栏板组合式栏杆

(b) 钢化玻璃栏板组合式栏杆

图 9.25　组合式栏杆

2. 扶手的构造

扶手通常用木材、塑料、金属、石材等材料做成，其断面应考虑人的手掌尺寸，一般为 40～90mm 宽，且形式应美观，如图 9.26 所示。

1）扶手与栏杆的连接

扶手与栏杆的连接应安全可靠。其连接方法依据扶手和栏杆的材料而定。硬木扶手与金属栏杆的连接，通常是在金属栏杆的顶端先焊接一根通长扁钢，然后再用木螺钉将扁钢与扶手连接在一起。塑料扶手与金属栏杆的连接与硬木扶手相似。金属扶手与金属栏杆的连接常用焊接，如图 9.26（c）所示。

2）扶手与墙的连接

在楼梯顶层楼层平台临空一侧，应设置水平扶手，扶手端部应与墙固定在一起，如图 9.27（a）所示。若墙为砖墙或砌块墙，可在墙上预留孔洞，将扶手和栏杆插入洞内，用水泥砂浆或细石混凝土填实，如图 9.27（b）所示。若墙为钢筋混凝土墙，则可采用预埋铁件焊接，如图 9.27（c）所示。

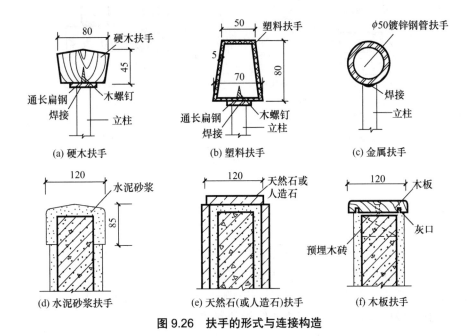

(a) 硬木扶手　(b) 塑料扶手　(c) 金属扶手

(d) 水泥砂浆扶手　(e) 天然石(或人造石)扶手　(f) 木板扶手

图 9.26　扶手的形式与连接构造

(a) 顶层水平扶手与墙固定

(b) 预留孔洞插接　(c) 预埋铁件焊接

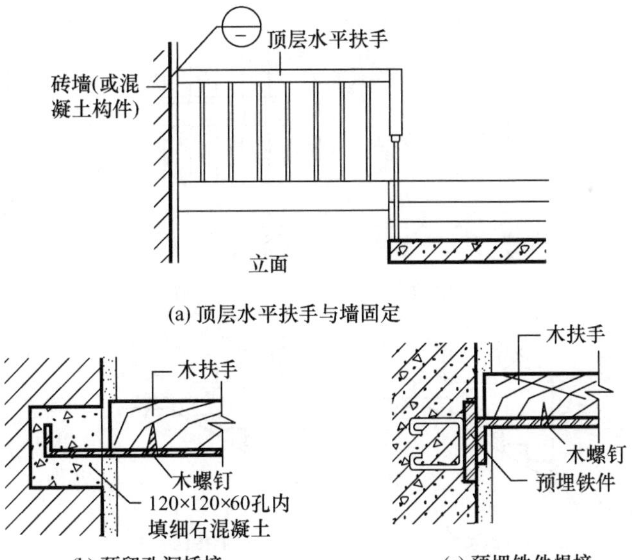

图 9.27　扶手端部与墙的连接

靠墙扶手通过连接件固定于墙上。连接件通常直接埋入墙上的预留孔内，也可以采用预埋铁件焊接，如图 9.28 所示。

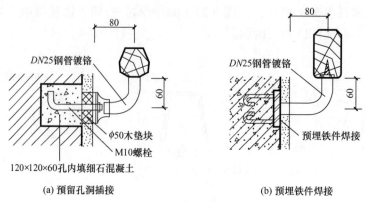

图 9.28　靠墙扶手的连接

3）梯段转折处扶手的处理

在梯段转折处，为保持上下梯段的扶手高度一致和扶手的连续性，扶手需根据不同情况进行处理，如图 9.29 所示。

（1）当上下梯段齐步时，上下扶手在转折处同时向平台延伸半步，使两扶手高度相等，连接自然，但这样做会缩小平台的有效深度。

（2）如果扶手在转折处不伸入平台，下跑梯段扶手在转折处需上弯形成鹤颈扶手，因鹤颈扶手制作较麻烦，也可采用直线转折的斜接方式。

（3）当上下梯段错开一步时，扶手在转折处不须向平台延伸即可自然连接。当长短跑梯段错开几步时，将出现一段水平扶手。

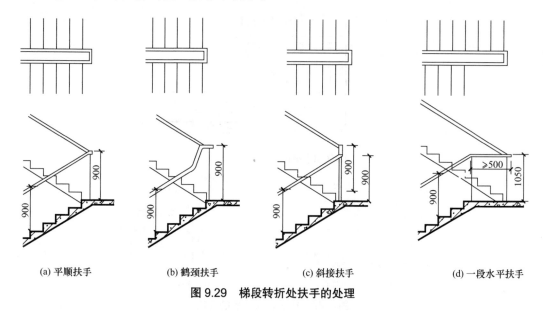

图 9.29　梯段转折处扶手的处理

9.4.3　梯基构造

梯基是楼梯基础的简称。靠底层地面的梯段需设置梯基，梯基的做法有两种：一种是楼梯直接设砖、石材或混凝土基础，如图 9.30 所示；另一种是楼梯支承在钢筋混凝土基础梁上，如图 9.31 所示。当持力层埋置深度较浅时，采用第一种做法较经济，但基础不均匀沉降时对楼梯会产生影响。

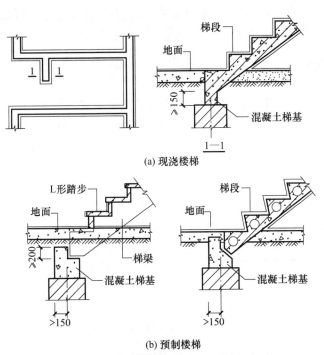

图 9.30 楼梯直接设砖、石材或混凝土基础

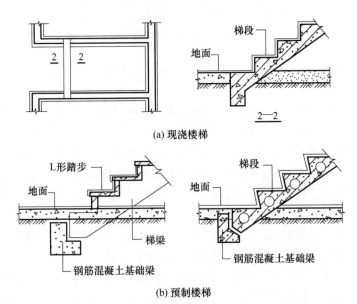

图 9.31 楼梯直接支承在钢筋混凝土基础梁上

9.5 室外台阶与坡道

台阶与坡道都是设置在建筑物出入口处室内外高差之间的交通联系部件。在一般民用建筑中,大多设置台阶;在车辆通行及有无障碍要求的情况下可设置坡道,如医院、宾馆、幼儿园、行政办公大楼及工业建筑的车间大门等处。

9.5.1 室外台阶

室外台阶包括踏步与平台两部分,形式有单面踏步式、三面踏步式等。

台阶的坡度应比楼梯平缓,通常踏步高度为 100～150mm,踏步宽度为 300～400mm。平台设置在出入口与踏步之间,起缓冲过渡作用。为保证在门开启后,还有能站立一个人的位置,平台宽度至少等于门洞口宽度每边各加 300mm;平台的出墙长度应大于门扇宽度,一般为门扇宽度加 300～600mm。为防止雨水积聚或溢入室内,平台面宜比室内地面低 20～60mm,并向外找坡 1%～4%,以利于排水。图 9.32 所示为台阶的组成及尺度。

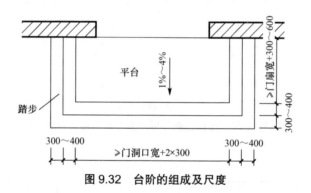

图 9.32 台阶的组成及尺度

当人流密集场所的室外台阶高度超过 700mm 且侧面临空时,应有防护设施,如设置花台、挡土墙和栏杆等。

室外台阶应坚固耐磨,具有较好的耐久性、抗冻性和防水性。台阶按材料不同有混凝土台阶、钢筋混凝土台阶、石台阶等。其中,混凝土台阶应用最为普遍,其由面层、混凝土结构层和垫层组成。面层可用水泥砂浆或水磨石,也可采用马赛克、天然石材或人造石材等块材。垫层可采用灰土(北方干燥地区)、碎石等。当地基较差或踏步数较多时可采用钢筋混凝土台阶,构造同楼梯。台阶也可用毛石或条石,其中条石台阶不需要另做面层。图 9.33 所示为室外台阶构造。

房屋主体沉降、热胀冷缩及冰冻等因素,可能会造成台阶与建筑物之间出现裂缝,为了防止此类问题的出现,可加强房屋主体与台阶之间的联系,以形成整体沉降;或将二者结构完全脱开,设置沉降缝,并使台阶的施工时间滞后于主体建筑。在严寒地区,若台阶下面的地基土为冻胀土,为保证台阶稳定,减轻冻土影响,可采用换土法,换上保水性差的砂、石类土,或采用架空台阶。图 9.34 所示为室外台阶与主体结构脱开的做法。

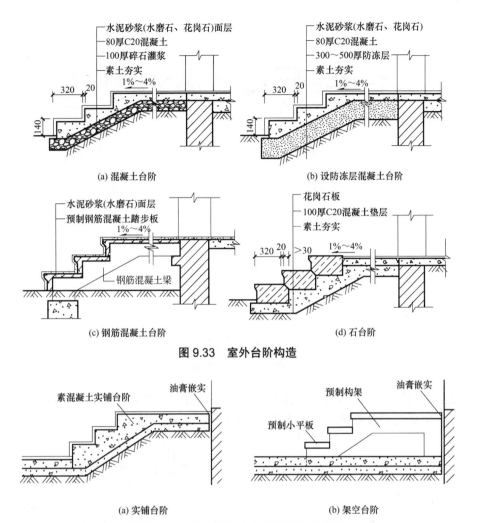

图9.33 室外台阶构造

图9.34 室外台阶与主体结构脱开的做法

9.5.2 坡道

坡道是用于联系地面不同高度空间的通行设施。与楼梯相比，坡道的坡度平缓，上下更省力，通行能力与水平走道近似，疏散能力较大，在新建和改建的城市道路、建筑、室外通道中广泛应用；其缺点是占地面积很大。

坡道的坡段宽度每边应大于门洞口宽度至少600mm，坡段的出墙长度取决于室内外地面高差和坡道的坡度大小。坡道的坡度与使用要求、面层材料及构造做法有关。坡道的坡度一般为1∶12～1∶6，如图9.35所示。

图9.35 坡道尺度

坡道与台阶一样，也应采用耐久、耐磨和抗冻性好的材料（如混凝土），且构造与台阶类似。当坡道对防滑要求较高或坡度较大时可做成锯齿形或设置防滑条，如图9.36所示。

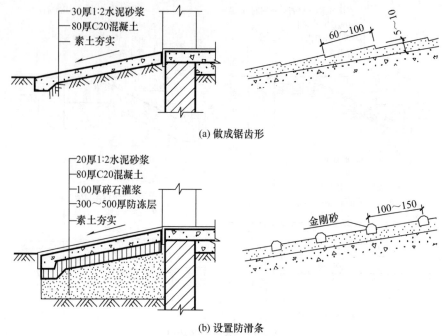

(a) 做成锯齿形

(b) 设置防滑条

图9.36 坡道构造

　　大型公共建筑,如高级宾馆、大型办公楼、医院等主要出入口处,常将台阶和坡道同时设置,形成气派壮观的室外大台阶,如图9.37所示。

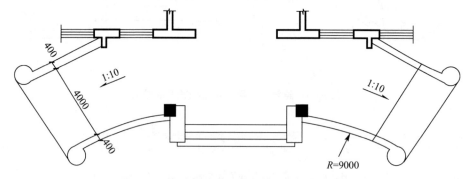

图9.37 台阶与坡道同时设置形成室外大台阶

9.6 电梯与自动扶梯

9.6.1 电梯

　　电梯是建筑物楼层间垂直交通运输的快速运载设备,常见于高层建筑中;在一些有无障碍要求的多层建筑物内也可设置,如航站楼、地铁站、医疗建筑、商场或有无障碍设计要求的建筑等。

1.电梯的类型

1)按使用性质分类

按使用性质分类,电梯分为Ⅰ、Ⅱ、Ⅲ、Ⅳ和Ⅴ类,分别是乘客电梯、客货电梯、病床电梯、载货电梯和杂物电梯。

2)按行驶速度分类

按行驶速度分类,电梯可分为低速电梯(速度在4m/s以内的电梯)、中速电梯(速度在4～12m/s的电梯)、高速电梯(速度>12m/s的电梯)。电梯速度的选择要综合考虑建筑高度或楼层数、乘客需求与舒适度、电梯的技术和性能,以及能耗与环保等多方面的因素来确定。

2.电梯的组成

电梯由井道、井道地坑、机房组成。

1)井道

井道是电梯轿厢运行的通道,其内除电梯及出入口外还安装有轨道、支撑、平衡重和缓冲器等,如图9.38和图9.39所示。

井道的构造要求如下。

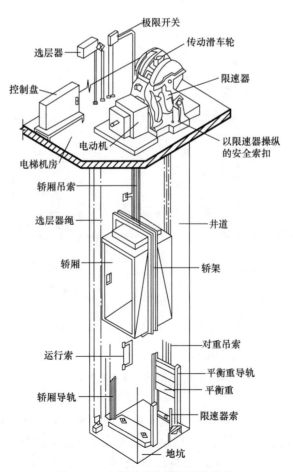

图9.38 电梯井道内部透视示意图

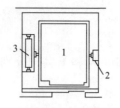 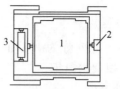

乘客电梯(双扇推拉门)　　病床电梯(双扇推拉门)　　载货电梯(中分双扇推拉门)　　小型杂物电梯

1—电梯轿厢；2—轨道及支撑；3—平衡重。

图9.39　各类电梯井道平面示意图

（1）井道的防火。井道是高层建筑贯通各层的垂直通道，火灾事故中火焰及烟雾容易从中蔓延，因此井道的围护构件多采用钢筋混凝土墙。在高层建筑的电梯井道内，超过两部电梯时应用墙隔开。

（2）井道的隔振和隔声。为了减轻机器运行时对建筑物产生振动和噪声，应采用适当的隔振和隔声措施。一般情况下，在机房底座下设置弹性隔振垫来达到隔振和隔声的目的，如图9.40（a）所示。电梯运行速度超过1.50m/s者，除设弹性垫层外，还应在机房与井道间设隔声层，高度为1.50～1.80m，如图9.40（b）所示。

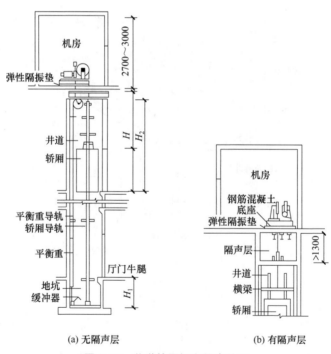

图9.40　井道的隔振和隔声处理

电梯底坑深度和顶层高度

（3）井道的通风。井道除设排烟通风口外，还要考虑电梯运行中井道内空气的流动问题。一般运行速度在2.00m/s以上的客梯，在井道的顶部和底坑应有≥0.30m×0.60m的通风口，上部可以和排烟孔（井道面积的

3.5%）结合。层数较高的建筑，中间也可酌情增加通风孔。

（4）井道的检修。为了安装、检修和缓冲，井道的上下均须留有必要的空间，其尺寸与电梯运行速度有关。

（5）电梯门。

电梯门是指电梯井壁在每层楼面留出的门洞而设置的专用门。其装修与电梯厅墙面装修应协调统一。轿厢门和每层专用门应全部封闭，以保证安全，其宽度一般取0.80～1.50m，开启方式一般为中分推拉式或旁开双折推拉式。

2）井道地坑

井道地坑是指建筑物最底层平面以下部分的井道。其高度一般≥1.40m，作为轿厢下降时必备的缓冲器所需空间。

井道地坑坑壁及坑底均须考虑防水处理。消防电梯的井道地坑还应有排水设施。为便于检修，须考虑在坑壁设置爬梯和检修灯槽，当坑底位于地下室时，宜从侧面开小门用以检修，坑内预埋件按电梯厂要求确定。

3）机房

机房一般设置在井道的顶部（图9.40），少数设在底层井道旁边。机房的平面尺寸须根据机械设备的尺寸及管理、维修等需要来决定。

机房围护构件的防火要求应与井道一样。为了便于安装和修理，机房的楼板应按机器设备要求的部位预留孔洞。

3. 电梯设计要求

电梯在排列组合时有如下要求：每个服务区内单侧排列的电梯不宜超过4台，双侧排列的电梯不宜超过2×4台，且电梯不应在转角处贴邻布置。图9.41所示为常见的候梯厅布置方式。

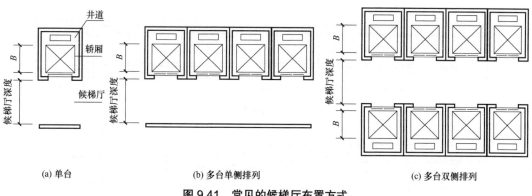

图9.41 常见的候梯厅布置方式

在每层电梯门口处要设相应的等候区，称为候梯厅，其深度要求不得小于1.50m。在公共建筑中设电梯时，必须有无障碍电梯，候梯厅的深度要求不应小于1.80m。此外，候梯厅深度还需考虑电梯的类型、数量、轿厢尺寸和布置方式等，如表9-3所示。

表 9-3　候梯厅最小深度

电梯类别	布置方式	候梯厅深度
住宅电梯	单台	≥B
		老年居住建筑≥1.6m
	多台单侧排列	≥B^*
	多台双侧排列	≥相对电梯 B^* 之和，并<3.5m
乘客电梯	单台	≥$1.5B$
	多台单侧排列	≥$1.5B^*$，当电梯群为 4 台时应≥2.4m
	多台双侧排列	≥相对电梯 B^* 之和，并<4.5m
病床电梯	单台	≥$1.5B$
	多台单侧排列	≥$1.5B^*$
	多台双侧排列	≥相对电梯 B^* 之和
无障碍电梯	单台或多台	≥1.8m

注：本表规定的深度不包括穿越候梯厅的走道宽度。B 为轿厢深度，B^* 为电梯群中最大轿厢深度，供轮椅使用的候梯厅深度不应小于 1.5m。

9.6.2　自动扶梯

自动扶梯是建筑物层间连续运输效率最高的载客设备。一般自动扶梯均可正、逆方向运行，停机时可当作临时楼梯使用。平面布置可单台布置或双台并列布置，如图 9.42 所示。双台并列布置时一般采取一上一下的方式，求得垂直交通的连续性，但必须在二者之间留有足够的结构间距（目前有关规定为不小于 380mm），以保证装修的方便及使用者的安全。

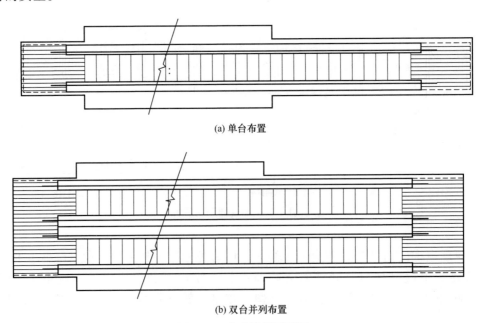

(a) 单台布置

(b) 双台并列布置

图 9.42　自动扶梯平面图

常见的自动扶梯的倾角为 27.3°（配合楼梯使用）、30°（优先采用）和 35°（布置紧凑时用）。常用的自动扶梯的梯段宽度如表 9-4 所示。

表 9-4 常用的自动扶梯的梯段宽度

使用情况	单人	单人携物	双人
梯段宽度 /mm	600	800	1000～1200

布置自动扶梯时，其出入口部位还应留出足够的缓冲区域，一般不小于 2.5m，以使部分行动缓慢的老年人、儿童等有足够的空间安全上下。当有密集人流穿行时，这一距离还应增加。

自动扶梯的机械装置悬在楼板下面，楼层下应做装饰处理，底层则做地坑，且地坑应做防水处理。在自动扶梯机房的设计中，特别是在自动扶梯口的位置，应做活动地板，以利检修。自动扶梯基本尺寸如图 9.43 所示。

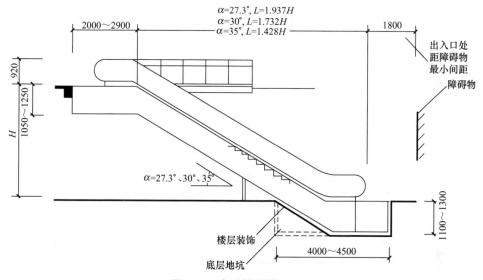

图 9.43 自动扶梯基本尺寸

在建筑物中设置自动扶梯时，若上下两层面积总和超过防火分区面积要求，则应按防火要求设防火隔断或复合式防火卷帘封闭自动扶梯井。

9.7 无障碍设计

为建设城市的无障碍环境，提高人民社会生活质量，确保行动不便者能够没有困难地、安全地、方便地行动并使用各种设施，在道路或建筑物中出现高差的位置应进行无障碍设计。实际生活中虽然可以采用诸如楼梯、台阶、坡道等设施，解决连通不同高差的问题，但这些设施在使用时，仍然会给残疾人造成不便，特别是乘轮椅者、挂杖者和使用助行器者。

下面将主要就无障碍设计中一些有关坡道、楼梯、导盲块等的特殊构造问题做一下介绍。

9.7.1 坡道

1. 坡道的形式

在有无障碍设计要求的建筑中，供轮椅通行的坡道大多设置在建筑的主入口或是室内地面有高差处。考虑到轮椅使用的方便，坡道的表面应平整、防滑、无反光。

依据地面高差大小、空地面积及周围环境等因素，供轮椅通行的坡道可设计成直线形、多段形、直角形或折返形（图9.44），但不宜设计成弧形，以防轮椅在坡面上因重心产生倾斜而摔倒。

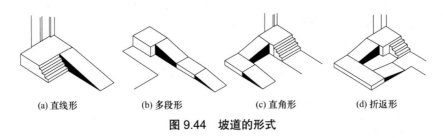

(a) 直线形　　(b) 多段形　　(c) 直角形　　(d) 折返形

图 9.44　坡道的形式

2. 坡道的坡度

便于残疾人通行的坡道的坡度标准不同，坡度值也有所不同，规定详见表9-5。

表 9-5　不同坡度的高度和水平长度

坡度	1∶20	1∶16	1∶12	1∶10	1∶8
最大高度/m	1.20	0.90	0.75	0.60	0.30
水平长度/m	24.00	14.40	9.00	6.00	2.40

注：其他坡度可用插入法进行计算。

3. 坡道的宽度及平台宽度

为便于残疾人使用的轮椅顺利通过，坡道的最小宽度应不小于1200mm。轮椅坡道起点、终点和中间休息平台的水平长度不应小于1500mm，如图9.45所示。

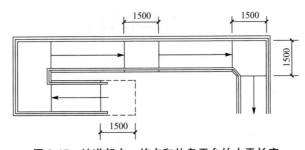

图 9.45　坡道起点、终点和休息平台的水平长度

4. 坡道的高度

为通行者的安全考虑，无论什么高度，一般在行动上借助扶手会更为安全。当坡道的高度大于300mm且纵向坡度大于1∶20时，应在两侧设置扶手，坡道与中间休息平台的扶手应保持连贯。

9.7.2 楼梯

1. 楼梯形式及相关尺度

供拄杖者及视力残疾者使用的室内楼梯，宜采用直行形式，不宜采用弧形梯段或在半平台上设置扇步，如图9.46所示。

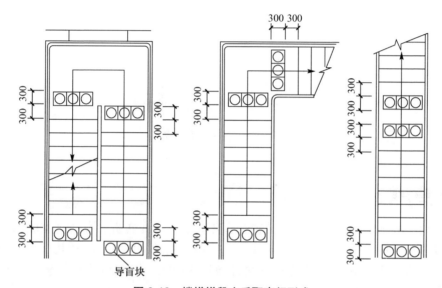

图9.46　楼梯梯段宜采取直行形式

公共建筑楼梯的坡度应尽量平缓，踏步宽度不应小于280mm，踏步高度不应大于160mm，且每步踏步应保持等高。

2. 踏步设计注意事项

供拄杖者及视力残疾者使用的楼梯踏步应选用合理的构造形式及饰面材料，不应采用无踢面和直角形突缘的踏步，踏面应平整防滑，踏步防滑条、警示条等附着物均不应突出踏面，以防发生勾绊行人或其助行工具的意外事故。

3. 扶手

楼梯、坡道宜在两侧均设扶手，公共楼梯可设上下双层扶手。在楼梯的梯段或坡道的坡段起始及终结处，扶手应自其前缘向前伸出300mm以上，两个相邻梯段的扶手应该保持连通，扶手末端应伸向墙面或向下延伸，延伸长度不应小于100mm，如图9.47所示。扶手的形状和截面尺寸应易于抓握，截面的内侧边缘与墙面的净距离不应小于40mm，如图9.48所示。

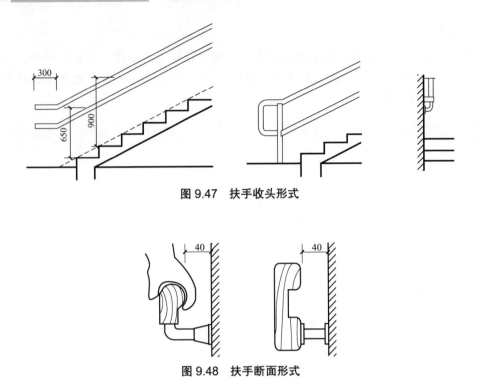

图 9.47 扶手收头形式

图 9.48 扶手断面形式

9.7.3 导盲块

导盲块又称地面提示块，一般设置在有障碍物、需要转折、存在高差的场所。导盲块利用其表面上的特殊构造形式，向视力残疾者提供触感信息，提示其行走、停步或改变行进方向等。图 9.49 所示为常用的两种导盲块形式。图 9.46 中已经标明了它在楼梯中的位置，在坡道上也适用。

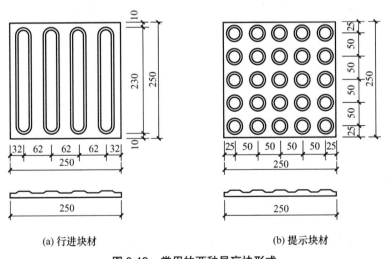

(a) 行进块材　　　　　　　　(b) 提示块材

图 9.49 常用的两种导盲块形式

本章小结

本章主要讲述建筑的垂直交通设施，楼梯的组成、类型及设计，钢筋混凝土楼梯的构造，室外台阶与坡道的设计与构造，并介绍了电梯与自动扶梯及无障碍设计的相关知识。楼梯是建筑中重要的垂直交通设施，其组成与类型、主要尺度与设计，以及钢筋混凝土楼梯的构造是本章的重点。

第9章英语专业词汇

思考题

1. 楼梯是由哪些部分所组成的？简述各组成部分的作用及要求。
2. 简述楼梯设计的要求。
3. 确定楼梯梯段宽度的依据是什么？为何平台宽度不得小于梯段宽度？
4. 楼梯坡度如何确定？踏步高与踏步宽和行人步距的关系如何？
5. 一般民用建筑的踏步尺寸有何要求？当踏面宽不足最小尺寸时如何处理？
6. 楼梯栏杆净距及扶手高度有什么要求？
7. 楼梯的净高指什么？有什么要求？
8. 当建筑物底层平台下做出入口时，为使净高满足要求，可采取哪些措施？
9. 钢筋混凝土楼梯常见的结构形式有哪几种？各自有什么特点？
10. 楼梯踏步面层做法有哪些？如何防滑？并要求看懂构造图。
11. 栏杆与踏步、栏杆与扶手的连接构造如何？并要求看懂构造图。
12. 实心栏板构造做法如何？并要求看懂构造图。
13. 台阶与坡道的形式有哪些？构造要求是什么？
14. 电梯由哪几部分组成？电梯井道的设计应满足什么要求？
15. 有高差处无障碍设计有哪些具体的特殊构造？

第 10 章 屋　顶

 教学目标

（1）了解屋顶的作用、设计要求及类型。
（2）熟悉屋顶的防水与排水。
（3）掌握平屋顶中卷材防水屋面的构造做法及细部构造。
（4）掌握坡屋顶中块瓦屋面、沥青瓦屋面、压型钢板屋面的构造做法。
（5）熟悉屋顶的保温与隔热措施。

10.1　概　　述

10.1.1　屋顶的作用及设计要求

屋顶是建筑物最上部的围护结构，用以抵御风霜雨雪、太阳辐射等外界的不利因素对内部使用空间的影响；屋顶又是承重结构，用以承受屋顶自重、风雪荷载及施工和检修屋面时的各种荷载；同时屋顶对建筑形象起着突出的作用。

屋顶设计从功能出发应满足以下几方面的要求。

1. 强度和刚度要求

屋顶作为承重结构应具有足够的强度和刚度，以承受自重、雪荷载、风荷载、施工或使用荷载等；同时不允许屋顶受力后有较大的变形。

2. 防水和排水要求

屋顶的防水和排水是一项综合性的技术问题，它与建筑结构形式、防水材料、屋顶

坡度、屋顶构造处理等有关；应防排结合，综合各方面的因素加以考虑。一般平屋顶防水是以"防"为主，以"排"为辅；坡屋顶防水是以"防"为辅，以"排"为主。

3. 保温和隔热要求

屋顶作为围护结构，冬季保温可以减少建筑物的热损失和防止结露；夏季隔热可以降低建筑物对太阳辐射热的吸收。因此屋顶应具有一定的保温隔热能力，既要保证建筑物的室内气温稳定，又要避免能源浪费和室内表面结露、受潮等。

4. 建筑美观和使用要求

屋顶的形式在很大程度上影响着建筑造型及其性格特征，因此，在屋顶设计中应重视功能适用、结构安全、形式美观这三个方面。

10.1.2 屋顶及屋面的类型

屋顶是建筑物的顶部结构，一般由屋面、结构层及顶棚等组成。屋面是建筑物屋顶的表面。

1. 按屋顶形式分类

屋顶的形式主要与房屋的使用功能、屋面材料、结构形式、经济及建筑造型要求等有关，并且随地域、民族、宗教、时代和科学技术水平的不同而千差万别，但归纳起来大致可分为平屋顶、坡屋顶和曲面屋顶三大类，如图 10.1 所示。

图 10.1 屋顶的类型

1）平屋顶

坡度小于 5% 的屋顶，称为平屋顶。平屋顶的常用坡度为 2%～3%，是目前应用最广泛的一种屋顶形式。

2）坡屋顶

中国古建筑坡屋顶

坡度不小于 5% 的屋顶，称为坡屋顶。它是我国传统的建筑屋顶形式，有着悠久的历史，在民用建筑中广泛应用。在现代城市建筑中，某些建筑为满足景观或建筑风格的要求也常采用各种形式的坡屋顶。

3）曲面屋顶

曲面屋顶多属于空间结构体系，如壳体、悬索、网架等。这类屋顶坡度变化大、类型多，适用于大跨度、大空间和造型特殊的建筑。

2. 按屋面防水材料分类

按屋面防水材料分类

（1）柔性防水屋面：将柔性片状防水卷材（如高聚物改性沥青防水卷材、合成高分子防水卷材等）通过胶结材料粘贴在屋面基层上，形成的具有密闭防水层的屋面。

（2）刚性防水屋面：用刚性防水材料（如防水砂浆、防水混凝土等）做防水层的屋面。刚性防水屋面在面对自然环境中的热胀冷缩时，容易开裂和漏水，已不再推荐使用。

（3）涂膜防水屋面：在屋面基层上涂刷液态防水涂料，经固化后形成一层有一定厚度和弹性的整体防水膜，以达到防水目的的屋面。

（4）瓦屋面：用水泥瓦、彩色钢板瓦、石棉水泥瓦、玻璃钢波形瓦等作为防水层的屋面。

（5）金属板屋面：用镀锌铁皮、铝合金板、彩色压型钢板等金属材料作为防水层的屋面。

（6）玻璃采光顶：由玻璃透光面板与支承体系组成的屋顶。

3. 按屋面热工性能分类

（1）保温屋面：屋面设置保温层，以减少室内热量向外散失，保证顶层空间冬季温度适宜，达到采暖节能的目的。纬度 35° 以北、青藏高原等地区的建筑屋面常采用保温屋面。

（2）隔热屋面：屋面采取隔热措施，以减少室外热量向室内传递，保证顶层空间夏季温度适宜，减少夏季的空调能耗。长江流域、四川盆地、东南沿海等地区的建筑屋面常采用隔热屋面。

按屋面使用性质分类

（3）非保温非隔热屋面：屋面不设置保温层，也不需采取隔热措施。

4. 按屋面使用性质分类

（1）上人屋面：屋顶作为室外使用空间，可以作为人们活动、休闲的场所。

（2）非上人屋面：屋顶不允许人们上去活动。

第10章 屋顶

10.2 屋顶的防水与排水

防水是利用防水材料的致密性、憎水性构成一道封闭的防线,隔绝水的渗透。排水是利用水向下流的特性,减少雨水在屋面的停留时间,尽快排除。因此,排水可以减轻防水的压力,防水又为排水提供了充裕的时间,防水与排水是相辅相成的。

10.2.1 屋顶的防水

屋顶的防水是指根据建筑物屋面的防水等级及设防要求,选择合适的防水材料,在屋面上形成一个封闭的防水覆盖层,防止雨水渗漏。

1. 屋面的防水等级

屋面工程防水设计工作年限不应低于20年。屋面防水等级根据工程类别、工程使用环境类别分为一级、二级、三级(表10-1)。

表10-1 屋面防水等级

工程类别	工程使用环境类别		
	Ⅰ类:年降水量 $P \geqslant 1300mm$	Ⅱ类:400mm≤年降水量 $P<1300mm$	Ⅲ类:年降水量 $P<400mm$
甲类:民用建筑和对渗漏敏感的工业建筑屋面	一级	一级	二级
乙类:除甲类和丙类以外的建筑屋面	一级	二级	三级
丙类:对渗漏不敏感的工业建筑屋面	二级	三级	三级

2. 屋面的防水材料

屋面的防水材料根据其防水性能及适应变形能力的差异,可分为柔性防水材料和刚性防水材料两大类。

(1)柔性防水材料。目前工程中大量采用的是高聚物改性沥青防水卷材、合成高分子防水卷材、防水涂料等。

① 高聚物改性沥青防水卷材。其主要品种有 SBS 或 APP 改性沥青防水卷材、再生橡胶防水卷材、铝箔橡胶改性沥青防水卷材等。其特点是比沥青防水卷材抗拉强度高、抗裂性好,有一定的温度适用范围。SBS 改性沥青防水卷材属弹性体沥青防水卷材,适合于寒冷地区和结构变形频繁的建筑;APP 改性沥青防水卷材属塑性体沥青防水卷材,适合于紫外线辐射强烈及炎热地区的建筑。

防水卷材

② 合成高分子防水卷材。其主要品种有三元乙丙橡胶、聚氯乙烯(PVC)、氯丁橡胶、氯化聚乙烯 – 橡胶共混防水卷材等。合成高分子防水卷材具有抗拉强度高、抗老化

性能好、抗撕裂强度高、低温柔韧性好及冷施工等特性。

③ 防水涂料。防水涂料有三类，即沥青基防水涂料、高聚物改性沥青涂料、合成高分子防水涂料。防水涂料具有温度适应性好、施工操作简单、施工速度快、劳动强度低、污染少、易于修补等特点，因此特别适用于轻型、薄壳等异形屋面的防水。

（2）刚性防水材料。刚性防水材料除传统的黏土块瓦外，还有防水砂浆、防水混凝土、沥青瓦等。

① 防水砂浆、防水混凝土。防水砂浆、防水混凝土是利用材料自身的防水性和密实性，加入适量的外加剂制成的刚性防水材料。其构造简单，施工方便，造价低，但对温度变化和结构变形比较敏感，易产生裂缝，目前已很少采用。

② 沥青瓦。沥青瓦是以玻璃纤维为胎基，经浸涂石油沥青后，面层压天然色彩砂，背面撒以隔离材料而制成的瓦状片材，形状有方形和半圆形。它具有质量轻、柔性好、耐酸碱、不褪色的特点，适用于坡屋顶的防水层，或多道防水层的面层。

3. 屋面的防水做法

屋面防水是为了防止雨水渗入建筑物内部，保证室内环境的干燥。若只采用单层防水设防，一旦防水层出现脱落、龟裂或破损等问题，就会导致雨水渗入，从而形成漏水。为了解决单层防水难以保证防水效果的问题，一级和二级防水屋面常常会采用多道防水设防的方式来提高防水效果（表10-2）。

表10-2 屋面工程的防水做法

屋面类型	防水等级	防水做法	防水层			
			屋面瓦	金属板	防水卷材	防水涂料
平屋面	一级	不应少于3道	—	—	卷材防水层不应少于1道	
	二级	不应少于2道	—	—	卷材防水层不应少于1道	
	三级	不应少于1道	—	—	任选	
瓦屋面	一级	不应少于3道	为1道，应选	—	卷材防水层不应少于1道	
	二级	不应少于2道	为1道，应选	—	不应少于1道；任选	
	三级	不应少于1道	为1道，应选	—	—	
金属屋面	一级	不应少于2道	—	为1道，应选	不应少于1道；厚度不应小于1.5mm	—
	二级	不应少于2道	—	为1道，应选	不应少于1道	—
	三级	不应少于1道	—	为1道，应选	—	—

10.2.2 屋顶的排水

为了防止屋面积水过多、过久，造成屋顶渗漏，屋顶不但要做好防水，还要组织好排水，使屋面雨水迅速排除。

1. 屋顶坡度

1）屋顶坡度的表示方法

常用屋顶坡度的表示方法有斜率法、百分比法和角度法，如图 10.2 所示。斜率法是以屋顶高度与坡面的水平投影之比表示，如 1∶2；百分比法是以屋顶高度与坡面的水平投影长度的百分比表示，常用 i 标记，如 $i=2\%$、$i=3\%$ 等；角度法是以坡面与水平面所构成的夹角表示，常用 α 标记，如 $\alpha=30°$、$\alpha=45°$ 等。其中，坡屋顶常用斜率法表示，平屋顶常用百分比法表示，而角度法虽然比较直观，但在实际工程中难以操作，故较少使用。

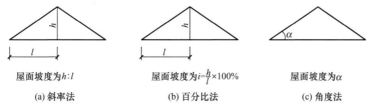

(a) 斜率法　　(b) 百分比法　　(c) 角度法

图 10.2　屋顶坡度的表示方法

2）屋顶坡度的影响因素

屋顶坡度的大小与屋顶防水材料性能、地区降雨量大小、屋顶结构形式、建筑造型要求及经济条件等因素有关。对于一般民用建筑，主要考虑以下两方面因素的影响。

影响屋顶坡度的因素

（1）屋顶防水材料的影响。防水材料的性能及其尺寸大小直接影响屋顶坡度。防水材料的防水性能越好，屋顶的坡度越小。防水材料的尺寸越小，屋顶接缝越多，漏水的可能性就越大，这种情况下屋顶的坡度应大一些，以便迅速排除雨水，减少漏水的机会；反之，若屋面覆盖材料的面积较大（如防水卷材），则屋面排水坡度可小些。

（2）地区降雨量的影响。降雨量的大小对屋顶防水影响很大，若降雨量大，则漏水的可能性大，屋顶坡度应适当增加。我国南方地区年降雨量和每小时最大降雨量都高于北方地区，因此在采用相同的屋面防水材料时，一般南方地区的屋顶坡度要大于北方地区。

3）屋顶排水坡度

确定屋顶排水坡度时，应综合考虑屋顶坡度的影响因素，并应符合表 10-3 的规定。

表 10-3　屋顶排水坡度

屋面类别	屋顶排水坡度/（%）	屋面类别	屋顶排水坡度/（%）
平屋面	≥2	压型金属板、金属夹芯板屋面	≥5
块瓦屋面	≥30	单层防水卷材金属屋面	≥2
波形瓦、沥青瓦、金属瓦屋面	≥20	种植屋面	≥2
玻璃采光顶	≥5		

2. 屋顶坡度的形成方式

屋顶坡度的形成有材料找坡和结构找坡两种方式，如图10.3所示。

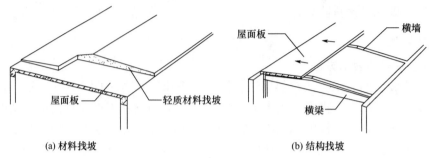

图 10.3　屋顶坡度的形成

1）材料找坡

材料找坡也称垫置坡度、建筑找坡，是在水平搁置的屋面板上用轻骨料（如陶粒、浮石、焦渣、加气混凝土碎块等）混凝土垫出坡度，然后在其上做防水层。材料找坡的坡度不宜过大，否则会使屋顶荷载加大。材料找坡的屋顶室内顶棚面平整，建筑加层方便，但会增加屋顶自重，当建筑物跨度较大时尤为明显。因此，材料找坡多用于民用建筑中的平屋顶。

2）结构找坡

结构找坡也称搁置坡度，是将支承屋面板的墙或梁做成一定的倾斜坡度，在其上直接铺设屋面板，形成排水坡度。这种做法不需另设找坡层，节省材料、降低成本，减轻了屋顶荷载。但结构找坡的屋顶室内顶棚面不平整，结构和构造较复杂，多用于生产性建筑或民用建筑中的坡屋顶。

3. 屋顶的排水方式

屋顶的排水方式分为无组织排水和有组织排水两大类。

1）无组织排水

无组织排水也称自由落水，是指屋顶雨水经挑檐自由下落至室外地面的一种排水方式，如图10.4所示。这种做法构造简单，造价低，但雨水有时会溅湿勒脚甚至污染墙面，一般用于中小型的低层建筑或檐口高度不大于10m的屋顶。

2）有组织排水

有组织排水是指屋顶雨水通过排水系统的天沟、雨水口、雨水管等，有组织地将雨水排至室外地面或室内地下排水管网的一种排水方式。这种排水方式构造较复杂，造价相对较高；但是其减少了雨水对建筑物的不利影响，因而在建筑工程中应用广泛。有组织排水又分为有组织外排水和有组织内排水两种方式。

（1）有组织外排水。有组织外排水即雨水管安装在建筑物外墙上，其优点是雨水管不影响室内空间的使用和美观，构造简单，是屋顶常用的排水方式。

① 挑檐沟外排水。挑檐沟外排水是指屋顶雨水汇集到悬挑在墙外的挑檐沟内，再由雨水管排下，如图10.5（a）所示。

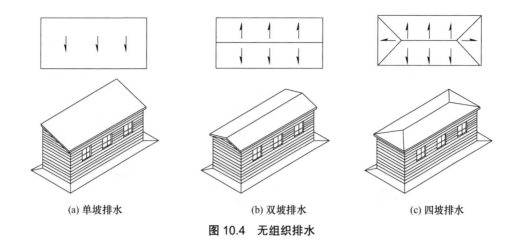

(a) 单坡排水　　　　(b) 双坡排水　　　　(c) 四坡排水

图 10.4　无组织排水

② 女儿墙外排水。当考虑建筑造型需要将外墙升起封住屋顶时，高于屋顶的这部分外墙称为女儿墙。女儿墙外排水是指在女儿墙内设置天沟，雨水在屋顶汇集穿过女儿墙流入室外的雨水管，如图 10.5（b）所示。

③ 女儿墙挑檐沟外排水。女儿墙挑檐沟外排水如图 10.5（c）所示，其特点是在屋顶檐口部位既有女儿墙，又有挑檐沟。雨水进入挑檐沟前先通过女儿墙，一般蓄水屋面和种植屋面常采用这种排水方式，这种排水方式是利用女儿墙作为围护，利用挑檐沟汇集雨水。

屋顶的排水方式

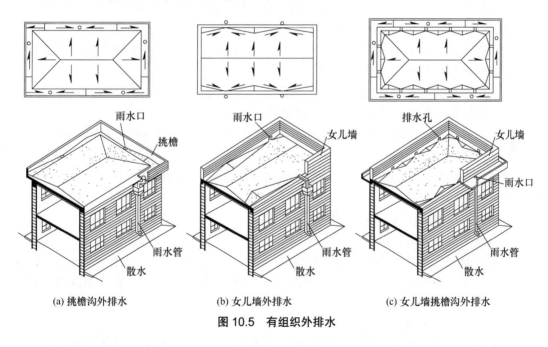

(a) 挑檐沟外排水　　　(b) 女儿墙外排水　　　(c) 女儿墙挑檐沟外排水

图 10.5　有组织外排水

（2）有组织内排水（图 10.6）。有组织内排水即雨水管安装在室内，一般设在卫生间、过道、楼梯间等次要空间内，也可设在管道井内，但应避免设在主要使用空间内。有组织内排水主要用在多跨建筑、高层建筑及有特殊要求的建筑中。

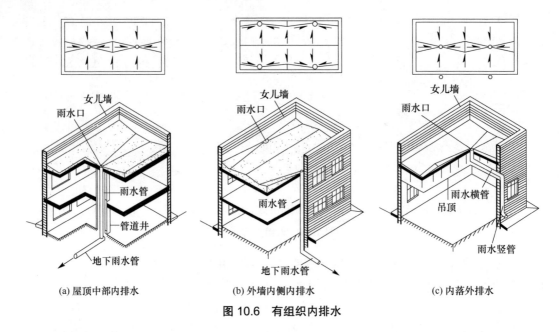

(a) 屋顶中部内排水　　　(b) 外墙内侧内排水　　　(c) 内落外排水

图 10.6　有组织内排水

3）屋顶排水方式的选择

屋顶排水方式的选择应根据建筑物屋顶形式、气候条件、建筑物高度、使用功能等因素确定，一般遵循如下原则。

（1）低层建筑或檐口高度小于 10m 的屋顶，可采用无组织排水。

（2）多层建筑屋顶宜采用有组织外排水。

（3）高层建筑屋顶宜采用有组织内排水。高层建筑外排水系统的安装维护比较困难，故以设计有组织内排水系统为宜。

（4）严寒地区的屋顶应采用有组织内排水，寒冷地区的屋顶宜采用有组织内排水，以免雪水冻结造成屋顶的融水无法排出或室外雨水管的损坏。

（5）湿陷性黄土地区宜采用有组织排水，并应将雨、雪水直接排至排水管网。

4）屋顶排水组织设计

屋顶排水组织设计的主要任务是将屋面划分成若干个合理的排水区域，选择合适的排水装置并进行合理的布置，以达到屋面排水线路简捷、雨水口负荷均匀、排水通畅的目的。屋顶排水组织设计一般按下列步骤进行。

（1）确定排水坡面数目。

根据屋面宽度及造型的要求确定排水坡面数目。一般情况下，对于临街建筑平屋顶屋面，当宽度小于 12m 时，可采用单坡排水；当宽度大于 12m 时，宜采用双坡或四坡排水。

（2）划分排水区域。

根据屋顶的投影面积及排水坡面数目，考虑每个雨水口、雨水管的汇水面积及屋面变形缝的影响，合理地划分排水区域，确定排水装置的规格并进行布置。一般每个雨水口、雨水管的汇水面积宜为 150～200m^2。每个汇水面积内，雨水排水立管不宜少于 2 根，避免一根排水立管发生故障，造成屋面排水不畅。

当屋面有高差时，若高处屋面的投影面积大于100m²，高处屋面可自成排水系统；若高处屋面的投影面积小于100m²，可将高处屋面的雨水排至低处屋面上，但需对低处屋面受雨水冲刷的部位做好防护措施。例如，高处屋面为无组织排水时，平屋顶可加铺一层卷材，并应设40～50mm厚300～500mm宽的C20细石混凝土滴水板；坡屋顶可采用镀锌铁皮泛水。当高处屋面为有组织排水时，水落管下应加设水簸箕。

（3）确定檐沟的形式、材料及尺寸。

檐沟的形式和材料根据屋顶类型的不同有多种选择，如坡屋顶中可用钢筋混凝土、镀锌铁皮做成槽形檐沟；平屋顶中可采用钢筋混凝土槽形檐沟或女儿墙内檐沟。

檐沟断面尺寸应根据地区降雨量和汇水面积的大小确定。一般槽形檐沟净宽应不小于300mm，且沟底应分段设置不小于1%的纵向坡度，沟底水落差不得超过200mm。檐沟排水不得流经屋面变形缝和防火墙。金属檐沟、天沟的纵向坡度宜为0.5%。

（4）确定雨水管的材料、管径及间距。

雨水管可采用硬质PVC、镀锌铁皮、铸铁、钢管等制成，其直径有75mm、100mm、125mm、150mm、200mm等几种规格，一般民用建筑常用管径为100mm。檐沟外排水雨水管间距宜在24m以内，女儿墙外排水雨水管间距宜在15m以内，内排水雨水管间距宜在15m以内。

雨水管应位于建筑的实墙处，距墙面不应小于20mm，管身用竖向间距不大于2000mm的管箍与墙面固定，且下端出水口距散水的高度不应大于200mm。

10.3 平屋顶构造

平屋顶因其具有能适应各种屋顶平面形状、构造简单、施工方便、屋顶表面便于利用等优点，成为建筑中广泛采用的屋顶形式。

10.3.1 卷材防水平屋面

卷材防水平屋面是将柔性防水卷材或片材用胶结材料粘贴在屋面基层上，形成一个整体封闭的防水覆盖层。卷材防水的整体性、抗渗性好，具有一定的延伸性和适应变形的能力，也称柔性防水。

1. 卷材防水平屋面的构造层次及做法

屋顶主要用于解决承重、保温隔热、防水排水三方面的问题，由于各种材料性能上的差异，目前很难有一种材料兼备以上三种功能，因此屋顶的构造具有多层次的特点。由于地区差异，平屋顶的构造层次也有所不同，一般包括结构层、找坡层、保温层、防水层、隔汽层、找平层、保护层和隔离层等。

1）结构层

结构层的主要作用是承担屋面的荷载，一般采用现浇或预制钢筋混凝土屋面板。屋面板的板型及结构布置与钢筋混凝土楼板相同。

2）找坡层

平屋顶中多采用材料找坡，找坡材料宜采用质量轻、吸水率低和有一定强度的材料。找坡层一般设在结构层之上、保温层之下。

3）保温层

保温层是在屋面上用保温材料设置的一道减少屋面热交换作用的构造层，它可以防止室内热量向外扩散。保温层所用的保温材料一般为轻质多孔材料，保温层的厚度要根据气候条件和材料的性能经热工计算确定。

4）防水层

防水层设防要求应根据屋面防水等级确定，当防水等级为一级和二级时，若防水层除有防水卷材外还有防水涂料，防水涂料则设置在防水卷材的下面。

卷材防水层与基层的黏结方法有满粘法、空铺法、条粘法、点粘法等。对于有排汽要求、防水层上有重物覆盖或基层变形较大的屋面，应优先采用空铺法、条粘法或点粘法；在距屋面周边 800mm 内应采用满粘法，卷材与卷材之间的搭接也应采用满粘法。

5）隔汽层

隔汽层的主要作用是阻止室内的水蒸气向屋顶保温层渗透，以免降低保温层的保温性能；以及防止水蒸气引起防水层起鼓、皱折、断裂，以免降低防水层的防水能力。

当严寒及寒冷地区屋顶结构冷凝界面内侧实际具有的蒸汽渗透阻小于所需值，或其他地区室内湿气有可能透过屋顶结构层进入保温层时，应设置隔汽层。

隔汽层放置在结构层之上、保温层之下。隔汽层可采用气密性、水密性好的单层卷材或防水涂料。采用卷材时，可用空铺法施工。

6）找平层

卷材防水层要求铺贴在坚固而平整的基层上，以防止卷材凹陷或断裂，因此在松软材料及预制屋面板上铺设防水卷材前，须先做找平层。找平层一般设在防水层和隔汽层下部。铺贴卷材及涂刷防水涂料的找平层可采用水泥砂浆或细石混凝土，其厚度和技术要求如表 10-4 所示。

表 10-4　找平层厚度和技术要求

适用基层	找平层材料	厚度 /mm
整体现浇混凝土板	①②	① M15（1∶2.5）水泥砂浆 15～20 厚
整体材料保温层	③④⑤	② M15 聚合物水泥砂浆 5～8 厚
装配式混凝土板	④⑤	③ M15（1∶2.5）水泥砂浆 20～25 厚
板状材料保温层		④ C20 细石混凝土 30～35 厚
		⑤ C20 配筋（宜加钢筋网片）细石混凝土 40～45 厚

为防止找平层变形开裂而使卷材防水层破坏，在保温层上的找平层应留设分格缝。分格缝的宽度一般为 5～20mm，纵、横缝的间距不宜大于 6m，分隔缝内宜嵌填密封材料。

7）保护层

保护层设置在防水层上，用以减缓雨水对屋面的冲刷力和降低太阳辐射热的影响，延缓防水卷材老化，延长其使用寿命。其构造做法根据防水层使用材料和屋面的使用情况而定。

（1）保温非上人屋面［图10.7（a）］。保温非上人屋面的保护层仅起保护防水层的作用。沥青类防水卷材宜采用绿豆砂或铝银粉涂料；高聚物改性沥青及合成高分子类防水层可采用铝箔面层、彩砂及涂料等。

（2）非保温上人屋面［图10.7（b）］。非保温上人屋面的保护层具有保护防水层和兼作活动地面的双重作用。一般可在防水层上浇筑40～50mm厚的C20细石混凝土；也可以用沥青胶或水泥砂浆铺贴地砖或C20细石混凝土预制块等。

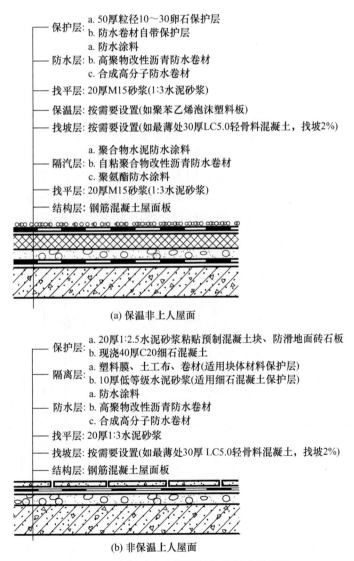

(a) 保温非上人屋面

(b) 非保温上人屋面

图10.7　卷材防水平屋面的构造层次及做法

8）隔离层

预制块材或细石混凝土保护层与防水层之间应设置隔离层，可干铺塑料膜、土工布或卷材，也可铺抹低强度等级的砂浆。

2.卷材防水平屋面的细部构造

卷材防水层是一个封闭的整体，屋面的渗漏多出现在防水薄弱部位，如檐口、高低屋面交接处等部位，因此，必须对这些部位加强防水处理。

1）泛水构造

泛水是指屋面与高出屋面的垂直面交接处的防水处理。女儿墙、出屋面的烟道、通风道、高出屋面的墙体与屋面的交接处、屋面变形缝等处均应做泛水。

泛水的构造要点包括以下几个方面。

（1）垂直墙面与屋面相交处的基层利用找平层做成圆弧或45°斜面，以保证卷材粘贴结实，并防止卷材直角转弯而折断。圆弧半径的大小根据卷材种类来定，高聚物改性沥青防水卷材圆弧半径为50mm，合成高分子防水卷材圆弧半径为20mm。合成高分子防水卷材比高聚物改性沥青防水卷材的柔性好且薄，因此找平层圆弧半径可以减小。

（2）转弯处加铺一层防水卷材。附加层在平面和立面的宽度均不应小于250mm。

（3）卷材在垂直墙面上的粘贴高度（或称泛水高度）不应小于250mm。

（4）卷材要收头，收头方式应根据墙体材料确定。墙体为砖墙时，卷材收头可直接铺至女儿墙压顶下，用压条钉压固定并用密封材料封闭严密，压顶应做防水处理，如图10.8（a）所示；卷材收头也可压入砖墙凹槽内固定密封，凹槽距屋面面层的高度不应小于250mm，凹槽上部的墙体应做防水处理，如图10.8（b）所示。墙体为钢筋混凝土墙时，卷材收头可采用金属压条钉压，并用密封材料封固，如图10.8（c）所示。

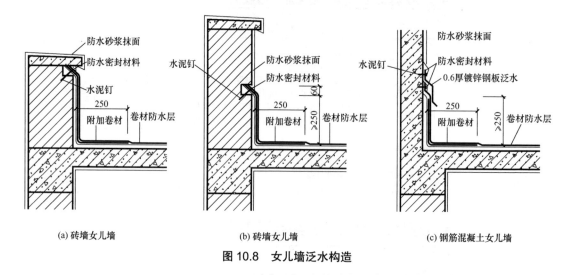

(a) 砖墙女儿墙　　(b) 砖墙女儿墙　　(c) 钢筋混凝土女儿墙

图 10.8　女儿墙泛水构造

女儿墙顶部通常做钢筋混凝土压顶，并设有坡度坡向屋面。压顶内侧下端应做滴水处理。

2）檐口构造

（1）自由落水檐口。自由落水檐口即无组织排水檐口，在檐口 800mm 范围内的卷材应满粘，卷材收头应采用金属压条钉压，并用密封材料封严，防止卷材防水层收头翘边或被风揭起。从防水层收头向外的檐口上端、外墙至檐口下部，均应采用聚合物水泥砂浆铺抹，以提高檐口的防水能力。自由落水檐口雨水冲刷量大，为防止雨水沿檐口下端流向外墙，檐口下端应同时做滴水线和滴水槽，如图 10.9 所示。

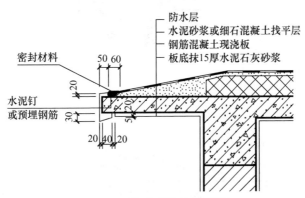

图 10.9　自由落水檐口构造

（2）檐沟外排水檐口。檐沟外排水檐口应解决好卷材收头及与屋面交接处的防水处理。檐沟与屋面交接处应做成弧形，檐沟的防水层下应加铺一层防水卷材，附加层伸入屋面的宽度不应小于 250mm，如图 10.10 所示。卷材收头的固定，可采用金属压条钉压，并用密封材料封严。檐沟板底面应做滴水线或滴水槽处理。

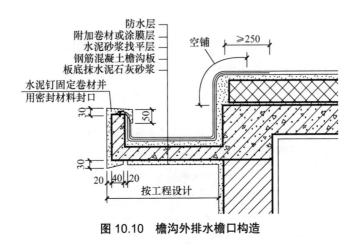

图 10.10　檐沟外排水檐口构造

3）雨水口

雨水口是屋面雨水汇集并排至雨水管的关键部位，应保证其排水畅通，防止渗漏和堵塞。雨水口常用的材料为金属和塑料，分为水平雨水口和垂直雨水口。雨水口的基本构造做法为：防水层伸入雨水口内，用沥青胶粘牢，雨水口四周增铺一层防水层。为防止雨水口堵塞，雨水口处应加盖铸铁罩或铁丝网罩。雨水口四周直径 500mm 范围内坡度不应小于 5%。防水层和附加层伸入雨水口杯内不应小于 50mm，并应黏结牢固。图 10.11 所示为雨水口构造。

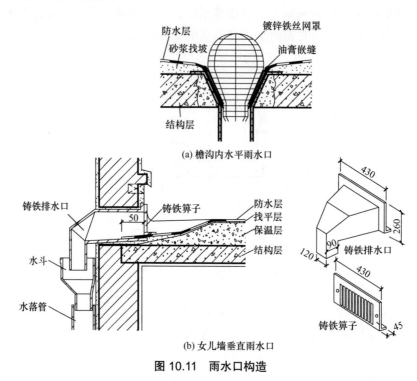

图 10.11 雨水口构造

4）屋面上人口

屋面上人口分为水平出入口和垂直上人口。

（1）水平出入口是指从楼梯间或阁楼到达上人屋面的出入口。水平出入口除要做好屋面防水层的收头外，还要防止屋面积水从出入口进入室内。水平出入口要高出屋面两级踏步，其构造如图 10.12 所示。

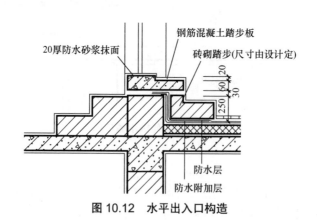

图 10.12 水平出入口构造

（2）垂直上人口是屋面检修时上人用的出入口。若屋顶结构为现浇钢筋混凝土，可直接在垂直上人口四周浇出孔壁，并将防水层收头压在混凝土或角钢压顶下。垂直上人口的孔壁也可用砖砌筑，其上做混凝土压顶。垂直上人口应加盖钢制或木制包镀锌铁皮孔盖。垂直上人口构造如图10.13所示。

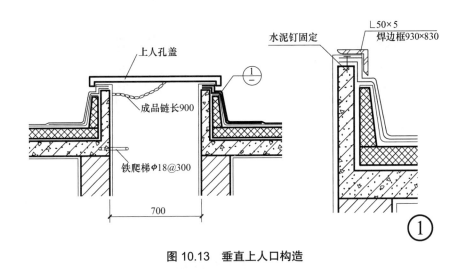

图 10.13　垂直上人口构造

10.3.2　涂膜防水平屋面

涂膜防水是指将防水涂料涂刷在屋面基层上，经干燥或固化，在屋面基层上形成一层不透水的薄膜层以达到防水目的的一种屋面做法。涂膜防水屋面具有防水性好、黏结力强、耐腐蚀、耐老化、弹性好、延伸率大、施工方便等优点。

1. 涂膜防水平屋面的构造层次及做法

涂膜防水平屋面的构造层次（图10.14）及做法与卷材防水平屋面基本相同，且防水层以下的各基层的做法均应符合卷材防水的有关规定。

防水涂膜层一般由两层或两层以上的涂层组成，且应分层分遍涂布。每一涂层应厚薄均匀，表面平整，待先涂的涂层干燥成膜后，方可涂布后一遍涂料。对于某些防水涂料（如氯丁胶乳沥青防水涂料），需铺设胎体增强材料（即所谓的布），以增强涂层的贴附覆盖能力和抗变形能力。

涂膜防水屋面的保护层可采用细砂、云母、蛭石、浅色涂料、水泥砂浆或块材等，水泥砂浆保护层的厚度不宜小于20mm。当采用水泥砂浆或块材时，应在涂膜与保护层之间设置隔离层。

2. 涂膜防水平屋面的细部构造

涂膜防水平屋面的细部构造与卷材防水平屋面的细部构造基本相同，可参考卷材防水平屋面的节点详图。

无组织排水檐口的涂膜防水层收头，应用防水涂料多遍涂刷或用密封材料封严。檐口下端应做滴水处理。天沟、檐沟与屋面交接处应加铺有胎体增强材料的附加层,附加层宜空铺,空铺宽度不应小于200mm。

泛水处的涂膜防水层,宜直接涂刷至女儿墙的压顶下,收头处理应用防水涂料多遍涂刷封严;压顶应做防水处理。图10.15所示为涂膜防水平屋面泛水构造。

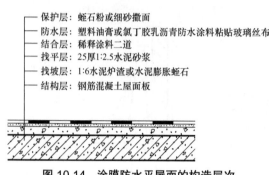

图10.14 涂膜防水平屋面的构造层次

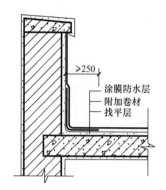

图10.15 涂膜防水平屋面泛水构造

10.4 坡屋顶构造

坡屋顶类型

近年来,我国坡屋顶工程数量不断增加,如城市建造别墅多以坡屋顶为主,多、高层住宅也常采用坡屋顶形式,城市屋面平改坡工程增多,广大村镇建房采用传统坡屋顶的也很多。选择坡屋顶,一方面是考虑屋面排水迅速,另一方面是考虑外观美观大方。此外,坡屋顶的节能效果也很好。

坡屋顶的种类很多,从屋面材料上看,有块瓦屋面、沥青瓦屋面、波形瓦屋面、金属板屋面等屋顶;从屋架的结构类型上看,有轻钢结构、现浇混凝土结构、预制钢筋混凝土屋架或木屋架结构等屋顶。

10.4.1 坡屋顶的承重结构

坡屋顶的承重结构顶面坡度较大,可直接形成坡屋顶的排水坡度。坡屋顶常见的结构形式有檩式结构、板式结构和椽式结构。下面主要介绍檩式结构和板式结构。

1. 檩式结构

1)檩式结构类型

檩式结构是在屋架或山墙上支承檩条,在檩条上铺设屋面板或椽条的结构体系。檩式结构常用的类型为屋架承重和山墙承重,如图10.16所示。

(1)屋架承重就是屋架支承在墙或柱上,其上搁置檩条来承受屋顶荷载的结构体系,如图10.16(a)所示。这种承重方式可以形成较大的内部空间,多用于要求有较大空间的建筑,如食堂、教学楼等。

（2）山墙承重就是根据屋顶的坡度将横墙上部砌成三角形，在墙上直接搁置檩条来承受屋顶荷载的结构体系，也称硬山搁檩，如图10.16（b）所示。山墙承重构造简单、施工方便、节约材料，有利于屋顶的防火和隔声，适用于房间尺寸较小的建筑，如住宅、宿舍、旅馆等。

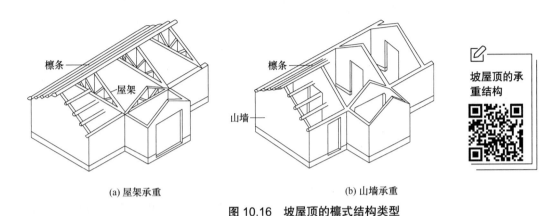

(a) 屋架承重　　　　　　　　(b) 山墙承重

图 10.16　坡屋顶的檩式结构类型

2）檩式结构的结构构件

檩式结构的结构构件主要有屋架和檩条两种。

（1）屋架（图10.17）。屋架形式有三角形、梯形、多边形等，根据材料不同有木屋架、钢屋架、钢木屋架及钢筋混凝土屋架等。木屋架适应跨度范围小，一般不超过12m；大跨度空间应采用钢筋混凝土屋架或钢屋架。

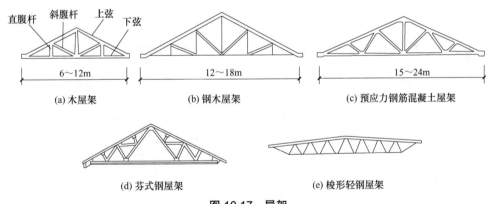

(a) 木屋架　　　(b) 钢木屋架　　　(c) 预应力钢筋混凝土屋架

(d) 芬式钢屋架　　　(e) 梭形轻钢屋架

图 10.17　屋架

（2）檩条（图10.18）。檩条根据材料不同有木檩条、钢筋混凝土檩条及钢檩条，檩条材料与屋架材料一致。木檩条有矩形和圆形截面，跨度一般在4m以内；钢筋混凝土檩条有矩形、L形和T形等截面，跨度可达6m；钢檩条有型钢或轻钢檩条。檩条的截面大小与檩条的间距、屋面板的薄厚及椽子的截面尺寸密切相关，由结构计算确定。

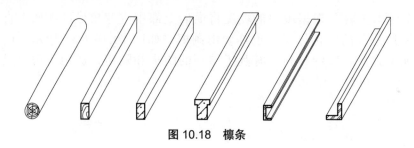

图 10.18 檩条

3) 承重结构的布置

坡屋顶承重结构的布置主要是根据屋顶形式合理布置屋架和檩条。双坡屋顶按照开间尺寸等间距布置屋架和檩条。四坡屋顶尽端的三个斜面呈 45°相交,采用半屋架一端支承在外墙上,另一端支承在尽端全屋架上,如图 10.19(a)所示。屋顶 T 形交接处的结构布置有两种:一种是把插入屋顶的檩条搁在与其垂直的屋顶檩条上,如图 10.19(b)所示;另一种是用斜梁或半屋架的一端支承在转角的墙上,另一端支承在屋架上,如图 10.19(c)所示。转角处屋顶,利用半屋架支承在对角屋架上,如图 10.19(d)所示。

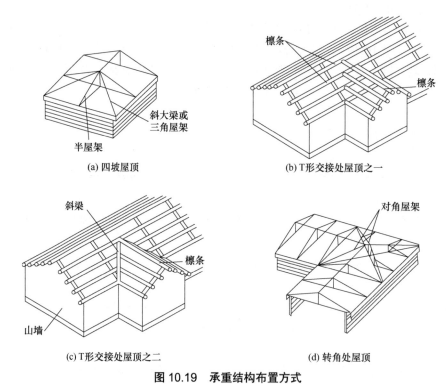

(a) 四坡屋顶　　　(b) T形交接处屋顶之一

(c) T形交接处屋顶之二　　　(d) 转角处屋顶

图 10.19 承重结构布置方式

2. 板式结构

板式结构是直接将屋面板搁置在墙、柱、斜梁或屋架上的结构体系。板式结构的屋面板多采用钢筋混凝土板,其施工方式既可采用现浇整体式,也可采用预制装配式。板式结构近年来常用于住宅或风景园林建筑的屋顶。图10.20所示为钢筋混凝土板式结构瓦屋顶。

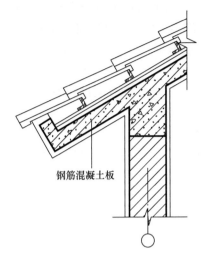

图 10.20　钢筋混凝土板式结构瓦屋顶

10.4.2 坡屋顶构造

坡屋顶是利用各种瓦材做防水层，靠瓦与瓦之间的搭盖来达到防水目的的。目前常用的屋面瓦材有块瓦、沥青瓦、金属板、波形瓦等。下面主要介绍前三种瓦材的屋面。

1. 块瓦屋面

块瓦包括烧结瓦和混凝土瓦等。

块瓦屋面的铺瓦方式包括水泥砂浆卧瓦和（钢、木）挂瓦条挂瓦。水泥砂浆卧瓦存在着易产生冷桥现象，污染瓦片，冬季砂浆收缩拉裂瓦片，黏结不牢引起脱落，不利于通风、隔热、节能等缺陷。挂瓦条挂瓦施工方便、安全，而且可避免水泥砂浆卧瓦的缺陷。下面以挂瓦条挂瓦屋面为例介绍块瓦屋面的构造。

1）块瓦屋面的构造组成

块瓦屋面的构造层次一般包括屋面板、找平层、防水垫层、保温隔热层、持钉层、顺水条、挂瓦条和块瓦面层等，如图10.21所示。找平层与块瓦面层做法前面已叙述，此处不再赘述。

（1）屋面板。屋面板是用于承托保温隔热层和防水垫层的承重板，可采用钢筋混凝土板、木板或增强纤维板。

（2）防水垫层。防水垫层指通常铺设在瓦材或金属板下起防水作用的防水材料。相对于屋面表面

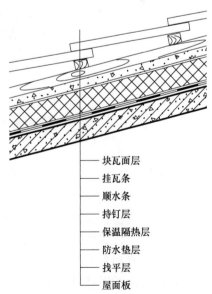

图 10.21　块瓦屋面构造层次

的防水层而言，防水垫层也称次防水层。屋面块瓦一般都较小，如果搭接不严密，难免会漏水，而防水垫层可构成第二道防水层，降低屋面渗漏的可能性，达到更好的防水效果。防水垫层应采用柔性材料，目前常用沥青类和高分子类防水垫层。

（3）保温隔热层。保温隔热层的保温隔热材料可采用硬质聚苯乙烯泡沫塑料保温板、硬质聚氨酯泡沫保温板、喷涂硬泡聚氨酯、岩棉、矿渣棉或玻璃棉等，但不宜采用松散状保温隔热材料。

（4）持钉层。持钉层是块瓦屋面中能握裹固定钉的构造层次。持钉层材料可采用细石混凝土、木板、人造板等。当持钉层为木板时，厚度不应小于20mm；当持钉层为细石混凝土时，厚度不应小于35mm。

（5）顺水条、挂瓦条。顺水条、挂瓦条的材质有木质和金属材质之分。木挂瓦条应钉在木顺水条上，木顺水条用固定钉钉入持钉层内；钢挂瓦条与钢顺水条应焊接，钢顺水条用固定钉钉入持钉层内。

块瓦屋面顺水条与挂瓦条

2）块瓦屋面的细部构造

（1）纵墙檐口。纵墙檐口的构造与屋顶排水方式、屋顶承重结构、屋面基层、屋面出檐长度等有关，纵墙檐口分为无组织排水檐口和有组织排水檐口两大类。

① 无组织排水檐口是将钢筋混凝土板直接悬挑，挑檐板端部向上翻起形成封檐，防水垫层铺贴至翻起板顶部进行收头处理，如图10.22所示。

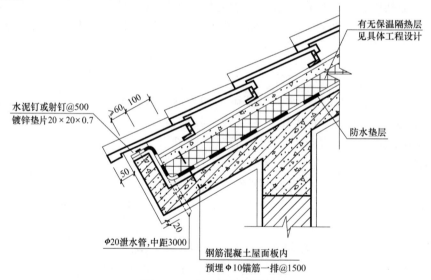

图10.22 块瓦屋面挑檐构造

② 有组织排水檐口有外挑檐沟和女儿墙封檐两种，其中外挑檐沟较为常用。外挑檐沟多采用现浇钢筋混凝土屋面板直接形成，檐沟内铺设防水卷材或涂刷防水涂膜，并做防水附加层，如图10.23所示。

（2）屋脊和斜天沟构造。

块瓦屋面的屋脊可用1∶3水泥砂浆贴脊瓦，如图10.24所示。

实际施工中，既可用1∶3水泥砂浆贴斜天沟瓦做斜天沟，也可用铝板做斜天沟，如图 10.25 所示。

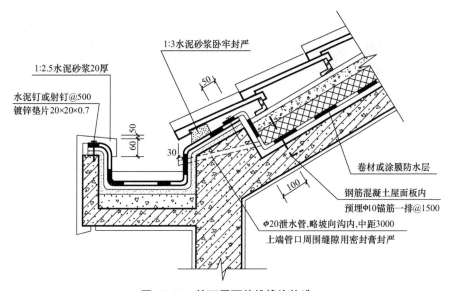

图 10.23 块瓦屋面外挑檐沟构造

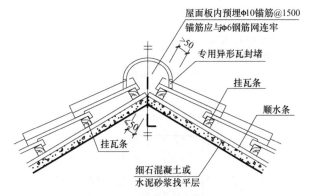

图 10.24 块瓦屋面屋脊构造

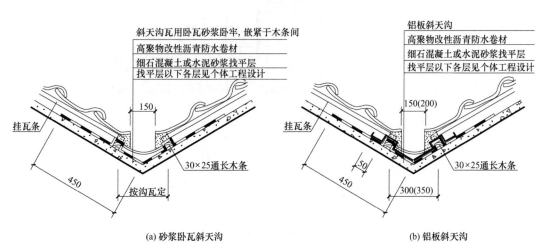

(a) 砂浆卧瓦斜天沟　　　　　　(b) 铝板斜天沟

图 10.25 块瓦屋面斜天沟构造

（3）山墙檐口。山墙檐口有悬山和硬山两种。

①悬山。屋面板挑出山墙的檐部称为悬山。为使此处屋面收头整齐和不漏水，通常用1∶3水泥砂浆卧山墙封檐瓦封住端部。图10.26所示为块瓦屋面悬山构造。

②硬山。山墙高出屋面形成女儿墙的做法称为硬山。山墙和屋面的交接处是瓦屋面容易漏水部位，必须做好泛水处理，并且转角处应增设防水垫层附加层。图10.27所示为块瓦屋面硬山构造。

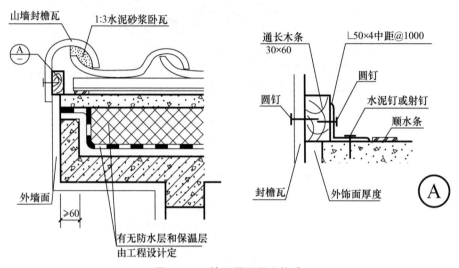

图10.26　块瓦屋面悬山构造

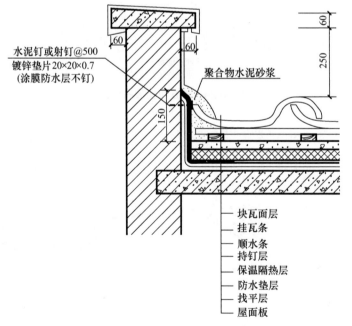

图10.27　块瓦屋面硬山构造

2. 沥青瓦屋面

沥青瓦又称油毡瓦，是一种优质高效的瓦状改性沥青防水材料。它以无纺玻璃纤维毡为胎基，浸涂石油沥青后，面层热压天然彩砂，背面撒以隔离材料制成彩色瓦状片材，具有柔性好、质量轻、耐酸、耐碱、不褪色、装饰效果好等优点。沥青瓦的形状有方形和圆形两种，如图 10.28 所示。沥青瓦分为平面沥青瓦（平瓦）和叠合沥青瓦（叠瓦）。沥青瓦屋面的坡度不应小于 20%。

沥青瓦施工

沥青瓦屋面的构造层次如图 10.29 所示。沥青瓦的铺设采取钉黏结合、以钉为主的方法。固定时每张瓦片不应少于 4 个固定钉；在大风地区或屋面坡度大于 100% 时，每张瓦片不得少于 6 个固定钉。上下沥青瓦之间应采用全自黏结或沥青基胶粘材料加强。

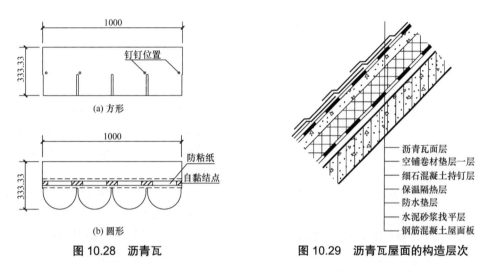

图 10.28 沥青瓦　　　　图 10.29 沥青瓦屋面的构造层次

沥青瓦屋面还要处理好如檐口、屋脊等防水薄弱部位的细部构造。图 10.30 所示为沥青瓦屋面檐口构造。

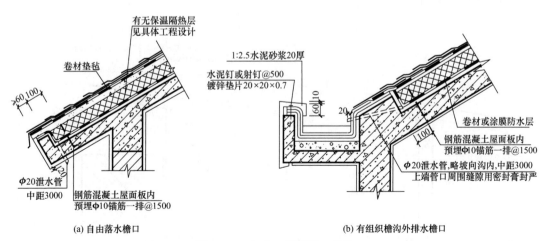

图 10.30　沥青瓦屋面檐口构造

3. 金属板屋面

金属板屋面的板材主要有压型钢板和金属面绝热夹芯板。

压型钢板是以镀锌钢板为基料,经轧制成型并敷以各种防腐涂层与彩色烤漆而成的轻质屋面板,其具有围护和防水双重功能,且自重轻、施工方便、装饰性好、耐久性强,常用于装饰要求较高的大空间建筑。

金属面绝热夹芯板是由彩色涂层钢板作为表层,由聚苯乙烯泡沫塑料或硬质聚氨酯泡沫作为芯材,通过加压、加热固化制成的夹芯板,是具有防寒、保温、质轻、防水、装饰、承力等多种功能的高效结构材料,主要用于公共建筑、工业厂房的屋顶。

下面仅介绍压型钢板屋面构造,金属面绝热夹芯板屋面构造可参见10.5节。

1)压型钢板屋面的基本构造

压型钢板屋面的构造组成包括压型钢板屋面板、钢支架和钢檩条,如图10.31所示。压型钢板的固定方式有明钉固定和金属螺钉固定两种。当压型钢板波高超过35mm时,压型钢板应先固定在钢支架上,钢支架再与钢檩条相连,钢檩条多为槽钢、工字钢等。

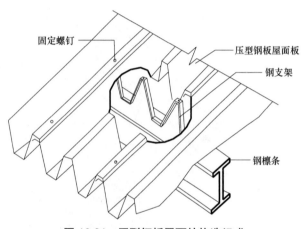

图10.31 压型钢板屋面的构造组成

2)压型钢板屋面的细部构造(图10.32)

无组织排水挑檐多用屋面压型钢板直接挑出,挑檐长度宜为200～300mm;有组织排水外挑檐沟一般采用与屋面压型钢板同样的材料制作,压型钢板伸入檐沟的长度不小于100mm,并用镀锌螺栓固定;山墙泛水及山墙包角均采用与屋面压型钢板同样的材料进行封盖处理。

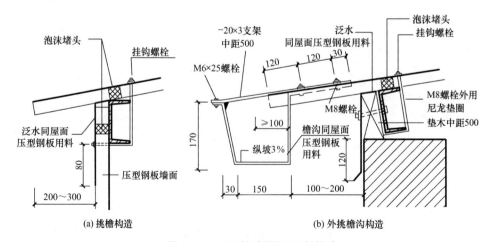

(a) 挑檐构造 (b) 外挑檐沟构造

图10.32 压型钢板屋面细部构造

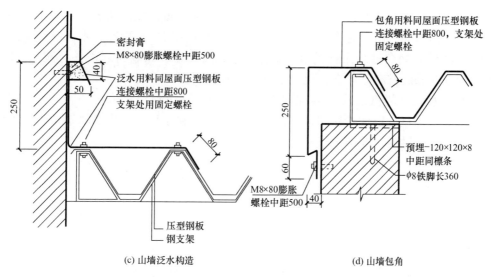

(c) 山墙泛水构造　　　　　　　　(d) 山墙包角

图 10.32　压型钢板屋面细部构造（续）

10.5　屋顶的保温与隔热

10.5.1　平屋顶的保温与隔热

1. 平屋顶的保温

在北方寒冷地区或装有空调设备的建筑冬季室内采暖时，室内温度高于室外，热量会通过围护结构向外散失。为了防止室内热量过多、过快地散失，须在围护结构中设置保温层以提高屋顶的热阻，使室内有一个舒适的环境。保温层的材料和构造方案是根据使用要求、气候条件、屋顶的结构形式、防水处理方法、材料种类、施工条件及整体造价等因素综合确定的。

1）保温材料

保温材料多采用吸水率低、导热系数较小及具有一定强度的轻质多孔材料，有板块保温材料、纤维保温材料和现场浇筑的整体材料三大类。

（1）板块保温材料。如聚苯乙烯泡沫塑料板、硬质聚氨酯泡沫塑料板、膨胀珍珠岩板、加气混凝土砌块、泡沫混凝土砌块等。

（2）纤维保温材料。如玻璃棉制品和岩棉、矿渣棉制品等。

（3）现场浇筑的整体材料。一般为喷涂聚氨酯硬泡或现浇泡沫混凝土。

2）保温层的位置

平屋顶因屋面坡度平缓，适宜将保温层放置在屋面结构层之上，依其与防水层的位置关系不同，有正置式保温和倒置式保温两种。

（1）正置式保温。正置式保温是将保温层设在结构层之上、防水层之下，也叫内置式保温，如图10.7（a）所示。这种做法多用于卷材防水或涂膜防水屋面。对于寒冷地区和湿度较大的房间，由于室内水蒸气渗透可能会在保温层内出现冷凝水，导致保温层的保温性能降低；夏季时，保温层内的水分蒸发，有可能导致卷材起鼓甚至破坏。因此，若采用吸湿性保温材料，应在保温层之下设置隔汽层。

屋面泛水处，隔汽层应沿墙面向上连续铺设，高出保温层表面不得小于150mm，并与防水层相连接，以便严密封闭保温层；同时对残存于保温层中的水蒸气可考虑设置排气道和排气孔排出，如图10.33所示。

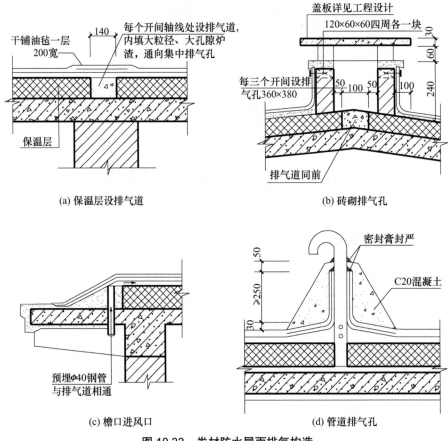

图10.33 卷材防水屋面排气构造

（2）倒置式保温。倒置式保温是将保温层设在防水层之上。这种做法的防水层不受外界气温变化的影响，故不易受外界作用的破坏。倒置式保温屋面不适用于严寒地区的建筑。

倒置式保温屋面的保温材料不能使用松散保温材料，而应选用表观密度小、压缩强度大、导热系数小、吸水率低且长期浸水不变质的保温材料，如硬质聚氨酯泡沫塑料、挤塑聚苯乙烯泡沫塑料、泡沫玻璃等。保温层上面用块体材料或细石混凝土等较重的覆盖层做保护层，如图10.34所示。

倒置式保温屋面的防水层应选用适应变形能力强、接缝密封保证率高、耐腐蚀、耐霉烂、适应基层变形能力的防水材料。当采用二道防水设防时，宜选用防水涂料作为其中一道防水层。

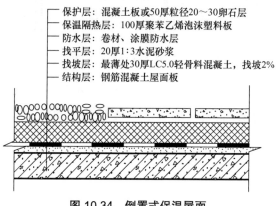

图 10.34 倒置式保温屋面

2. 平屋顶的隔热

屋顶外表面受到的日晒时数和太阳辐射强度最大，是室外综合温度最高的地方，它的传热量及对室温的影响也最大。因此，屋顶隔热对改善顶层房间的室内生活和工作条件极为重要，特别是对于南方炎热地区。

1）通风隔热

通风隔热是在屋顶设置通风空气间层，利用空气的流动带走进入空气间层的部分热量。其隔热好、散热快，多用于夏热冬暖而又多雨的地区。

（1）架空通风隔热。通风空气间层设在防水层上，采用砖垛或混凝土墩上铺预制混凝土平板、大阶砖，或采用预制混凝土山形板、Π形板、折板、纤维水泥架空板凳等形成通风空气间层，如图 10.35 所示。通风空气间层的开口应迎向当地夏季主导风向，并采用带形单向通风层，否则风向不定，易形成紊流，影响通风效果。通风空气间层的架空高度宜为 180～300mm，不宜超过 360mm。这种通风层不仅能达到通风降温、隔热防晒的目的，还可起到保护屋面防水层的作用。

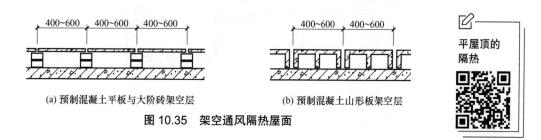

(a) 预制混凝土平板与大阶砖架空层　　(b) 预制混凝土山形板架空层

图 10.35 架空通风隔热屋面

（2）吊顶棚通风隔热。通风空气间层设在结构层下，利用结构层与吊顶棚之间的空间形成通风空气间层，在檐墙处开设通风孔通风降温，如图 10.36 所示。此种做法的通风效果好，但造价高，一般在室内装修要求设吊顶棚时采用。

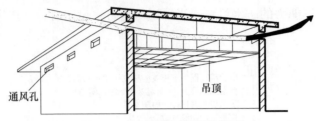

图 10.36　吊顶棚通风隔热屋面

2）反射隔热

太阳辐射到屋面上,其能量一部分被吸收转化成热能对室内产生影响;另一部分被反射到大气中。反射量与入射量之比称为反射率,反射率越高越利于屋面降温。因此,可以在屋顶铺设浅色或光滑的材料提高屋面反射率而达到降温的目的,如铺设浅色豆石、大阶砖,或屋面刷反射隔热涂料等。

3）植被隔热

植被隔热屋顶又被称为种植屋面,是在屋顶上栽种绿色植物,利用植被的蒸发和光合作用吸收太阳的辐射热,从而达到降温隔热的目的。这种做法既提高了屋顶的隔热性能,又可美化和净化环境,但增加了屋顶的荷载。

植被隔热屋顶的防水工程翻修困难,因此对防水层的要求较高,防水层应满足一级防水等级设防要求,采用不少于三道防水设防,且必须至少设置一道具有耐根穿刺性能的防水材料。耐根穿刺防水层为上道防水层,其他防水层应相邻铺设且防水层的材料应相容。耐根穿刺防水层上应设置保护层。耐根穿刺性能的防水材料如铅锡锑合金防水卷材、复合铜胎改性沥青防水卷材、聚酯胎改性沥青防水卷材、聚氯乙烯防水卷材等。

建筑屋面种植宜选用改良土或无机复合种植土,地下建筑顶板种植宜选用田园土。种植土厚度应根据种植土和植物种类等确定。种植介质四周需增设挡墙,挡墙下部应设泄水孔。图 10.37 所示为植被隔热屋面构造。

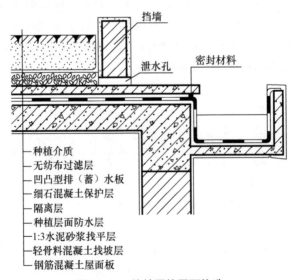

图 10.37　植被隔热屋面构造

4）蓄水隔热

蓄水隔热是在屋顶上长期储水，利用水蒸发时带走水层中的热量，来达到隔热降温的目的。蓄水隔热的蓄水池应采用强度等级不低于 C25、抗渗等级不低于 P6 的现浇混凝土，蓄水池内宜采用 20mm 厚防水砂浆抹面。蓄水池上设置一壁三孔，即分仓壁、溢水孔、泄水孔和过水孔，如图 10.38 所示。为防止大风引起波浪和便于分区段检修及清理屋面，应合理划分蓄水区域，一般每区段的长度不大于 10m，用分仓壁隔开，分仓壁根部设过水孔，使各蓄水区段的水体连通。蓄水隔热屋面还应合理设置溢水孔和泄水孔，以便检修和清理屋面及排除过多的雨水。溢水孔和泄水孔应与排水檐沟或雨水管连通，使得过多的雨水直接排入雨水管。屋面的泛水高度至少应高出溢水孔 100mm。蓄水隔热屋面不宜用在地震设防地区和振动较大的建筑物上，以免振动使建筑物产生裂缝，造成屋面渗漏。

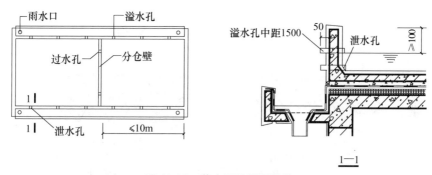

图 10.38 蓄水隔热屋面构造

10.5.2 坡屋顶的保温与隔热

1. 坡屋顶的保温

坡屋顶因其构造组成使得吊顶与屋面之间形成了一个三角形的阁楼空间，该空间提高了屋顶的保温能力，所以当保温要求不高时，可不另设保温层。但寒冷地区及保温要求较高的建筑仍需进行保温设计。

坡屋顶的保温可根据结构体系、屋面盖料、经济性及地方材料来确定。

1）钢筋混凝土结构坡屋顶

钢筋混凝土结构坡屋顶可在瓦材和屋面板之间铺设一层保温层，也可在屋面板下用聚合物砂浆粘贴聚苯乙烯泡沫塑料板保温层。图 10.39 所示为钢筋混凝土结构坡屋顶的保温构造。

2）压型钢板坡屋顶

压型钢板坡屋顶可采用金属夹芯板，即内外两层金属板中间夹保温材料，如聚苯乙烯泡沫塑料板、硬泡聚氨酯泡沫塑料、矿棉、岩棉等；也可在板上铺如乳化沥青珍珠岩、水泥蛭石等保温材料后，再做防水层。图 10.40 所示为压型钢板坡屋顶的保温构造。

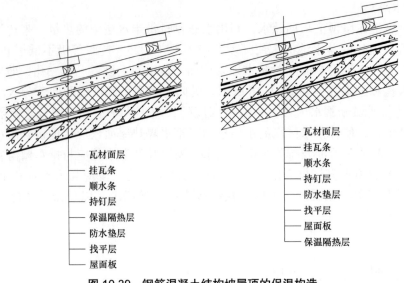

图 10.39 钢筋混凝土结构坡屋顶的保温构造

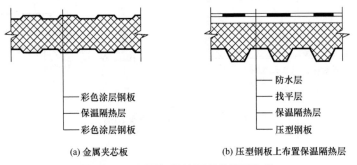

图 10.40 压型钢板坡屋顶的保温构造

2. 坡屋顶的隔热

坡屋顶的隔热除采用实体材料隔热外，较为有效的措施是设置通风间层，常见的做法如下。

（1）屋面通风隔热（图10.41）。屋面铺设双层瓦或檩条下钉纤维板，形成通风空气间层，利用空气流动带走通风空气间层中的一部分热量。

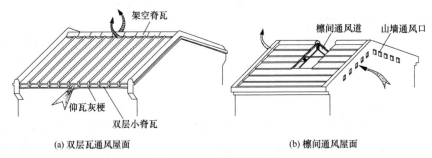

图 10.41 屋面通风隔热

（2）吊顶棚通风隔热（图 10.42）。利用吊顶棚内较大的空间，组织自然通风隔热，其隔热效果明显，且对木结构屋顶起驱潮防腐作用。通风口可设在檐口、屋脊、山墙和坡屋顶上。

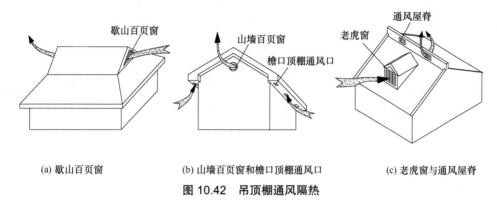

图 10.42　吊顶棚通风隔热

本章小结

本章主要介绍了屋顶的作用及设计要求、屋顶的类型、屋顶的防水与排水、平屋顶构造、坡屋顶构造、屋顶的保温与隔热。本章重点是屋顶的防水与排水、平屋顶及坡屋顶构造。

第 10 章 英语专业词汇

思考题

1. 屋顶外形有哪些形式？
2. 屋顶的设计要求有哪些？
3. 屋顶坡度的形成方法有哪几种？各有什么特点？
4. 屋顶排水方式有哪几种？
5. 卷材防水平屋面的构造层次有哪些？各起什么作用？
6. 绘制卷材防水平屋面檐口及泛水构造详图。
7. 坡屋顶常用承重结构有哪些？
8. 简述块瓦屋面的构造层次。
9. 平屋顶的保温与隔热措施有哪些？
10. 坡屋顶的保温与隔热措施有哪些？

第 11 章 门　窗

教学目标

（1）了解门窗的设计要求与类型。
（2）掌握门窗的构造。
（3）了解防火、隔声、防射线等特殊门窗的要求及构造。

11.1　门窗的设计要求与类型

11.1.1　门窗的设计要求

门的主要作用是通行与疏散，也兼起采光、通风、分隔与联系建筑空间等作用；窗的主要作用是采光、通风、观察与瞭望。作为围护构件，门和窗应具有一定的保温、隔热、隔声、防火、防水、防风沙及防盗等功能。此外，门窗是建筑立面造型和室内装修的重要组成部分，门窗的大小、数量、位置、材质、造型及排列组合方式等对建筑造型和装饰效果均有一定的影响。因此，在进行门窗设计时，应满足坚固耐久、节能环保、造型美观、开启灵活、关闭紧密，以及便于维修和清洁等要求，而且规格类型尽量统一，以适应建筑工业化生产的需要。

11.1.2　门窗的类型

1. 按所用材料分类

按所用材料分类，门窗可分为木门窗、钢门窗、铝合金门窗，以及塑钢门窗、玻璃钢门窗、断桥式铝塑复合门窗、铝木复合门窗等复合材料制作的门窗。其中，塑钢门窗具有良好的密封、防腐蚀、保温隔热及隔声等性能，已基本取代木门窗、钢门窗、铝合金门窗。玻璃钢门窗具有耐候性强、强度大、密封和保温性好等特点，成为继木门窗、钢门窗、铝门窗、塑钢门窗之后的第五代门窗产品。断桥式铝塑复合门窗因外形美观、节能、隔声、防噪、防尘、防水等功能而得到广泛应用。铝木复合门窗则将木材的优异性能与铝材耐腐蚀、硬度高等特点完美结合，因其节能、环保、美观等方面优势显著，近年逐步成为高档门窗市场的新宠。

门窗的发展阶段

2. 按开启方式分类

1）门

按开启方式分类，常见的门有以下几种（图11.1）。

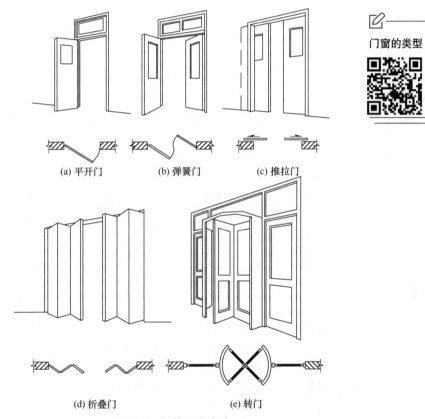

图11.1 门的开启方式

(a) 平开门　(b) 弹簧门　(c) 推拉门　(d) 折叠门　(e) 转门

门窗的类型

（1）平开门。平开门是水平开启的门，其铰链装于门扇的一侧并与门框相连，使门扇绕铰链轴转动，其门扇有单扇、双扇和内开、外开之分。平开门构造简单、开启灵活、加工制作简便、易于维修，在建筑中最常见、使用最广泛。

（2）弹簧门。弹簧门是在门扇侧边用弹簧铰链或用地弹簧代替普通铰链的门，其开启后能自动关闭。单向弹簧门常用于有自动关闭要求的房间，如卫生间的门、纱门等；

双向弹簧门多用于人流出入频繁或有自动关闭要求的公共场所，如公共建筑门厅的门。双向弹簧门门扇上一般要安装玻璃，供出入的人相互观察，以免发生碰撞。为保证使用安全，在托幼、中小学等建筑中不得使用弹簧门。

（3）推拉门。推拉门通过上下轨道，左右推拉滑动进行开关，可分为单扇推拉门、双扇推拉门和多扇推拉门，其开启后占用空间小，受力合理，不易变形；但其密封性差，且构造复杂。推拉门在居住类建筑中使用广泛，在人流较多的场所，可采用光电式或触动式自动推拉门。

（4）折叠门。折叠门由几个较窄的门扇相互间用合页连接而成，其开启后，门扇折叠在一起可推到洞口的一侧或两侧，从而减少室内空间的占有。简单的折叠门只在侧边安装铰链，复杂的折叠门还要在门的上边或下边安装导轨及转动五金配件。

（5）转门。转门是将三或四扇门连成风车形，固定在中轴上，在弧形门套内水平旋转的门，门扇的边梃与门套接触，可阻止室内外空气对流。转门构造复杂，造价较高，一般用于人员进出频繁，且有空调设备的公共建筑的外门。由于转门的通行能力差，不能作疏散用，因此在转门的两旁还应另设平开门或弹簧门，作为不需要空气调节的季节和大量人流疏散之用。

此外，还有上翻门、升降门、卷帘门等形式，一般适用于门洞口较大或有特殊要求的情况。

在功能方面有特殊要求的门还有保温门、隔声门、防火门、防盗门等。

2）窗

按开启方式分类，常见的窗有以下几种（图11.2）。

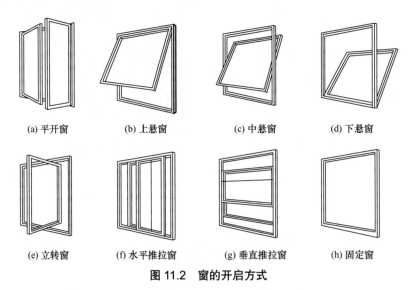

图 11.2　窗的开启方式

（1）平开窗。平开窗是窗扇用合页与窗框侧边相连，可水平开启的窗，有外开、内开之分。外开窗开启后，不占室内空间，雨水不易流入室内，但易受室外风吹、日晒、雨淋的影响；内开窗的性能则与外开窗正好相反。平开窗构造简单，制作、安装和维修方便，应用非常广泛。

（2）悬窗。根据铰链和转轴位置不同，悬窗可分为上悬窗、中悬窗和下悬窗。上悬窗铰链安装在窗扇的上边，一般向外开，其防雨性能好，多用作外门和窗上的亮子。下悬窗铰链安装在窗扇的下边，一般向内开，其通风效果较好，但不挡雨，多用于内门上的亮子。中悬窗是在窗扇两边中部安装水平转轴，开启时窗扇绕水平轴旋转，且窗扇上部向内、下部向外，对挡雨、通风有利，常用作大空间建筑的高侧窗。

（3）立转窗。立转窗是在窗扇上下冒头中部设垂直转轴，开启时窗扇绕转轴垂直旋转。立转窗开启方便，通风采光好，但防雨和密闭性较差。

（4）推拉窗。推拉窗分垂直推拉窗和水平推拉窗两种，其窗扇沿水平或竖向导轨（或滑槽）推拉，开启时不占室内外空间。推拉窗的窗扇及玻璃尺寸均比平开窗大，有利于采光和眺望；但它不能全部开启，通风效果受到影响。

（5）固定窗。固定窗无窗扇，是将玻璃直接安装在窗框上的窗，其不能开启，只供采光和眺望，多用于门的亮子或与开启窗配合使用。

另外，还有集遮阳、防晒及通风等多种功能于一体的百叶窗、滑轴窗、折叠窗等。

门窗各地均有通用图集，设计时可按所需类型及尺度直接选用。

11.2 门窗的构造

11.2.1 木门窗

1. 木门

1）木门的组成

木门主要由门框、门扇和建筑五金零件组成，如图 11.3 所示。门框又称门樘，由上槛和边框组成，门上设亮子时设中横框，两扇以上的门应设中竖框，一般不设下槛（或称门槛），以便于通行和清扫地面。若考虑保温、隔声、防风雨、防鼠虫等要求，可设门槛。门扇一般由上冒头、中冒头、下冒头、门梃及门芯板等组成。建筑五金零件主要有铰链（又称合页或折页）、门锁、插销、拉手和停门器等。

2）平开门的构造

（1）门框。门框的断面形式和尺寸与门扇的类型、数量及开启方式等有关。平开门门框的断面形式及尺寸如表 11-1 所示。

为便于门扇密闭，门框四周应做裁口（或铲口），其形式有单裁口与双裁口两种。单裁口用于单层门，双裁口用于双层门。为了节省木材，也可采用在门框上钉上木条形成裁口的做法。

为防止门框靠墙面受潮产生翘曲变形，影响门扇的开启，常在该面开 1~2 道背槽，此做法也有利于门框的嵌固，但应将背槽涂煤焦油或混合防腐油进行防腐处理。

门框的安装常用立口和塞口两种方式，如图 11.4 所示。

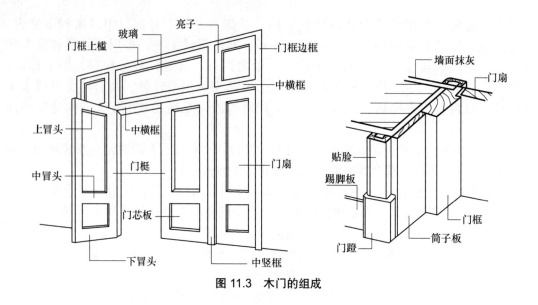

图 11.3　木门的组成

表 11-1　平开门门框的断面形式及尺寸

门框部位	单裁口 （板、平板、玻璃门）	双裁口 （外玻内纱门）	双裁口 （弹簧门）
边框	90～105	120～132	90～125
中横框	90～105（内门用）	120～152	90～125
中竖框	95～105	120～132	90～125

注：虚线表示钉口位置。

立口（又称站口）即先立门框再砌墙。为使门框连接牢固，门框上下槛两端各伸出120mm，称槛出头，俗称"羊角"，并在边框两侧沿高度每隔600～800mm钉一块120mm×120mm×60mm的防腐木砖或开脚铁件，砌入墙体。立口方式安装的门框与墙体结合紧密、牢固，但门框在建筑主体封闭前，始终暴露在外，故主体施工时易碰撞变位，且受风吹日晒易产生变形（目前已基本不用）。

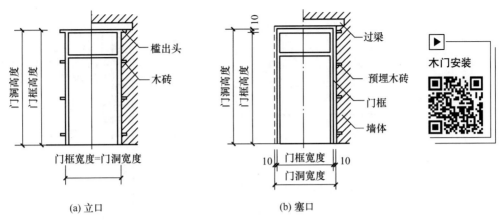

图 11.4 门框的安装方式

塞口（又称塞樘子）是在砌墙时留出门洞口，待建筑主体工程结束后，再安装门框。为便于塞入洞口，门框宽度应比洞口宽度小 20～30mm，高度应比洞口高度小 10～20mm。洞口两侧墙上沿高度每隔 500～600mm 预埋木砖，用圆钉将门框钉在木砖上；或在门框上固定铁脚，伸入墙体预留洞口内用砂浆窝牢；也可在墙内预埋螺栓固定，如图 11.5 所示。但是，在砌体上安装门框严禁用射钉固定。用塞口方式安装门框施工方便，但门框与墙体之间的缝隙较大，一般要用砂浆直接填塞或用贴脸板封盖，寒冷地区缝内应填毛毡、矿棉、沥青麻丝或聚乙烯泡沫塑料等。

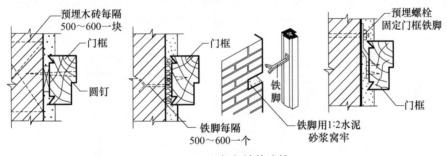

图 11.5 门框与墙体连接

门框两边框的下端应埋入地坪内一定深度；设门槛时，门槛也应部分埋入地坪内一定深度。

（2）门扇。按构造不同，民用建筑中常见的门扇有镶板门和夹板门两种。

镶板门由骨架和门芯板组成，如图 11.6 所示。骨架一般由上冒头、下冒头、中冒头及门梃组成，在骨架内镶门芯板，门芯板常用木板、胶合板、硬质纤维板及塑料板等制作。当门芯板部分或全部采用玻璃时，则为半玻璃门或全玻璃门；当门芯板用窗纱或百叶代替时，则为纱门或百叶门。另外，不同材料的门芯板也可根据需要进行组合。镶板门可用作一般民用建筑的内门和外门。

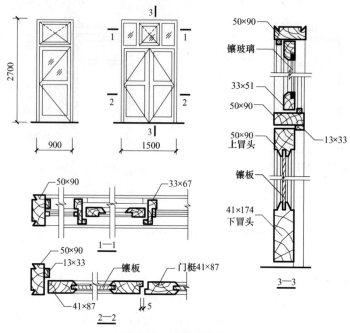

图 11.6　镶板门构造

夹板门也称贴板门或胶合板门,是用断面较小的方木作骨架,两面粘贴面板而成的门,其面板和骨架形成一个整体,共同抵抗变形,如图 11.7 所示。门扇面板多用三层胶合板,也可用塑料面板或硬质纤维板,为了封盖胶合板周边,通常在骨架四周钉木条封盖。夹板门多为全夹板门,也有局部安装玻璃或百叶的夹板门。夹板门构造简单,可利用小料或短料制作,自重轻,外形简洁,便于工业化生产,广泛用作建筑的内门。

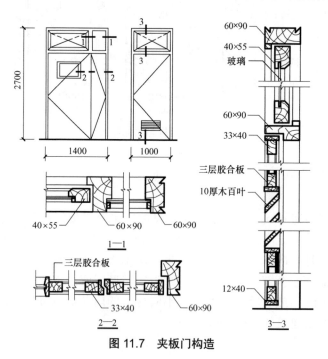

图 11.7　夹板门构造

2. 木窗

木窗主要由窗框、窗扇和建筑五金零件组成，如图 11.8 所示。

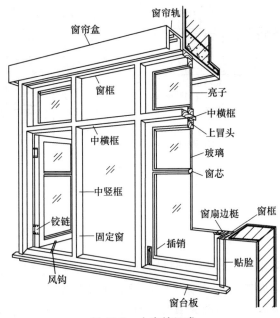

图 11.8　木窗的组成

窗框又称窗樘，一般由上框、下框及边框组成。在有亮子或横向窗扇数较多时，应设置中横框和中竖框。窗框的安装方法与门框基本相同。

根据镶嵌的材料不同，窗扇有玻璃窗扇、纱窗扇和百叶窗扇，其中玻璃窗扇应用最为普遍。平开窗可用单层玻璃，有保温或隔声要求时可设双层（或三层）玻璃或双层窗。

建筑五金零件主要有铰链、风钩、插销、拉手、导轨、转轴和滑轮等。

由于木窗窗框、窗梃的断面尺寸大，透光率低，易变形影响开启，以及耐久性差等原因，目前已基本不用。

11.2.2　彩钢板门窗

彩钢板门窗是用 0.7～0.9mm 厚的冷轧热镀锌板或合金化热镀锌板作基材，经辊涂环氧底漆、外涂聚酯漆轧制成型的门窗型材。这种门窗有较高的防腐蚀性能，色泽鲜艳、表面光洁，隔声、保温、密封性能好，且耐久性、耐火性优于其他材质的门窗。

彩钢板门窗断面形式复杂，种类较多，通常在出厂前就已将玻璃及五金零件装好，在现场进行成品安装。

彩钢板门窗有带副框和不带副框两种类型。外墙面为花岗石、大理石、面砖等贴面材料，或门窗与内墙要求平齐的建筑，常采用带副框的门窗。安装时，先用自攻螺钉将连接件固定在副框上，将副框连接件与墙体内预埋件焊牢，待室内外粉刷工程完工后，再将彩钢板门窗固定在副框上，并用密封胶将洞口与副框及副框与窗框之间的缝隙进行密封，如图 11.9 所示。当内外墙面装修为普通粉刷时，常用不带副框的做法，直接用膨胀螺钉将门窗框固定在墙体上，如图 11.10 所示。

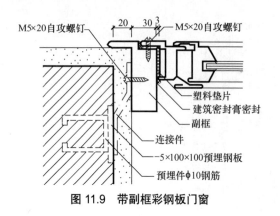

图 11.9　带副框彩钢板门窗

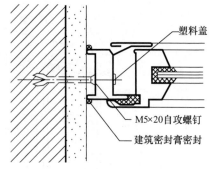

图 11.10　不带副框彩钢板门窗

11.2.3　铝合金门窗

铝合金门窗是指采用铝合金挤压型材为框、梃、扇料制作的门窗，由于其质量轻、强度高、密闭性好、耐腐蚀、便于加工维修及装饰效果雅致等优点而得到广泛的应用；但铝合金型材的导热系数大，为改善其热工性能，目前有一种以铝合金作为受力杆件的基材，与木材、塑料复合的门窗，称为铝木、铝塑复合节能门窗，详见 13.5 节。

铝合金门窗框的安装多采用塞口方式。安装时，不得将门窗框直接埋入墙体，以防止碱对门窗框的腐蚀。当墙体为砖墙时，多采用燕尾铁脚灌浆连接或射钉连接；当墙体为钢筋混凝土时，多采用预埋件焊接或膨胀螺栓锚接，如图 11.11 所示。门窗框与墙体等的连接固定点，每边不得少于两点，且间距不得大于 700mm；在基本风压大于或等于 0.7kPa 的地区，不得大于 500mm。边框端部的第一个固定点距上下边缘不得大于 200mm。

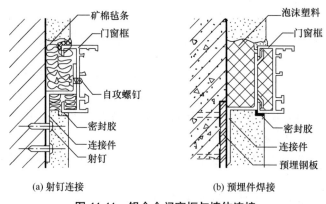

图 11.11　铝合金门窗框与墙体连接

门窗框固定好后会与门窗洞四周产生缝隙，其一般采用软质保温材料来填塞，如将泡沫塑料条、泡沫聚氨酯条、矿棉毡条或玻璃丝毡条等分层填实，外表留 5～8mm

深的槽口用密封膏密封。这种做法主要是为了防止门窗框四周形成冷热交换区而产生结露现象，也有利于隔声、保温；同时可避免门窗框与混凝土、水泥砂浆接触，消除碱对门窗框的腐蚀。

11.2.4 塑钢门窗

塑钢门窗是以硬聚氯乙烯（UPVC）树脂为主要原料，添加一定比例的稳定剂、着色剂等，经挤压形成各种截面的空腹异型材组装而成的。它具有密封性、保温隔热性能好，耐腐蚀、耐老化、装饰性强等优点，在工程中广泛应用。由于塑料的可变形程度大、刚度差，在型材空腔内需要添加钢衬（加强筋），这样制成的门窗称为塑钢门窗。考虑到塑料与钢衬的收缩率不同，钢衬的长度应比塑料型材长度略短 1～2mm，以适应温度变形。

1. 塑钢门窗的组装与构造

塑钢门窗的组装多用组角与榫接工艺，在钢衬型材的内腔插入金属连接件，用自攻螺钉直接锁紧形成闭合钢衬结构，使窗的整体强度和刚度大大提高。图 11.12 所示为塑钢门窗构造。

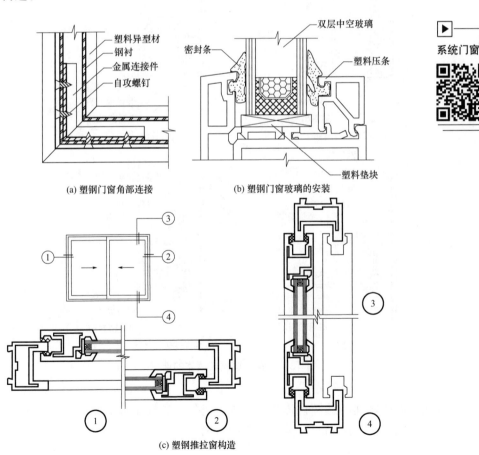

图 11.12 塑钢门窗构造

2. 塑钢门窗的安装

智能门窗

塑钢门窗应采用塞口方式安装，不得采用立口方式安装。门窗框与墙体固定时，应先固定上框，后固定边框。门窗框上安装 Z 形连接铁件，固定点应距窗角、中竖框、中横框 150～200mm，固定点之间的间距不应大于 600mm，且不得将固定片直接安装在中横框、中竖框的挡头上。塑料门窗框在连接固定点位置的背面钻 $\phi 3.5$mm 的安装孔，并用 $\phi 4$mm 自攻螺钉将 Z 形连接铁件拧固在框背面的燕尾槽内。将塑料门窗框上已安装好的 Z 形连接铁件与洞口的四周固定。对于混凝土墙洞口，应采用射钉或膨胀螺栓固定；对于砌体墙洞口，应采用膨胀螺栓或水泥钉固定，但不得固定在砖缝上；对于加气混凝土墙洞口，应采用木螺钉将固定片固定在胶粘圆木上；对于有预埋件的洞口，应采用焊接方法固定，也可先在预埋件上按紧固件规格打基孔，再用紧固件固定。图 11.13 所示为塑钢门窗框与墙体的连接。

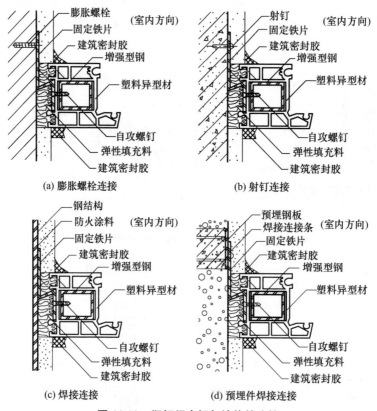

图 11.13　塑钢门窗框与墙体的连接

在门窗框与墙体之间的缝隙内嵌塞 PE 高发泡条、矿棉毡或其他软填料，外表面各留出 10mm 左右的空槽，两侧的空槽内用嵌缝膏密封。

11.3 特殊门窗

特殊门窗包括防火、隔声、防射线等类型的门窗。

11.3.1 防火门窗

按照《建筑设计防火规范（2018年版）》（GB 50016—2014）的要求，必须将建筑内部空间按照一定的面积要求划分成若干个防火分区，以防止火灾蔓延；但这些分区不可完全由墙体进行分隔，为了各防火分区之间的交通联系与可视效果，需要设置防火门窗进行分隔。考虑交通顺畅与视线通透，在设置防火墙或防火门确实有困难的公共场所（如大型商场、大型展览馆、仓库），可采用防火卷帘作为防火分区的分隔，火灾时能有效地抑制火势蔓延，确保人员安全疏散，为实施消防灭火争取宝贵的时间。

按照规范规定，防火门窗的耐火等级分为甲、乙、丙三级，其耐火极限分别不应低于 1.5h、1.0h、0.5h。一般情况下，甲级防火门窗主要用于防火墙上，乙级防火门窗主要用于防烟楼梯的前室与楼梯间洞口，丙级防火门窗主要用于管道井检查口。有些特殊用途的防火门（如核电站专用门）采用特级钢质防火门时，其耐火极限可达 2.0h 以上。

1. 防火门

按材质分类，防火门主要有木质、钢质、钢木质或其他材质（无机不燃材料）等类型。下面主要介绍木质防火门和钢质防火门。

木质防火门的门框、门扇骨架和门扇面板采用难燃木材或难燃木材制品制作；门扇内填充对人体无毒无害的防火隔热材料，并配以防火五金配件。

防火门与工作原理

钢质防火门的门框、门扇骨架和门扇面板采用冷轧薄钢板制作；门扇内填充对人体无毒无害的防火隔热材料，并配以防火五金配件；门框设密封槽，槽内嵌装由不燃材料制成的密封条。

木质防火门和钢质防火门的门框安装均是通过铁脚与墙内预埋钢板焊接或用膨胀螺栓连接；若为轻型砌块墙，则需在洞口两侧做钢筋混凝土构造柱连接。防火门门框与墙体的连接如图 11.14 所示。

防火门应为向疏散方向开启的平开门，且在关闭后能从任何一侧手动开启；用于疏散的走道、楼梯间和前室的防火门，应装设闭门器和顺序器，即开启后可自动关闭，且能按顺序关闭（常闭的防火门除外）。

2. 防火窗

防火窗多采用钢质防火窗，由钢窗框、钢窗扇及防火玻璃组成。钢窗框内填充不燃材料；防火玻璃有复合型（如防火夹层玻璃、薄涂型防火玻璃、防火中空玻璃等）和单片型（如色钾防火玻璃、硼硅酸盐防火玻璃、微晶防火玻璃等），厚度一般为 5～35mm，这与玻璃品种、构造及耐火极限有关；钢窗框与防火玻璃之间的密封材料应为不燃材料或难燃材料。

防火窗分为固定式与活动式两种。

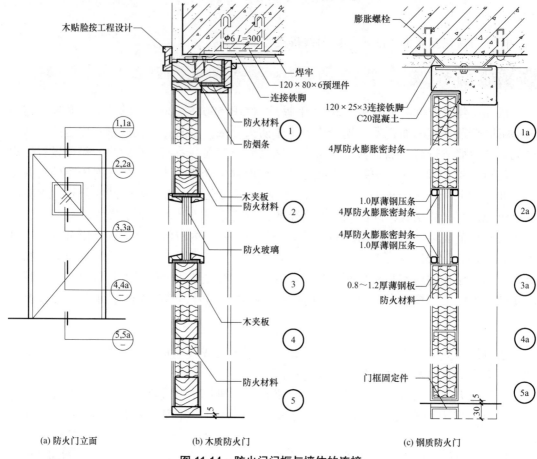

图 11.14　防火门门框与墙体的连接

3. 防火卷帘

防火卷帘包括无机防火卷帘与钢质防火卷帘。无机防火卷帘是采用无机防火纤维经过特殊加工而成的。与钢质防火卷帘相比，无机防火卷帘具有体积小、质量轻、运行平稳、噪声低、外观好等优势，安全性更可靠。防火卷帘由帘板、卷轴、箱体、导轨、座板、电气传动等部分组成，配有温感、烟感、光感报警系统与水幕喷淋系统，遇有火情时可自动报警、自动喷淋、门体自控下降、定点延时关闭，使受灾区域人员得以疏散。防火卷帘与墙体的安装固定可采用预埋钢板焊接或用膨胀螺栓连接；若墙体为轻型砌块墙，则需在洞口两侧做钢筋混凝土构造柱连接。钢质防火卷帘的形式与安装如图 11.15 所示。

按照《建筑设计防火规范（2018 年版）》（GB 50016—2014）的规定，作为防火分区分隔时，在防火卷帘的一侧或两侧应设置独立的闭式自动喷水系统保护，这样既能消除烟气，降低环境温度，为人员的安全疏散提供更多时间；又能对防火卷帘的传动部分及电控箱实行冷却，使其在火灾状态下能有效地运行。

第11章 门 窗

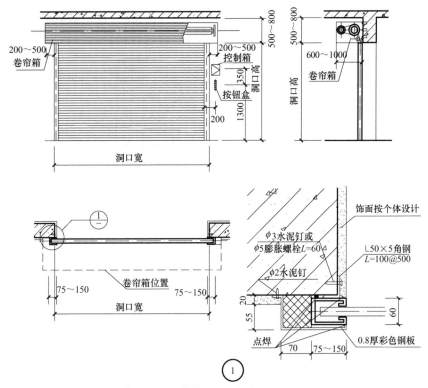

图 11.15 钢质防火卷帘的形式与安装

11.3.2 隔声门窗

随着工业、交通、建筑业的发展，噪声已成为人们生活、工作和学习环境中的一种公害。建筑围护结构中的门窗，隔声性能很差，隔声量远比外墙低，是外界噪声进入室内的主要通道，故门窗的隔声性能直接影响着建筑环境的优劣。对于某些噪声大、干扰大的房间（如空调机房、冷冻机房、印刷车间等）或者对声学环境要求较高的厅堂（会议室、播音室、录音室等），需安装隔声门窗。

门窗的隔声性能取决于门窗型材骨架的密度、玻璃的厚度，以及骨架与墙体之间、框扇之间，玻璃与框扇之间缝隙的处理。因此，提高门窗的隔声性能可从以下方面入手。

（1）加大门窗型材骨架的密度。加大门窗型材骨架的密度可以提高门窗的隔声性能，但同时也会致使门窗过重而开关不便，五金零件也容易损坏。隔声门常采用多层复合结构，在两层面板之间填吸声材料（如玻璃棉、玻璃纤维板、岩棉等）。

（2）增加玻璃的厚度。玻璃越厚，隔声性能越好，但对门窗扇的强度要求也越高，型材也要求加大加厚，这会使得整个门窗笨重而且使成本提高。从实用角度出发，玻璃厚度以 4～5mm 为宜。

（3）增加玻璃层数和间距。中空玻璃具有良好的降低噪声的效果，中空玻璃空气层的厚度越大，隔声效果越好，如图 11.16 所示。一般情况下，中空玻璃空气层的厚度常为 6mm、9mm 和 12mm，特殊情况下为 20～100mm。对隔声要求较高的窗，窗玻璃要有足够的厚度，且至少有两层，但两层玻璃不应平行，以免引起共振，降低隔声效果；同时双层玻璃的厚度应不相同，以削弱吻合效应的影响。玻璃要紧紧嵌在弹性垫中，以防止玻璃振动。

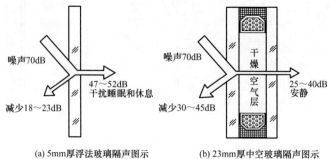

图 11.16　不同玻璃隔声效果比较

（4）改善门窗缝隙的密封措施。门窗缝隙的密封处理可采用与节能门窗相似的做法，详见 13.5 节。

11.3.3　防射线门窗

因为放射线对人体有一定程度的损害，对于科研、实验、医疗或生产等有辐射源的建筑，其放射室要做防护处理。

放射室的内墙均须设置 X 射线防护门，其防护材料为铅板，铅板的厚度须按具体情况经过计算确定。铅板既可以单面或双面包钉于门板外，也可以镶钉于门扇骨架内。医院的 X 射线治疗室和摄片室的观察窗，均需镶嵌 15～20mm 厚的铅玻璃（呈黄色或紫红色）。铅玻璃系固定装置，但也需注意铅板防护，四周均需交叉叠置，不留缝隙，安装要求可参考防射线门。图 11.17 所示为防射线木质平开门构造。

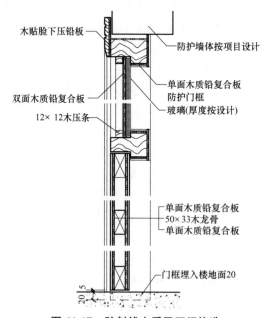

图 11.17　防射线木质平开门构造

本章小结

本章主要讲述门窗的设计要求与类型、门窗的构造,以及特殊门窗的类型。本章的重点是木门窗、铝合金门窗、塑钢门窗的构造,以及防火门窗的设计与构造。

第11章
英语专业
词汇

思考题

1. 门窗的设计要求有哪些?
2. 门窗的开启方式有哪些?各自的特点是什么?
3. 简述门窗的构造组成。
4. 门窗框的安装方式有哪几种?现在的门窗框为何选用塞口方式安装?
5. 采用塞口方式安装时门窗框的尺寸如何确定?
6. 绘制木门安装构造详图。
7. 绘制塑钢门窗安装构造详图。
8. 简述防火门窗与防火卷帘的设置要求。
9. 如何提高门窗的隔声性能?

第 12 章 变 形 缝

（1）熟悉变形缝的作用及类型。
（2）掌握伸缩缝、沉降缝、防震缝的设置要求。
（3）掌握变形缝的构造。

12.1 变形缝的作用、类型及设置要求

建筑物由于受温度变化、地基不均匀沉降及地震等因素的影响，在结构内部将产生附加的应力和变形，如不采取措施或措施不当，在建筑物变形敏感部位或强度和刚度薄弱部位就会产生裂缝，甚至造成建筑物倒塌，影响建筑物的使用与安全。为避免或减少这些不利影响，可通过加强建筑物的整体性，使其具有足够的强度和刚度，来克服这些附加应力和变形，避免破坏；或在建筑物变形敏感部位将结构断开，预留缝隙，使建筑物各部分能自由变形，不受约束，防止破坏。后者虽构造复杂，但比较经济，在工程中广为采用。这种在建筑物变形敏感部位预留的缝隙称为变形缝。

变形缝按其功能分为三种类型，即伸缩缝、沉降缝和防震缝。

1. 伸缩缝

当建筑物的长度或宽度较大时，为避免由于温度变化引起材料热胀冷缩而导致构件开裂，沿竖向将建筑物基础以上部分全部断开的预留缝称为伸缩缝，也称温度缝。

由于基础埋于地下，受温度变化影响较小，不必断开，因此，伸缩缝应从基础顶面开始，将建筑物的墙体、楼地层、屋顶等地面以上构件全部断开。

伸缩缝的宽度一般为 20～30mm，其设置间距（即建筑物的允许连续长度）与结构所用材料、结构类型、施工方式、建筑所处位置和环境有关，砌体房屋、钢筋混凝土结构伸缩缝的最大间距可分别如表 12-1、表 12-2 所示。

表 12-1　砌体房屋伸缩缝的最大间距　　　　　　　　　　　　　　　　单位：m

屋顶或楼层结构类别		间距
整体式或装配整体式钢筋混凝土结构	有保温层或隔热层的屋盖、楼盖	50
	无保温层或隔热层的屋盖	40
装配式无檩体系钢筋混凝土结构	有保温层或隔热层的屋盖、楼盖	60
	无保温层或隔热层的屋盖	50
装配式有檩体系钢筋混凝土结构	有保温层或隔热层的屋盖	75
	无保温层或隔热层的屋盖	60
瓦材屋盖、木屋盖或楼盖、轻钢屋盖		100

注：1. 对烧结普通砖、烧结多孔砖、配筋砌块砌体房屋，取表中数值；对石砌体、蒸压灰砂普通砖、蒸压粉煤灰普通砖、混凝土砌块、混凝土普通砖和混凝土多孔砖房屋，取表中数值乘以 0.8 的系数，当墙体有可靠外保温措施时，其间距可取表中数值。
2. 在钢筋混凝土屋面上挂瓦的屋盖应按钢筋混凝土屋盖采用。
3. 层高大于 5m 的烧结普通砖、烧结多孔砖，配筋砌块砌体结构单层房屋，其伸缩缝间距可按表中数值乘以 1.3。
4. 温差较大且变化频繁地区和严寒地区不采暖的房屋及构筑物墙体的伸缩缝的最大间距，应按表中数值予以适当减小。

表 12-2　钢筋混凝土结构伸缩缝的最大间距　　　　　　　　　　　　　单位：m

结构类别		室内或土中	露天
排架结构	装配式	100	70
框架结构	装配式	75	50
	现浇式	55	35
剪力墙结构	装配式	65	40
	现浇式	45	30
挡土墙、地下室墙壁等类结构	装配式	40	30
	现浇式	30	20

注：1. 装配整体式结构的伸缩缝间距，可根据结构的具体情况取表中装配式结构与现浇式结构之间的数值。
2. 框架-剪力墙结构或框架-核心筒结构房屋的伸缩缝间距，可根据结构的具体情况取表中框架结构与剪力墙结构之间的数值。
3. 当屋面无保温或隔热措施时，框架结构、剪力墙结构的伸缩缝间距宜按表中露天栏的数值取用。
4. 现浇挑檐、雨罩等外露结构的局部伸缩缝间距不宜大于 12m。

2. 沉降缝

沉降缝的设置原则

沉降缝是为了防止建筑物各部分由于地基不均匀沉降引起建筑物破坏而设置的变形缝。

凡属下列情况之一时，均应考虑设置沉降缝。

（1）同一建筑物两相邻部分的高度相差较大、荷载相差悬殊或结构形式不同处。

（2）建筑物建造在不同地基上，且难以保证均匀沉降处。

（3）建筑物相邻两部分的基础形式不同、宽度和埋置深度相差悬殊处。

（4）建筑物平面形状比较复杂、交接部位又比较薄弱处。

（5）新建建筑物与原有建筑物交接处。

为保证沉降缝两侧建筑物各部分自由沉降变形，不受约束，沉降缝必须从基础到屋顶沿建筑物全高设置，即沉降缝贯穿整个建筑物设置。

沉降缝的缝宽与地基的性质和建筑物的高度有关。由于地基的不均匀沉降，会引起沉降缝两侧的结构倾斜，为保证沉降缝两侧建筑物变形各自独立、互不影响，沉降缝宽度视不同情况可按表12-3选择。

表12-3 沉降缝宽度

地基性质	建筑物高度（H）或层数	缝宽 /mm
一般地基	$H<5m$	30
	$H=5\sim10m$	50
	$H=10\sim15m$	70
软弱地基	2～3层	50～80
	4～5层	80～120
	5层以上	≥120
湿陷性黄土地基	—	≥30～70

注：沉降缝两侧结构单元层数不同时，由于高层部分的影响，低层结构的倾斜往往很大，因此沉降缝的宽度应按高层部分的高度确定。

3. 防震缝

在抗震设防地区，当建筑物体型比较复杂或建筑物各部分的高度、竖向荷载、结构刚度相差较悬殊时，需在建筑物的变形敏感部位设置防震缝，将建筑物分成若干规整的结构单元，以防止和减少在地震力作用下建筑物各部分相互挤压、拉伸，造成破坏。

对于多层砌体建筑，有下列情况之一时，宜设防震缝。

（1）房屋立面高差在6m以上。

（2）房屋有错层，且楼板高差大于层高的1/4。

（3）建筑物相邻各部分的结构刚度、质量差别较大。

防震缝应沿建筑物全高设置，一般情况下，基础可不设缝。防震缝的两侧应布置墙或柱，形成双墙、双柱或一墙一柱，使各部分结构封闭，具有较好的刚度。

防震缝的宽度根据建筑物高度和抗震设防烈度来确定。一般多层砌体建筑的缝宽取 70～100mm。对于多层钢筋混凝土框架结构建筑，当建筑高度不超过 15m 时，缝宽不应小于 100mm；当建筑高度超过 15m 时，地震设防烈度为 6 度、7 度、8 度、9 度地区分别每增加高度 5m、4m、3m、2m，缝宽宜加宽 20mm。

为简化构造，设计时以上三种变形缝应统一考虑，沉降缝、防震缝可兼作伸缩缝。

12.2　变形缝的构造

变形缝的设置，实际上是将一个建筑物从结构上划分成了两个或两个以上的独立单元。但是，从建筑物使用角度来看，它们仍然是一个整体。为了防止风、雨、冷热空气、灰尘等侵入室内，影响建筑物的正常使用和耐久性，同时也为了建筑物的美观，必须对变形缝予以覆盖和装饰。这些覆盖和装饰，必须保证其在充分发挥自身功能的同时，能使变形缝两侧结构单元的水平或竖向相对位移和变形不受限制。

12.2.1　基础变形缝

基础变形缝多为沉降缝，其主要作用是适应建筑物各部分在垂直方向的自由沉降变形，避免因不均匀沉降造成相互干扰。砌体结构沉降缝两侧多设双墙，墙下基础的处理通常采取双墙式、交错式（又称交叉式）和悬挑式三种方案。

1. 双墙式方案

双墙式方案是指将建筑物沉降缝两侧的墙下设有各自的基础，如图 12.1（a）所示。这种方案构造简单、结构整体刚度大，但基础偏心受力，在沉降变形时会相互影响。

2. 交错式方案

交错式方案是指建筑物沉降缝两侧的墙下仍设有各自的基础，但是为避免基础偏心受力，将墙下基础分段错开布置或采用独立式基础，上设钢筋混凝土基础梁支承墙体，如图 12.1（b）所示。这种方案虽构造麻烦，但基础受力合理，多用于新建建筑物的基础沉降缝处理。

3. 悬挑式方案

悬挑式方案是指为保证沉降缝两侧的结构单元自由沉降又互不影响，在沉降缝一侧的墙下做基础，另一侧墙则利用悬挑梁上设钢筋混凝土基础梁支承，如图 12.1(c) 所示。为减轻基础梁上的荷载，墙体宜采用轻质墙体。这种方案多用于沉降缝两侧基础埋置深度相差较大及新旧建筑物交接处的基础沉降缝处理。

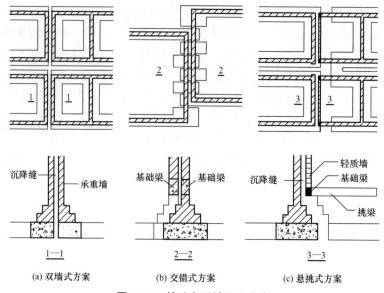

图 12.1 基础变形缝处理方案

12.2.2 地下室变形缝

变形缝对地下室工程防水不利,应尽量避免设置;如必须设置变形缝,应对变形缝处的沉降量加以适当控制,同时做好墙身、地面变形缝的防水处理。地下室处沉降缝的宽度宜为 20~30mm,伸缩缝的宽度宜小于 20mm。变形缝处混凝土结构的厚度不应小于 300mm。

地下室变形缝应满足密封防水、适应变形、施工方便、检修容易等要求。地下室的防水构造可采用设置止水带、嵌填防水嵌缝材料、外贴防水卷材等做法形成多道防水防线。除中埋式中孔型橡胶止水带必须设置外,还可根据地下室的防水等级选用不少于 2 种其他防水构造措施,如表 12-4 所示。

表 12-4 明挖法地下室变形缝的防水构造措施

中埋式中孔型橡胶止水带	外贴式中孔型止水带	可卸式止水带	防水嵌缝材料	外贴防水卷材或外涂防水涂料
应选	不应少于 2 种			

止水带做法

止水带按做法分为中埋式、外贴式和可卸式三种。其中,中埋式止水带是在进行结构施工时,在变形缝处预埋止水带;可卸式止水带是在变形缝两侧混凝土施工时先预埋铁件,后进行止水带安装。无论哪种止水带,埋设时均应位置准确,中间空心圆应与变形缝的中心线重合。

止水带按材料分为金属止水带(如镀锌钢板、紫铜片)、橡胶止水带和塑料止水带。其中,金属止水带适应变形能力较差,制作较难,适用于环境温度较高(高于 50℃)的情况;当变形缝变形量不太大时,也可用在一般的温度环境中。

嵌缝材料嵌填施工时，缝内两侧应平整、清洁、无渗水，并涂刷与嵌缝材料相容的基层处理剂；嵌缝时应先设置与嵌缝材料隔离的背衬材料；嵌填应密实，且与两侧黏结牢固。

地下室变形缝防水构造如图 12.2 所示。

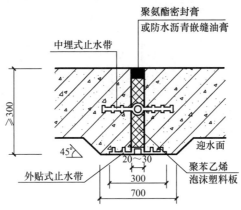

图 12.2　地下室变形缝防水构造

12.2.3　墙体变形缝

1. 伸缩缝

为避免外界自然因素对室内环境的影响，需对伸缩缝进行构造处理，以达到防水、保温、防风的目的。外墙伸缩缝内应填塞有弹性的燃烧性能为 A 级的保温材料，外侧常用镀锌铁皮、铝板等金属调节片覆盖，如图 12.3 所示。如墙面做抹灰处理，为防止抹灰脱落，可在金属片上加钉钢丝网后再抹灰。内墙伸缩缝通常用具有一定装饰效果的金属装饰板、木盖板盖缝，如图 12.4 所示。内外墙伸缩缝的填缝或盖缝材料及构造应保证结构在水平方向的自由伸缩。

金属装饰板盖缝

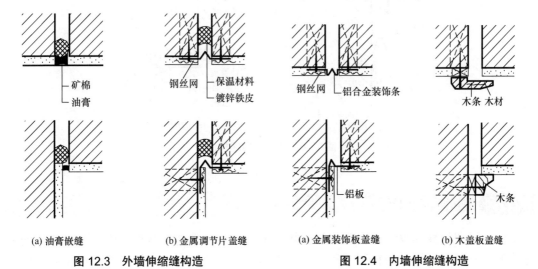

图 12.3　外墙伸缩缝构造　　　　　　图 12.4　内墙伸缩缝构造

2. 沉降缝

墙体沉降缝可兼起伸缩缝的作用，其构造也与伸缩缝构造基本相同，只是金属调节片或盖板应断开处理，以保证两侧结构在竖向的相对变位不受约束，如图 12.5 所示。

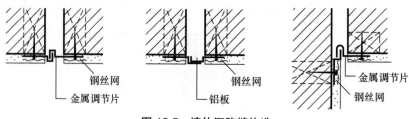

图 12.5　墙体沉降缝构造

3. 防震缝

墙体防震缝构造与伸缩缝、沉降缝构造基本相同，只是防震缝一般较宽，构造上更应注意盖缝的牢固、防风、防水等措施。寒冷地区应采用具有弹性的燃烧性能为 A 级的保温材料填缝，如图 12.6 所示。

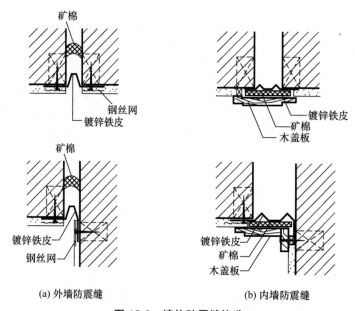

(a) 外墙防震缝　　　　　　(b) 内墙防震缝

图 12.6　墙体防震缝构造

12.2.4　楼地层变形缝

楼地层变形缝的位置和缝宽应与墙体变形缝一致。楼地层变形缝常以具有弹性的油膏、沥青麻丝、金属或塑料调节片等材料做填缝或封缝处理，上铺与地面材料相同的活动盖板或金属盖板,以满足地面的平整、耐磨、防水及防尘等要求。顶棚可用木盖板、金属盖板或吊顶覆盖,但盖板应一侧固定另一侧自由,以保证结构的自由伸缩和沉降变形,如图12.7所示。

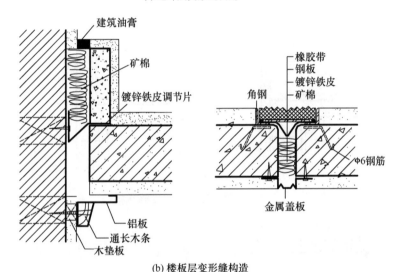

图 12.7　楼地层变形缝构造

12.2.5　屋顶变形缝

屋顶变形缝常见的位置有:同一标高屋顶处的变形缝,又称等高屋顶变形缝;高低错落屋顶处的变形缝,又称高低屋顶变形缝。

等高非上人屋顶通常在变形缝两侧或一侧加砌矮墙,其构造同屋顶泛水构造。矮墙内用沥青麻丝、金属调节片等材料填缝。寒冷地区在缝隙中应填以岩棉等燃烧性能为A级且具有一定弹性的保温材料。顶部缝隙用镀锌铁皮、铝板或混凝土板等覆盖,允许两侧结构自由伸缩或沉降而不致渗漏雨水,如图12.8(a)所示。等高上人屋顶变形缝因使用要求一般不设矮墙,此时应切实做好防水,避免雨水渗漏,如图12.8(b)所示。

高低屋顶变形缝处要处理好较低屋顶的泛水与变形缝的覆盖,如图12.8(c)所示。

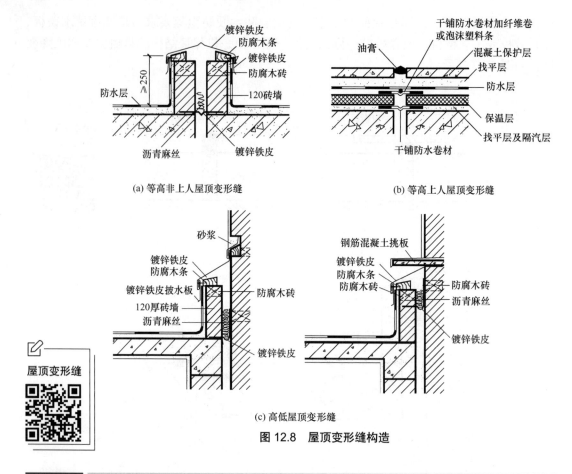

(a) 等高非上人屋顶变形缝　　(b) 等高上人屋顶变形缝

(c) 高低屋顶变形缝

图 12.8　屋顶变形缝构造

12.2.6　建筑变形缝装置

目前，许多民用与工业建筑工程露明部位的变形缝盖缝常采用成品化的建筑变形缝装置。建筑变形缝装置是在建筑变形缝部位，由专业厂家制造并指导安装的满足建筑结构使用功能又能起到装饰作用的产品。该装置主要由铝合金型材基座、金属或橡胶盖板，以及连接基座和盖板的金属滑杆组成。如果在建筑变形缝装置里配置止水带、阻火带和保温带，还可以使其满足防水、防火、保温等设计要求。

建筑变形缝装置分类如下。

（1）按建筑使用部位分为楼地层变形缝、外墙变形缝、内墙变形缝、顶棚及吊顶变形缝、屋面变形缝。

（2）按变形缝使用部位的特点分为平面型和转角型。

（3）按建筑变形缝装置的构造特征分为金属盖板型、金属卡锁型、橡胶嵌平型、承重型和抗震型。

建筑变形缝装置适用于非地震区及抗震设防烈度小于或等于 9 度的建筑。各种类型的建筑变形缝装置设计时可从《变形缝建筑构造》（14J936）图集中直接选用。图 12.9～图 12.12 所示为外墙、内墙、顶棚、楼面及屋面等部位变形缝采用金属盖板装置的示例。

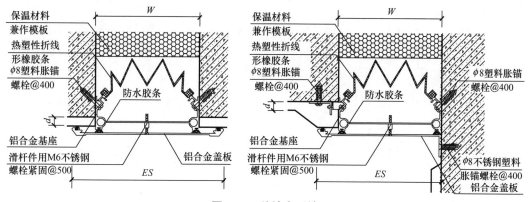

图 12.9　外墙变形缝

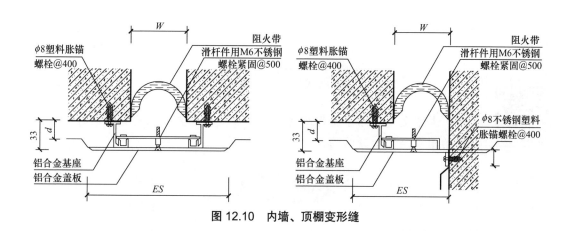

图 12.10　内墙、顶棚变形缝

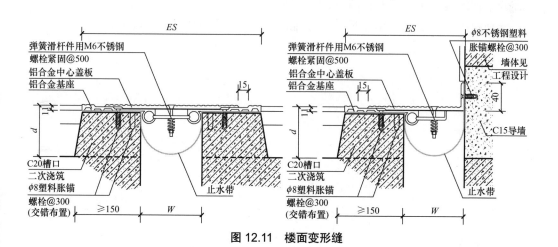

图 12.11　楼面变形缝

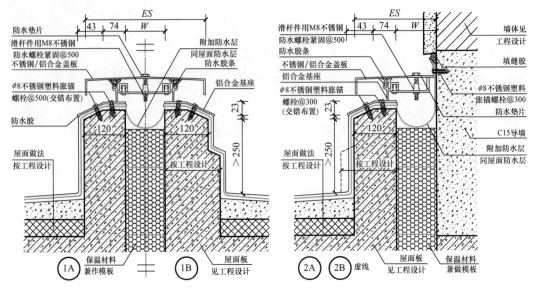

图 12.12 屋面变形缝

本章小结

本章主要介绍了变形缝的作用、类型、设置要求及变形缝的构造。本章的重点是变形缝的构造。

思考题

1. 什么是变形缝？简述变形缝的作用及类型。
2. 分述伸缩缝、沉降缝与防震缝的设置要求。
3. 分别绘出基础、地下室、墙体、楼地层及屋顶变形缝的构造详图。

第 13 章
绿色建筑与建筑节能构造

教学目标

（1）了解绿色建筑的概念及建筑节能的意义，以及建筑节能设计的内容。
（2）掌握墙体、地面、屋面与变形缝节能构造。
（3）熟悉门窗节能构造。

13.1 概　　述

13.1.1 绿色建筑

1. 绿色建筑的概念

随着人类物质活动的日益加剧和人类对自然资源的过度开发，生态环境急剧恶化，出现了全球性的环境危机和能源危机，使人类不得不重新审视自己的生活方式和经济的发展模式。建筑活动是人类最主要的生产活动之一，建筑已经成为最主要的资源消耗者和环境污染者之一。面对环境恶化问题，人们开始关注居住环境，关注建筑物与自然之间的关系，关注建筑环境与自然环境的改善，"绿色建筑"的概念应运而生。

20 世纪 60 年代，美籍意大利建筑师保罗·索勒瑞首次将生态与建筑合称为"生态建筑"，即"绿色建筑"。在 1992 年举行的联合国环境与发展大会上，第一次比较明确地提出了"绿色建筑"的概念。

党的二十大报告提出，推动绿色发展，促进人与自然和谐共生。因此，随着时代的发展，人们又赋予了绿色建筑新的内涵。"绿色建筑"是指在全寿命周期内，最大限度地节约资源、保护环境、减少污染，为人们提供健康、适用、高效的使用空间，最大限度地实现人与自然和谐共生的高质量建筑。其基本内涵可以归纳为：节约能源及资源，减轻建筑对环境的负荷；提供安全、健康、舒适的生活空间；与自然环境亲和，做到人及建筑与环境的和谐共处、永续发展。

2. 绿色建筑的设计要求

1）人居环境的营造

更新观念和技术手段，摒弃盲目提供密闭性和盲目提高固定的室内环境设计参数的设计原则与习惯，实施动态的室内环境设计参数，贴近自然环境的变化规律；充分利用自然手段和可再生能源，做到人与自然和谐共存。

2）合理利用资源

尽可能减少对不可替代资源（如矿物、土地、土壤等）的耗费，控制对不可耗尽资源（空气、水、太阳能等）及可替代和可维持资源（如动植物群落等）的利用强度，保护资源再生所必需的环境条件，并尽可能利用可再生能源，如太阳能、风能、潮汐能、地热能等。

3）提高能源效率

能源效率就是指以尽可能少的能源及尽可能小的环境破坏为使用者带来尽可能多的效用。在设计阶段，可以通过多种设计手段达到节能的目的：①利用基地有利的自然因素减少建筑运作能耗，如自然通风、自然空调系统、自然采光；②对建筑外围护结构进行节能设计，通过其良好的保温、隔热作用减少建筑运作过程中不必要的能耗；③对建筑能量系统进行集成，充分利用建筑本身存在和产生的各种"废热"和"废冷"；④考虑所使用建筑材料在生产、运输、加工过程中蕴含的能量。

4）保护生态环境

建筑设计要与周围生态环境相融合，减少由于建筑的营造和使用对地球、自然、环境负荷的影响，如控制噪声、建材污染、垃圾污染、水污染对生态景观的破坏，减少因对常规能源的消耗而产生的环境负荷等。

3. 绿色建筑评价标准

为了贯彻落实绿色发展理念，推进绿色建筑高质量发展，节约资源，保护环境，满足人民日益增长的美好生活需要，我国制定了《绿色建筑评价标准》（GB/T 50378—2019），建立了一套适合我国国情的绿色建筑评价体系。

绿色建筑的评价分为设计评价和运行评价。设计评价在建筑工程施工图设计文件审查通过后进行，重点评价绿色建筑采取的"绿色措施"和预期效果；运行评价是在建筑通过竣工验收并投入使用一年后进行，重点评价"绿色措施"、这些"绿色措施"所产生的实际效果、施工过程中留下的"绿色足迹"，以及正常运行后的科学管理。简而言之，设计评价是对建筑设计进行评价，运行评价是对已投入运行的建筑进行评价。

绿色建筑评价指标体系由安全耐久、健康舒适、生活便利、资源节约、环境宜居5类指标组成，每类指标包括控制项、评分项和加分项。绿色建筑评价指标体系还设置了加分项。其中，控制项的评定结果为达标或不达标；评分项和加分项的评定结果为分值。绿色建筑评价按总得分确定等级。

绿色建筑等级分为基本级、一星级、二星级、三星级4个等级。当满足全部控制项要求时，绿色建筑等级为基本级。绿色建筑星级等级按下列规定确定：①一星级、二星级、三星级3个等级的绿色建筑均应满足全部控制项的要求，且每类指标的评分项得分不应小于其评分项满分值的30%；②一星级、二星级、三星级3个等级的绿色建筑均应进行全装修，全装修工程质量、选用材料及产品质量应符合国家现行有关标准的规定；③当总得分分别达到60分、70分、85分且满足相关技术要求时，绿色建筑等级分别为一星级、二星级、三星级。

13.1.2 节能建筑

节能建筑是指遵循气候设计和节能的基本方法，对建筑规划分区、群体和单体、建筑朝向、间距、太阳辐射、风向及外部空间环境进行研究后，设计出的低能耗建筑，即节能建筑是按节能设计标准进行设计和建造，使其在使用过程中降低能耗的建筑。

我国是能耗大国，能耗总量居世界第二位，其中建筑能耗是发达国家的3倍。我国建筑业能源消费总量不仅逐年上升，而且建筑全寿命周期的能耗总量已占全国能源消费总量的46.5%，庞大的建筑能耗已经成为我国经济发展的沉重负担。目前，我国高能耗建筑比例较大，近九成既有建筑属于高能耗建筑。如果高能耗建筑持续发展下去，国家的能源生产势必难以支撑如此巨大的能源需求，将直接加剧能源危机。另外，我国节能工作起步较晚，建筑用能浪费严重，能源利用效率不高，建筑节能水平与发达国家相比还有一定的差距。随着我国城市化进程的不断推进，人们对舒适度要求的不断提高，建筑能耗占总能耗的比例将继续增加。可见，要实现国民经济的可持续发展，缓解能源紧张，推行建筑节能势在必行、迫在眉睫。

多年来，我国开展了相当规模的建筑节能工作，采取了先易后难、先城市后农村、先新建后改建、先住宅后公建、从北向南逐步推进的策略，全面推进我国的建筑节能。

建筑节能工作的有效实施涉及国家政策、法规、标准、工程、技术、管理与资金等诸多方面的因素；同时，又需要建材、煤炭、电力、天然气、石油、轻工、家电等行业的共同努力与协作，因此，建筑节能是一项长期而系统、庞大而复杂的工作。

13.1.3 建筑节能设计

1. 我国建筑热工分区

我国地域辽阔，各地区气候差别很大，太阳辐射量也不同，在建筑节能设计时，必须根据各地区的气候特点进行有针对性的设计。《民用建筑热工设计规范》（GB 50176—2016）把我国分为五个建筑热工分区，即严寒地区、寒冷地区、夏热冬冷地区、夏热冬暖地区和温和地区，具体分区见表13-1。其中，严寒地区又细分为A区、B区、C区三个二级分区，其余四个一级分区又细分为A区、B区两个二级分区。

表 13-1　建筑热工分区

一级区划名称	分区指标		设计原则	代表性城市
	主要指标	辅助指标		
严寒地区	最冷月平均温度 ≤-10℃	日平均温度≤5℃的天数≥145d	必须充分满足冬季保温要求，一般可不考虑夏季防热	伊春、海拉尔、满洲里、齐齐哈尔、长春、乌鲁木齐、延吉、通化
寒冷地区	最冷月平均温度 -10～0℃	日平均温度≤5℃的天数90～145d	应满足冬季保温要求，部分地区兼顾夏季防热	兰州、太原、唐山、阿坝、喀什、北京
夏热冬冷地区	最冷月平均温度 0～10℃，最热月平均温度 25～30℃	日平均温度≤5℃的天数0～90d，日平均温度均≥25℃的天数40～110d	必须满足夏季防热要求，适当兼顾冬季保温	南京、蚌埠、盐城、南通、合肥、武汉、上海、杭州、长沙、南昌
夏热冬暖地区	最冷月平均温度 >10℃，最热月平均温度 25～29℃	日平均温度≥25℃的天数100～200d	必须充分满足夏季防热要求，一般可不考虑冬季保温	福州、龙岩、梅州、柳州、泉州、厦门、广州、深圳
温和地区	最冷月平均温度 0～13℃，最热月平均温度 18～25℃	日平均温度≤5℃的天数0～90d	部分地区应考虑冬季保温，一般可不考虑夏季防热	贵阳、昆明、丽江、腾冲、大理

2. 建筑节能设计

建筑节能设计是保证全面建筑节能效果的重要环节，有利于从源头上杜绝能源的浪费。建筑节能设计包括节能整体设计与节能建筑单体设计。

1）节能整体设计

节能整体设计就是建筑设计时要结合气候因素，即太阳辐射因素、大气环流因素、地理因素的有利和不利影响，通过建筑的规划布局，创造有利于节能的微气候环境。节能整体设计主要从建设选址、建筑和道路布局、建筑朝向、建筑体型、建筑间距、冬季主导风向、太阳辐射、建筑外部空间环境构成等方面深入研究。

2）节能建筑单体设计

节能建筑单体设计分为三部分：一是从建筑设计本身出发，包括建筑平面布局、建筑体型体量设计、窗地面积比或窗墙面积比设计等方面；二是节能技术设计，如节能建筑的墙体设计、窗户设计、地面和屋面设计等；三是类似于生态建筑的特殊的节能建筑设计，如太阳能建筑、生土建筑、绿色建筑和自然空调式建筑等。

由于建筑节能内容涉及广泛，工作面广，是一项系统工程，本文将重点介绍建筑外围护结构（即外墙、地面、屋面、门窗等）的节能构造。

13.2 墙体节能构造

建筑外围护结构中墙体的热损耗最大，墙体节能是建筑节能中最重要的环节，而外墙保温材料的选用对墙体节能效果起着至关重要的作用。传统的用重质单一材料增加墙体厚度来达到保温效果的做法已不能适应节能和环保的要求，而复合墙体越来越成为墙体的主流。复合墙体一般用块体材料或钢筋混凝土作为承重结构，与保温隔热材料复合，或在框架结构中用薄壁材料加保温隔热材料作为墙体。目前常用的保温隔热材料主要有岩棉、矿渣棉、玻璃棉、聚苯乙烯泡沫、膨胀珍珠岩、膨胀蛭石、加气混凝土及胶粉聚苯颗粒浆料等。

复合墙的做法多种多样。根据外墙保温材料与主体结构的关系，复合墙可分为内保温复合墙、外保温复合墙和夹芯复合墙三类。

13.2.1 内保温复合墙

内保温复合墙是指在墙体内侧覆以高效保温材料的墙体，主要由以下层次组成。

（1）基层墙体：外围护结构的承重受力部分，可采用现浇或预制混凝土外墙、砖墙或砌块墙体。

（2）黏结与空气层：用胶结剂将保温板粘贴在基层墙体上，形成黏结与空气层。其作用是切断水分的毛细渗透，防止保温材料受潮；同时，空气层增加了一定的热阻，有利于保温。空气层厚度一般为 8 ～ 10mm。

（3）保温层：可采用高效绝热材料，如岩棉、各种泡沫塑料板，也可采用加气混凝土块、膨胀珍珠岩制品等。

（4）保护层：作用是防止保温层受到破坏，阻止室内水蒸气渗入保温层。保护层可选用纸面石膏板等。

（5）饰面层：具体做法按内墙面装修设计而定。

图 13.1 所示为增强粉刷石膏聚苯板内保温复合墙构造示意。

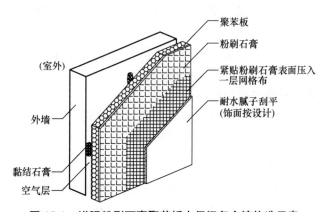

图 13.1　增强粉刷石膏聚苯板内保温复合墙构造示意

内保温复合墙在构造上不可避免存在热工薄弱节点，如混凝土过梁、各层楼板与外墙交接处、内外墙相交处、窗台板、雨篷等一些保温层覆盖不到的部位，会产生冷桥，需采取必要的加强措施。

内保温复合墙施工方便，多为干作业施工，较为安全方便，施工效率高，而且不受室外气候的影响。但是由于保温层设在内侧，占据一定的使用面积，若用于旧房节能改造，施工时会影响住户的正常生活；即使是新房，装修时往往也会破坏内保温层，且内保温复合墙的墙面难以吊挂物件或安装窗帘盒、散热器等。另外，由于保温层密度小，蓄热能力小，往往会导致室内温度波动大，供暖时升温快，不供暖时降温也快。这种墙体适合于礼堂、俱乐部、会场等公共建筑，供暖时室温可以较快上升。

13.2.2 外保温复合墙

外保温复合墙是指在墙体外侧粘贴或吊挂保温层并覆以保护层的墙体。这种墙体既适合于新建墙体，也适合于既有建筑外墙的改造。

1. 外保温复合墙的优点

与内保温复合墙相比，外保温复合墙具有以下几方面的优势。

（1）能保护主体结构，延长建筑物使用寿命。由于保温层置于主体结构外侧，缓冲了因温度变化导致结构变形产生的应力，避免了雨雪冻融干湿循环造成的结构破坏，减少了空气中有害气体和紫外线对结构的侵蚀，有效地延长了主体结构的使用寿命。

（2）基本消除热桥影响。外保温复合墙可以有效防止热桥部位产生结露现象，切断热损失的渠道；而对于内保温和夹芯保温而言，热桥几乎难以避免。

（3）墙体潮湿情况得到改善。一般内保温复合墙需设置隔汽层，而采用外保温复合墙时，透气性高的主体处于保温层内侧，温度较高，在墙体内侧一般不会产生冷凝现象，故无须设置隔汽层。

（4）有利于保持室温稳定。由于热容量大、蓄热能力好的结构层处于室内一侧，冬季，当室内受到不稳定热作用时，室内空气温度上升或下降，墙体结构层能够吸收和释放能量，有利于室温保持稳定；夏季，保温层能减少太阳辐射的进入和室外高气温的综合影响，使外墙内表面温度和室内空气温度得以降低。可见，外保温复合墙可使建筑物冬暖夏凉，居住舒适。

（5）便于旧建筑进行节能改造。对旧建筑进行节能改造时，采用外保温方式无须住户临时搬迁，基本不会影响用户的正常生活。

（6）可以避免室内装修对保温层的破坏。

（7）增加房屋的使用面积。因保温材料贴在墙体外侧，其保温、隔热效果优于内保温复合墙，主体结构墙体减薄，从而增加了使用面积。

2. 外保温复合墙的构造层次及做法

根据保温层所用材料的状态及施工方式的不同，外保温复合墙有多种做法，如聚苯板薄抹灰外保温、胶粉聚苯颗粒保温浆料外保温、模板内置聚苯板现浇混凝土外保温、喷涂硬质聚氨酯泡沫塑料外保温及复合装饰板外保温等做法。下面主要介绍聚苯板薄抹灰外保温复合墙的构造层次及其做法，如图13.2所示。

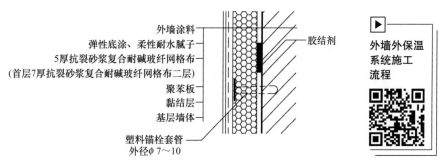

图 13.2 聚苯板薄抹灰外保温复合墙的构造层次及其做法

1）基层墙体

基层墙体可以是混凝土外墙，也可以是各种砌体墙。

2）黏结层

黏结层的作用是保证保温层与基层墙体黏结牢固。不同的外保温做法，黏结材料的状态不同，保温板的固定方法也不相同，有的将保温板黏结或钉固在基层上，有的将二者结合。对于聚苯板或挤塑聚苯板，以粘贴为主，辅以锚栓固定，即粘贴聚苯板或挤塑聚苯板时，胶结剂应涂在聚苯板或挤塑聚苯板背面，布点要均匀，一般采用点框法粘贴，同时，为保证聚苯板或挤塑聚苯板在胶结剂固化期间的稳定性，一般用塑料钉钉牢。

3）保温层

外保温复合墙的保温材料可用膨胀型聚苯（EPS）板、挤塑型聚苯（XPS）板、岩棉板、玻璃棉毡及超轻保温浆料等。其中，EPS 板应用较为普遍。保温层的厚度应经过热工计算确定，以满足节能标准对该地区墙体的保温要求。

聚苯板应按顺砌方式粘贴，竖缝应逐行错缝，墙角部位聚苯板应交错互锁，门窗洞口四角的聚苯板应用整块板切割成形，不得拼接。

4）抹面增强层

抹面增强层即在保温层的外表面涂抹聚合物抗裂砂浆，内部铺设一层耐碱玻纤网格布（以下简称"网格布"）增强，建筑物的首层应铺设双层网格布加强。其作用是改善抹灰层的机械强度，保证其连续性，分散面层的收缩应力和温度应力，防止面层出现裂纹。网格布必须完全埋入底涂层内，既不应紧贴保温层，影响抗裂效果；也不应裸露于面层，避免受潮导致其极限强度下降。薄型抗裂砂浆的厚度一般为 5～7mm。

在勒脚、变形缝、门窗洞口、阴阳角等部位应加设一层网格布，并在聚苯板的终端部位进行包边处理，如图 13.3 所示。

5）饰面层

不同的保温做法，面层厚度有所差别，但厚度要适当。过薄，结实程度不够，难以抵抗外力的撞击；太厚，增强网格布离外表面较远，难以起到抗裂的作用。一般薄型面层在 10mm 以内为宜。外保温复合墙宜优先选用涂料饰面。高层建筑和地震区、沿海台风区、严寒地区等应慎用面砖饰面。

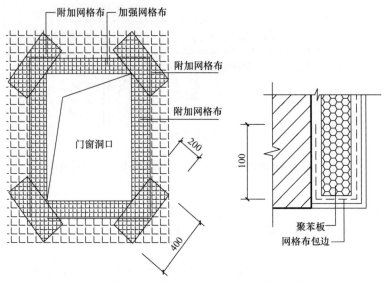

图 13.3 门窗洞口处网格布加强构造与终端包边处理

外保温复合墙采用涂料饰面时,应先压入网格布,再用抗裂砂浆找平,然后再刮柔性腻子,最后刷弹性涂料;如采用饰面砖,应先用抗裂砂浆压入金属热镀锌电焊网,再用抗裂砂浆找平,然后用胶结剂粘贴面砖,最后用面砖勾缝剂勾缝。

3. 外保温复合墙细部构造

外墙的勒脚、底层地面、窗台、过梁、雨篷、阳台等处是传热敏感部位,应用保温材料加强处理,阻断热桥路径,具体细部构造如图 13.4 所示。

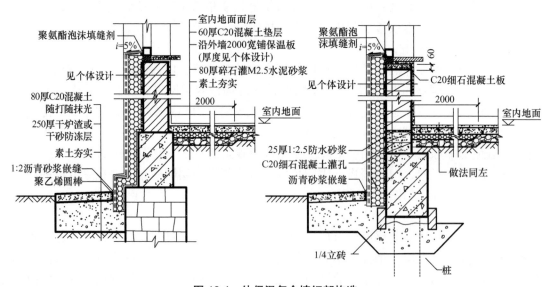

图 13.4 外保温复合墙细部构造

4. 外保温复合墙的防火要求

随着建筑节能工作的不断推进，外墙保温材料得到广泛应用，但保温材料的防火性能不达标及存在的施工质量问题，却给建筑防火留下了极大的安全隐患。近年来，采用外保温系统的建筑物，尤其是高层建筑的火灾事故造成了极大的人员伤亡和财产损失。例如，2009年2月9日晚，在建的中央电视台电视文化中心（又称央视新址北配楼）发生特大火灾。由于其外墙采用燃烧性能为 B2 级的挤塑板，甚至是燃烧性能为 B3 级的挤塑板，结果造成火势蔓延，大火持续了6小时，建筑物过火面积 8490m²，造成直接经济损失 16383 万元。

上海市静安区胶州路公寓大楼特大火灾事故

建筑材料及制品的燃烧性能等级有 A、B1、B2 和 B3 四级，分别是不燃材料、难燃材料、可燃材料和易燃材料。一般无机保温材料如岩棉、泡沫玻璃、珍珠岩等防火性能好，但保温性能稍差；有机保温材料如 EPS 板、XPS 板及酚醛塑料板等虽保温性能好，但防火性能差，应采取一定措施。

《建筑设计防火规范（2018 年版）》（GB 50016—2014）规定，建筑内保温、外保温系统均宜采用燃烧性能为 A 级的保温材料（因其火灾危险性低，不会导致火焰蔓延，能较好地防止火灾通过建筑外立面和屋面蔓延），不宜采用燃烧性能为 B2 级的保温材料，严禁采用燃烧性能为 B3 级的保温材料。同时，基层墙体或屋面板的耐火极限也应符合《建筑设计防火规范（2018 年版）》（GB 50016—2014）的有关规定。

外保温复合墙上水平防火隔离带的设置

当建筑保温系统采用燃烧性能为 B1、B2 级的保温材料时，应采取一定措施。以外墙外保温系统为例，在每层楼板位置应设置燃烧性能为 A 级的水平防火隔离带，其高度不小于 300mm，如图 13.5 所示。

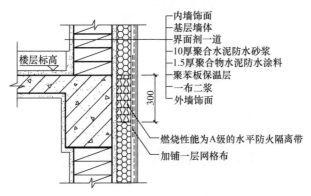

图 13.5 外保温墙体水平防火隔离带构造

13.2.3 夹芯复合墙

夹芯复合墙砌筑

夹芯复合墙是将保温层夹在墙体中间的墙体。其有两种做法：一种是双层砌块墙中间夹保温层的双层砌块夹芯复合墙；另一种是采用复合自保温砌块直接砌筑。

（1）双层砌块夹芯复合墙由结构层、保温层、保护层组成。结构层一般采用190mm厚的主砌块；保温层一般采用聚苯板、岩棉板或聚氨酯现场分段发泡，其厚度应根据各地区的建筑节能标准确定；保护层一般采用90mm厚劈裂装饰砌块。结构层与保护层砌体间采用镀锌钢筋网片或拉结筋连接，如图13.6所示。但是穿过保温层的拉结筋，会造成热桥而降低保温效果。

双层砌块夹芯复合墙示意图

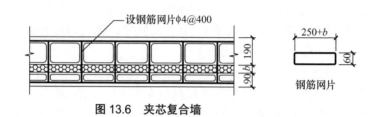

图13.6 夹芯复合墙

（2）复合自保温砌块是通过设置贯通保温层的"连接柱销"将主体砌块、中间保温层及外保护层组合成的整体，如图13.7所示。复合自保温砌块墙实现了砌墙、保温一体化施工，省去了外墙外保温施工，不仅节省工期，而且具有较优异的保温性能。

复合自保温砌块的生产过程

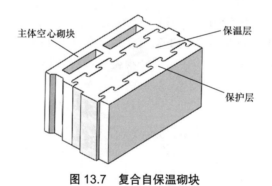

图13.7 复合自保温砌块

轻集料混凝土复合自保温砌块的规格与形式

13.3　地面节能构造

在严寒和寒冷地区，建筑底层室内采用实铺地面时，对直接接触土壤的周边部分需进行保温处理，以减少经地面的热损失，即从外墙内侧到室内2000mm范围内铺设保温层，如图13.4所示。

对于接触室外空气的地板（如骑楼、过街楼的地板），以及不采暖地下室上部的地板等，也应采取保温措施。以不采暖的地下室为例，地下室以上的底层地面应全部做保温处理。保温层可设置在底层地面的结构层与面层之间，也可设在结构层之下，即地下室顶板之下。但后者要考虑板底有无管线铺设、施工是否方便，以及管道检修及防火规范的要求。图 13.8 所示为地下室勒脚与室内地面保温构造。

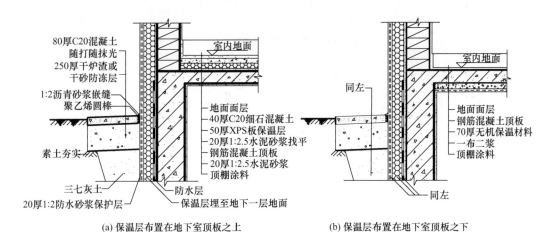

图 13.8 地下室勒脚与室内地面保温构造

13.4 屋面节能构造

屋顶的保温、隔热是围护结构节能的重点之一。在寒冷地区，屋顶通常设置保温层以阻止室内热量散失；在炎热地区，屋顶通常设置隔热降温层以阻止太阳的辐射热传至室内；而在冬冷夏热地区（黄河至长江流域），建筑节能则要冬夏兼顾。

1. 保温屋面

屋面按照保温层所在位置，有外保温屋面、内保温屋面和夹芯屋面等形式。目前大部分屋面为外保温屋面。

保温材料有松散料、现场浇筑的混合料和板块料三大类。在选择屋面保温材料时，应综合考虑建筑物的使用要求、屋面的结构形式、环境气候条件、防水处理方法和施工技术等因素。

保温屋面的构造前面已经叙述，此处不再赘述。即使屋面设置保温层，但是挑檐、天沟、女儿墙、雨水口及通风道等处依然是屋面保温、防水的薄弱环节，需要加强处理。保温屋面的具体细部构造如图 13.9～图 13.11 所示。

2. 隔热降温屋面

屋面隔热降温的方法有架空通风、屋顶蓄水或定时喷水、屋顶绿化等（详见第 10 章）。以上做法都能不同程度地满足屋顶节能的要求，但目前最受推崇的是利用智能技术、生态技术来实现建筑节能，如太阳能集热屋顶、太阳能通风屋顶等。

隔热降温屋面的几种做法

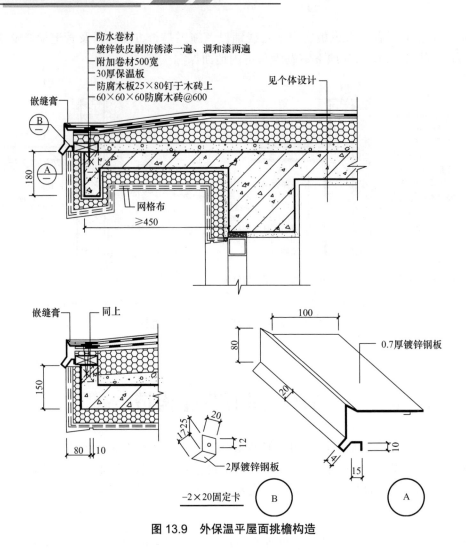

图 13.9 外保温平屋面挑檐构造

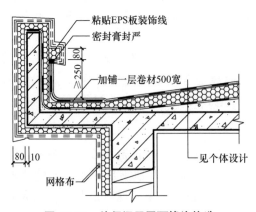

图 13.10 外保温平屋面檐沟构造

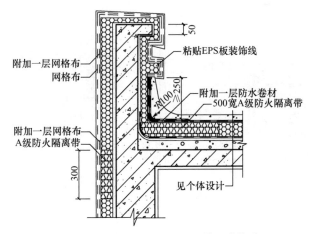

图 13.11 外保温平屋面女儿墙泛水构造

13.5 变形缝节能构造

在节能建筑中，建筑物根据需要设置变形缝时，变形缝处容易出现冷桥，成为节能建筑隔热保温的薄弱环节，影响建筑物整体的节能效果。但是，在外围护结构节能设计与施工中，对墙体、地面、屋面、门窗等处的节能处理比较重视，而变形缝处的节能问题却往往被人忽视。因此，要取得良好的节能效果，还要解决好变形缝处的节能构造，即在安装外墙装饰板或屋面盖缝板之前，应将保温材料塞入变形缝内，填塞密实。待装饰盖板固定好后，再对变形缝两侧的保温层细部进行处理，严禁直接覆盖。墙身变形缝与屋面变形缝节能构造分别如图 13.12 和图 13.13 所示。

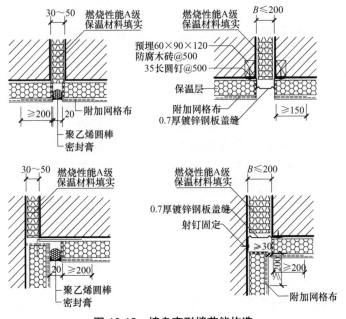

图 13.12 墙身变形缝节能构造

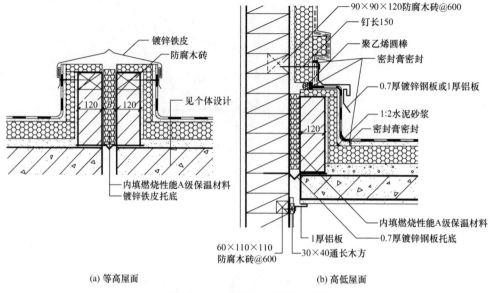

(a) 等高屋面　　　　　　　　(b) 高低屋面

图 13.13　屋面变形缝节能构造

13.6　门窗节能构造

门窗是围护结构中保温隔热的薄弱环节，造成门窗能量损失大的原因是门窗与周围环境进行的热交换，如通过门窗框、玻璃、门窗洞口热桥及门窗缝隙造成的热损失。因此，门窗节能设计主要应从门窗形式、门窗型材、玻璃、密封、窗墙面积比等方面入手。

13.6.1　门窗节能设计

1. 选择门窗形式

门窗形式是影响其节能效果的重要因素。以窗型为例，推拉窗的节能效果差，而平开窗和固定窗的节能效果显著。推拉窗的窗扇在窗框下滑轨上来回滑动，与下部滑轨间有缝隙，上部也有较大的空间，会在窗扇上下形成明显的对流交换。平开窗的窗扇与窗框之间嵌装橡胶密封压条，窗扇关闭时密封橡胶条压得很紧，几乎没有空隙。固定窗的玻璃直接安装在窗框上，玻璃和窗框用胶条或密封胶密封，难以形成空气对流。可见，固定窗是最节能的窗型，但是考虑开启，设计时应优先选择平开窗。

2. 选用低传热的门窗型材

门窗型材的选用至关重要。目前节能门窗的框架类型很多，如塑料型材、玻璃钢及铝塑、铝木等复合型材料。

断热铝材构造有穿条式和注胶式两种，前者是在铝型材中间穿入聚酰胺尼龙（PA66）等隔热条，将铝型材隔开形成断桥；后者是将具有优异隔热性能的高分子材料浇注到铝合金型材槽口内，在型材中央固化形成一道隔热层。断热铝材门窗将铝、塑两种材料的优点集于一身，节能效果好，因而应用广泛。图 13.14 所示为断热铝合金节能门窗型材。

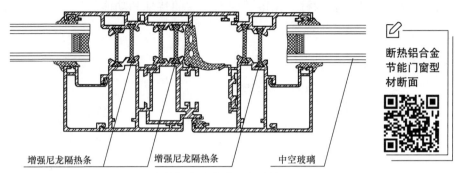

图 13.14 断热铝合金节能门窗型材

玻璃钢节能门窗，即玻璃纤维增强塑料节能门窗，它是利用玻璃纤维作为主要增强材料，以热固性聚酯树脂作为主要基体材料，通过拉挤工艺生产出不同截面的空腹型材，然后通过切割等工艺制成的复合材料门窗。玻璃钢型材的纵向强度较高，一般情况下空腹型材不用增强型钢；但型材的横向强度较低，门窗框角部连接处需用密封胶密封，以防缝隙渗漏。玻璃钢节能门窗因具有质轻、高强、防腐、保温、绝缘、隔声等诸多优点，成为继木、钢、铝、塑之后的又一代新型门窗。图 13.15 所示为玻璃钢节能门窗型材。

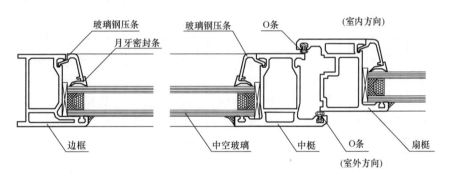

图 13.15 玻璃钢节能门窗型材

铝塑节能门窗型材是将铝材和塑料结合起来，铝材和塑料型材都有较高的强度，通过铝＋塑＋铝的紧密复合，使门窗的整体强度更高；其次，多腔室的结构设计，减少了热量的损失，加之三道密封设计，密封性能更好，如图 13.16 所示。也可采用硬质塑料做框料、PVC 空腔内用铝合金做内衬增强，形成铝塑共挤的铝塑节能门窗型材。

铝木节能门窗有木包铝节能门窗和铝包木节能门窗两种。木包铝节能门窗（图 13.17）采用空心闭合截面的铝

合金框作为主要受力结构，型材整体强度高，且气密性和水密性好；在铝合金框靠室内的一侧镶嵌优质木材，质地细致，装饰性强。铝包木节能门窗是其室外部分采用铝合金型材，用以抵抗阳光中的紫外线及自然界中的各种腐蚀，起到较好的保护作用；室内部分为高档优质木材，保留了纯木门窗的特性和功能。

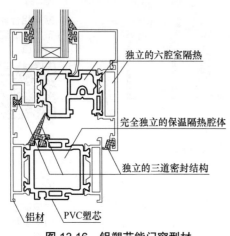

图 13.16　铝塑节能门窗型材

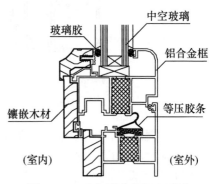

图 13.17　木包铝节能门窗型材

3. 选用节能玻璃

节能玻璃是提高门窗保温节能效果的一个重要因素。节能玻璃的种类包括吸热玻璃、镀膜玻璃（热反射玻璃和低辐射玻璃）、中空玻璃和真空玻璃。其中，中空玻璃在实际工程中应用广泛。

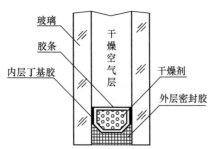

图 13.18　中空玻璃示意图

中空玻璃又称密封隔热玻璃，其由两层或多层玻璃构成，使用高强度高气密性复合黏结剂，将玻璃片与内含干燥剂（用来保证玻璃片间空气的干燥度）的铝合金框架黏结起来，玻璃周边用密封胶密封，中间夹层充入干燥气体，起到隔声、隔热、防结露的作用，并能降低能耗，如图 13.18 所示。

4. 密封要严密

门窗框与墙体之间、框扇之间、玻璃与框扇之间的这些缝隙，是空气渗透的通道，应密封严密。门窗框与墙体之间的缝隙不得用水泥砂浆填塞，而应采用弹性材料填嵌饱满，表面用密封胶密封。如塑钢门窗框与墙体之间的缝隙，通常用聚氨酯发泡体进行填充。框扇之间、玻璃与框扇之间用密封条挤紧密封。密封条分为密封毛条和密封胶条。密封胶条必须具有足够的抗拉强度及良好的弹性、耐温性和耐老化性，断面尺寸要与门窗型材匹配。常用的密封胶条材质主要有丁腈橡胶、三元乙丙橡胶、热塑性弹性体、聚氨酯弹性体、硅橡胶等。

5. 控制窗墙面积比

窗墙面积比是指窗洞口面积与房间立面单元面积（即建筑层高与开间定位线围成的面积）的比值。为获得开阔的视野和良好的采光而加大窗洞口面积，这种做法对保温节能十分不利。尽管南向窗在冬季晴天可以获得更多的日照来补充室内的热量，但从保温性能来看，窗的导热系数超过同面积外墙导热系数的5倍，其他朝向的窗户过大，对节能更为不利；另外，窗洞口太大，在夏季通过的太阳辐射热过多，还会增加空调负荷。因此，从降低建筑能耗的角度出发，在满足室内采光要求的情况下要严格控制窗墙面积比。《严寒和寒冷地区居住建筑节能设计标准》（JGJ 26—2018）规定：严寒地区1区（寒冷地区2区）的居住建筑设计时，其窗墙面积比，北向为0.25（0.30），东西向为0.30（0.35），南向为0.45（0.50）。东西向窗墙面积比大于0.25时，窗口应考虑外遮阳措施。实际上，窗墙面积比的确定要综合考虑不同地区冬夏季的日照情况、季风影响、室外空气温度、室内采光设计标准、外窗开窗面积与建筑能耗等因素。

13.6.2 节能门窗连接构造

上述几种节能门窗均采用塞口方式安装，方法基本相同。图13.19所示为铝合金节能门窗安装构造详图，其他节能门窗的连接构造可参考选用。

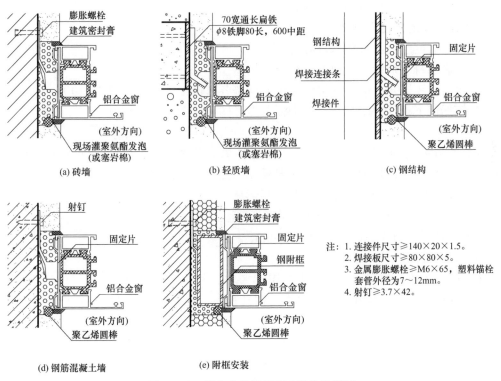

图 13.19 铝合金节能门窗安装构造详图

本章小结

本章主要讲述了绿色建筑的概念及建筑节能的意义，建筑节能设计的内容及建筑外围护结构的节能构造。

本章重点是建筑外围护结构中墙体、地面、屋面、变形缝及门窗的节能构造。

第13章 英语专业词汇

思考题

1. 谈谈你是如何理解党的二十大报告中提出的"推动能源清洁低碳高效利用，推进工业、建筑、交通等领域清洁低碳转型"的。推动建筑领域清洁低碳转型的措施有哪些？
2. 什么是绿色建筑？建筑节能的意义有哪些？
3. 简述我国建筑热工分区有哪些。
4. 建筑外围护结构节能的内容有哪些？
5. 墙体节能做法有哪几种？
6. 简述外墙外保温复合墙的构造层次及做法。
7. 屋面常用的保温隔热做法有哪些？
8. 简述门窗的节能设计要点。
9. 绘制铝合金节能门窗安装构造详图。
10. 绘制墙身变形缝、屋面变形缝节能构造。
11. 识图：读懂寒冷地区框架结构填充外墙各部位细部构造（图13.20）。
12. 依据以下条件绘制复合外墙剖面节点详图（绘图比例1∶20）。

条件：

（1）外墙厚度为470mm：内砌370mm厚承重型多孔砖，中间为20mm厚1∶3水泥砂浆，外贴100mm厚B1级EPS保温板（用锚栓与基层锚固）。

（2）过梁采用100mm厚钢筋混凝土矩形梁。

（3）楼板、屋面板均为110mm厚现浇钢筋混凝土板。

（4）建筑层数为4层，层高为3000mm。

（5）室内外高差600mm。

（6）屋面为块瓦坡屋面，采用无组织排水。

（7）其他：窗洞口尺寸、内外墙面、内外窗台、地面楼板等做法自行设计。

第13章 绿色建筑与建筑节能构造

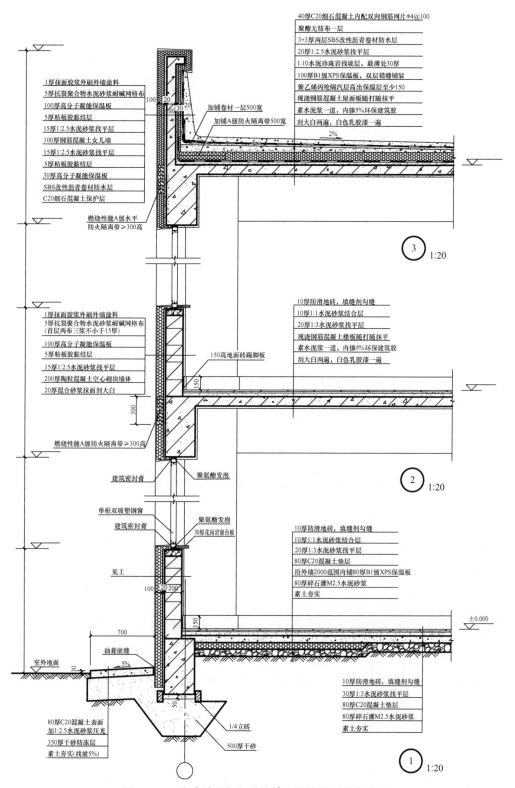

图 13.20 寒冷地区框架结构填充外墙剖面节点详图

第 14 章 工业建筑概述

教学目标

（1）熟悉工业建筑的设计特点及其分类。
（2）熟悉单层工业厂房的结构形式及组成。
（3）掌握单层工业厂房的主要结构构件。

14.1 工业建筑的特点及其分类

工业建筑是指为满足工业生产需要而建造的各种不同用途的建筑物与构筑物的总称。直接用于工业生产的各种建筑物，称为厂房。按生产工艺的要求完成某些工序或单独生产某些产品的单位，称为生产车间。烟囱、水塔、管道支架、冷却塔及水池等生产辅助设施，称为构筑物。

14.1.1 工业建筑的特点

工业建筑与民用建筑一样，除要满足适用、安全、经济、美观外，在设计原则、建筑材料和建筑技术等方面，两者有许多共同之处。但工业建筑是为工业生产服务的，生产工艺将直接影响建筑平面布局、建筑结构、建筑构造及施工工艺等，这与民用建筑又有很大差别。工业建筑具有如下特点。

1. 满足生产工艺的要求

为了保证生产的顺利进行，保证产品质量，提高劳动生产率，保护生产设备，厂房设计必须满足生产工艺的要求，以工艺设计为基础。

2. 需要较大的内部敞通空间

由于厂房中各种生产设备（如机床、锻锤、冶炼炉、冷热轧机等）体型大，并需要各种起重运输工具（如汽车、火车、塔式起重机、电瓶车等）通行，因此要求厂房内部空间大并有敞通空间。

3. 动静荷载较大

单层工业厂房屋顶自重大，厂房内一般设置一台或数台塔式起重机，塔式起重机在运行过程中和动力设备（如锻锤）在使用过程中均产生较大的动荷载，因此，多数工业厂房采用钢筋混凝土骨架结构或钢结构。

4. 构造复杂

由于厂房面积、体积都较大，因此有时采用多跨组合，为解决室内的采光与通风、屋面的防水与排水等问题，构造处理上比较复杂。

5. 工程技术管网多

为满足生产的要求，车间内设置有各种工程技术管网（如上下水、热力、压缩空气、煤气、乙炔、氧气、电力管网等），需采取相应的安装固定措施。

14.1.2 工业建筑的分类

工业建筑通常按照用途、内部生产状况及层数进行分类。

1. 按用途分类

（1）主要生产厂房：用于完成主要产品从原料到成品的主要生产工艺过程的各类厂房，如机械制造厂的锻造、铸造、热处理、铆焊、冲压、机械加工及装配车间等。

（2）辅助生产厂房：为主要生产厂房提供生产服务的各类厂房，如机械制造厂中的机械修理、工具、模型车间等。

（3）动力厂房：为全厂提供能源和动力的各类厂房，如发电站、锅炉房、变电所、煤气站、压缩空气站等。

（4）储藏用厂房：用于储存原材料、半成品和成品的各种仓库，如材料库、成品库等。

（5）运输用厂房：管理、存放及检修各种运输工具用的房屋，如机车库、汽车库、电瓶车库等。

（6）其他：不属于上述五类用途的建筑，如水泵房、污水处理用房等。

每一个工厂应设哪些厂房，要根据工厂的生产规模、生产工艺过程来确定。

2. 按内部生产状况分类

（1）冷加工车间：在正常温度、湿度条件下进行生产的车间，如机械加工、装配、机修车间等。

（2）热加工车间：在高温或熔化状态下进行生产的车间及在生产中会产生大量的烟

尘、热量和有害气体的车间,如冶炼、铸造、锻造和轧钢车间等。

(3)恒温、恒湿车间:在稳定的温度、湿度条件下进行生产的车间,如纺织、酿造、精密仪表车间等。

(4)洁净车间:为保证产品质量,要求在无尘、无菌、无污染的洁净状态下进行生产的车间,如医药工业中的粉针剂车间、电子工业中的集成电路车间等。

(5)其他特殊状况的车间:如在生产过程中会产生大量腐蚀性物质、放射性物质、噪声等的车间,以及防电磁波干扰等的车间。

3. 按层数分类

(1)单层厂房:适用于有大型生产设备和加工件、有较大动荷载和大型起重运输设备、需要水平方向组织生产工艺流程的厂房,广泛应用于冶金、机械制造等重工业厂房。单层厂房有单跨和多跨、高低跨和等高跨之分,如图14.1所示。

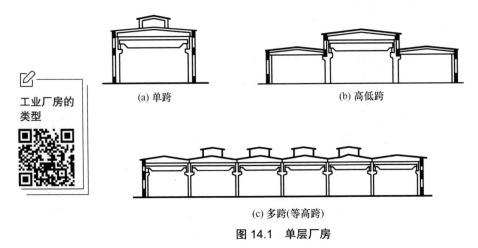

工业厂房的类型

图 14.1 单层厂房

(2)多层厂房:适用于竖向组织生产工艺流程,设备及产品较轻的厂房,多用于轻工、食品、电子、仪表等工业,如图14.2所示。

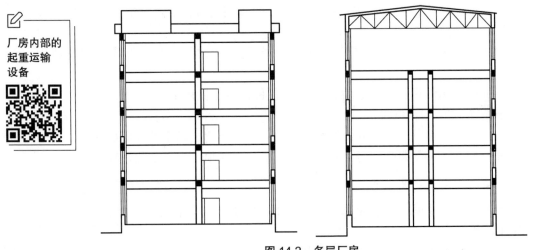

厂房内部的起重运输设备

图 14.2 多层厂房

（3）层次混合厂房：同一厂房由两种或两种以上层次空间组合而成，多用于热电厂、化工厂等，如图14.3所示。

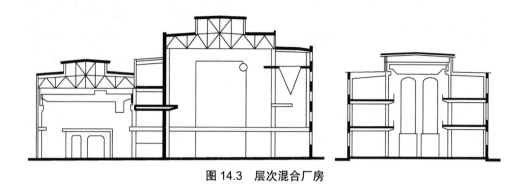

图14.3 层次混合厂房

14.2 单层工业厂房的结构形式及组成

14.2.1 单层工业厂房的结构形式

单层工业厂房的结构形式按承重方式不同，有平面结构体系和空间结构体系。其中平面结构体系常采用墙承重结构和骨架承重结构两种类型。

1. 墙承重结构

墙承重结构（图14.4）由基础、墙（或带壁柱砖墙）和屋架（或屋面梁）组成。这种结构构造简单，经济适用；但整体性差，抗震能力弱，只适用于厂房跨度不大于15m，无桥式吊车或吊车起重量不超过50kN的中小型厂房或仓库等。

2. 骨架承重结构

当厂房的跨度、高度、吊车荷载较大及地震烈度较高时，多采用骨架承重结构。骨架承重结构由基础、柱、梁、屋架（或屋面梁）等组成，用来承受各种荷载，而墙体只起围护或分隔作用。厂房常用的骨架承重结构有排架结构和刚架结构。

1）排架结构

排架结构（图14.5）是单层厂房中最基本、应用较普遍的一种结构形式。它的基本特点是把屋架（或屋面梁）看成一根刚度很大的横梁，屋架（或屋面梁）与柱的连接为铰接，柱与基础的连接为刚接。屋架（或屋面梁）、柱与基础组成了厂房的横向排架；吊车梁、基础梁、连系梁（墙梁）、屋面板等为纵向连系构件，它们和支撑构件一起将横向排架连成一体，组成了坚固的骨架承重结构体系。

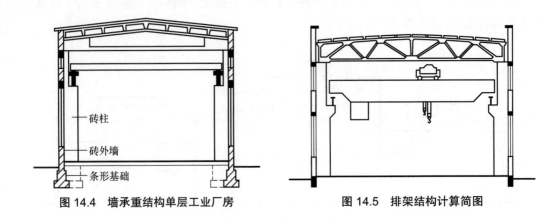

图 14.4　墙承重结构单层工业厂房　　　　图 14.5　排架结构计算简图

2）刚架结构

刚架结构即将屋架（或屋面梁）与柱合并为一个构件，柱与屋架（或屋面梁）采用刚接，柱与基础采用铰接。其特点是梁柱合一，构件类型少，结构轻巧，空间宽敞，但刚度差。刚架结构适用于屋盖较轻的无桥式吊车或吊车起重量不大、高度和跨度较小的厂房、仓库等工业建筑。

刚架结构的形式有人字形门式刚架与弧形门式刚架，如图 14.6 所示。

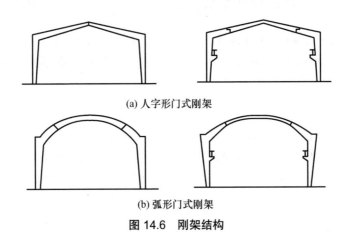

(a) 人字形门式刚架

(b) 弧形门式刚架

图 14.6　刚架结构

3. 空间结构

空间结构的变化主要体现为屋顶结构形式的不同，屋顶结构采用折板、壳体及网架等空间结构，图 14.7 所示。其优点是传力受力合理、能较充分地发挥材料的力学性能、空间刚度好、抗震性能较强；缺点是施工复杂、现场作业量大、工期长。近年来，我国在一些轻工业厂房中采用了平板网架结构，其在整体性、刚度、抗震性、用钢量等很多方面都显著地优于平面结构，且网架下弦便于布置悬挂轻型吊车，工艺布置灵活，是大柱网联合厂房的理想结构形式，如图 14.8 所示。

第 14 章 工业建筑概述

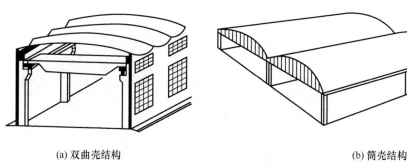

(a) 双曲壳结构　　　　　　　　　(b) 筒壳结构

图 14.7　空间结构

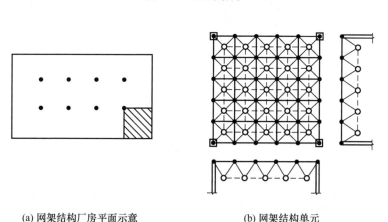

(a) 网架结构厂房平面示意　　　　(b) 网架结构单元

图 14.8　网架结构在工业厂房中的应用

14.2.2　排架结构厂房的构件组成

单层工业厂房采用排架结构时，按承重结构的材料可分为钢 – 钢筋混凝土排架、钢筋混凝土排架、钢排架及钢筋混凝土 – 砖排架。图 14.9 所示为装配式钢筋混凝土排架结构厂房，这种形式是我国单层工业厂房传统的结构形式，目前主要用于一些重型工业厂房或生产有腐蚀性介质的厂房。图 14.10 所示为钢排架结构厂房，由于钢排架结构厂房承载能力高，整体刚度及抗震能力好，钢构件便于制作、运输及安装，厂房的建造周期短，因此已经在重型和大型工业厂房中得到了普遍应用。

排架结构厂房主要由承重构件和围护构件两大部分组成。

1. 承重构件

（1）柱：单层工业厂房中的柱有排架柱与抗风柱之分。

排架柱是厂房结构的主要承重构件，用来承受屋架（或屋面梁）、吊车梁、支撑、连系梁和外墙传来的荷载，并把它传给基础。

单层工业厂房的山墙面积大，所受风荷载也大，故应在山墙内侧设抗风柱。一部分风荷载由抗风柱上端通过屋盖系统传到厂房纵向骨架上去，另一部分风荷载则由抗风柱直接传至基础。

（2）基础：承受柱和基础梁传来的全部荷载，并传至地基。

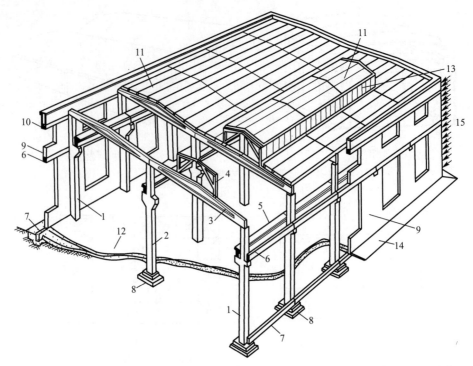

1—边列柱；2—中列柱；3—屋面大梁；4—天窗架；5—吊车梁；6—连系梁；7—基础梁；8—基础；9—外墙；10—圈梁；11—屋面板；12—地面；13—天窗扇；14—散水；15—风力。

图 14.9 装配式钢筋混凝土排架结构厂房

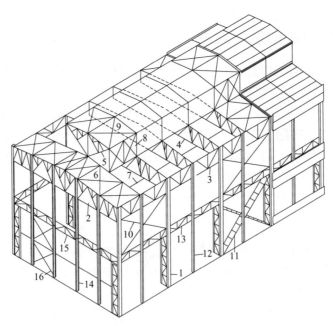

1—横向框架柱；2—屋架；3—托架；4—中间屋架；5—天窗架；6—横向水平支撑；7—纵向水平支撑；8、9—天窗支撑；10、11—柱间支撑；12—抗风柱；13—吊车梁系统；14—山墙柱；15—山墙抗风桁架；16—山墙柱间支撑。

图 14.10 钢排架结构厂房

（3）屋架（或屋面梁）：屋盖结构的主要承重构件，直接承受天窗、屋面荷载、悬挂式吊车或管道、工艺设备等荷载，再传给柱与基础。

（4）屋面板：铺设在屋架（或屋面梁）、檩条或天窗架上，直接承受板上的各种荷载，如屋面板自重、屋面围护材料、雪、积灰、施工检修等荷载，并将这些荷载传给支承构件。目前，有些地区也采用与民用建筑相同的压型钢板组合屋面板或现浇钢筋混凝土屋面板。

（5）吊车梁：设置在柱的牛腿上，吊车在吊车梁顶面铺设的轨道上行走。吊车梁要承担吊车和起重、运行中的所有荷载，如吊车自重、吊车最大起重量、吊车起动或制动时产生的制动力及冲击荷载，并将其传给柱；吊车梁还有传递厂房纵向荷载、增加厂房纵向刚度和保证厂房稳定性的作用。

（6）基础梁：承担上部墙体的自重，并把它传给基础。

（7）连系梁：厂房纵向柱列的水平连系构件，用以增加厂房的纵向刚度，传递风荷载到纵向列柱，并可承担上部墙体荷载。

2．围护构件

（1）屋面：单层工业厂房屋面面积较大，构造处理较复杂，应重点处理好屋面的排水、防水、保温、隔热等方面的问题。

（2）外墙：厂房外墙通常采用承自重墙，除承担自重及风荷载外，主要起防风、防雨、保温、隔热、遮阳、防火等作用。

（3）门窗：供交通、采光、通风用。

（4）地面：满足生产及运输要求，为厂房提供良好的劳动环境。

此外，单层工业厂房还需设置吊车梯、平台、屋面检修梯、走道板、地坑、地沟、散水、坡道等。

14.2.3 轻钢门式刚架结构厂房的构件组成

轻钢门式刚架是轻型钢门式刚架结构的简称。这种轻型钢结构与传统的砖混结构、钢筋混凝土结构相比，具有质量轻、抗震性能好、安装周期短、工业化生产程度高等优点，且外观新颖、色彩丰富、维护费用低、使用寿命长，因此在现代建筑特别是厂房、仓库等大空间、大跨度结构中得到广泛应用。

轻钢门式刚架结构厂房主要由门式刚架、屋面系统、墙面系统三部分组成，如图14.11所示。

1．门式刚架

门式刚架是厂房的承重骨架，由基础、柱、梁等单元构件组合而成。其形式多样，有单跨、双跨或多跨的单坡、双坡门式刚架，以及带挑檐和毗屋的刚架形式，如图14.12所示。主刚架可采用变截面实腹刚架。主刚架斜梁下翼缘和刚架柱内翼缘的平面外稳定性，由檩条或墙梁相连接的隅撑来保证，主刚架间的交叉支撑可采用张紧的圆钢。

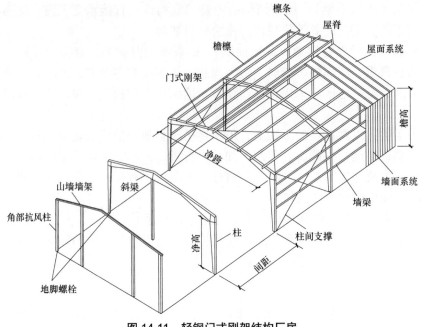

图 14.11 轻钢门式刚架结构厂房

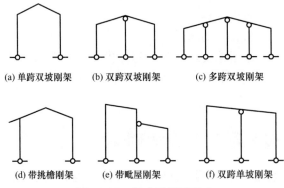

图 14.12 门式刚架的形式

2. 屋面系统

屋面系统由屋面板与屋面檩条组成。屋面板可采用彩色压型钢板、夹芯板或板檩合一的轻质大型屋面板。屋面檩条多为冷弯薄壁型钢檩条。

3. 墙面系统

墙面系统由墙面板与墙梁组成。墙面板可采用彩色压型钢板、夹芯板、太空板、石棉水泥瓦和瓦楞铁等；外墙也可采用砌体外墙，或底部为砌体而上部为轻质材料的外墙。当抗震设防烈度不高于 6 度时，可采用轻型钢墙板或砌体；当抗震设防烈度为 7 度、8 度时，可采用轻型钢墙板或非嵌砌砌体；当抗震设防烈度为 9 度时，宜采用轻型钢墙板或与柱柔性连接的轻质墙板。墙梁多为冷弯薄壁型钢檩条。

第 14 章 工业建筑概述

14.3 单层工业厂房的主要结构构件

1. 柱

柱是厂房中的主要承重构件之一。按所用材料分类，柱可分为砖柱、钢筋混凝土柱和钢柱等。砖柱的截面一般为矩形。钢筋混凝土柱按截面形式有矩形柱、工字形柱、双肢柱和管柱等，如图 14.13 所示。其中，工字形柱的截面形式比较合理，整体性能好，比矩形柱耗费材料少，是工业建筑中经常采用的一种形式。钢柱按截面形式有等截面柱、阶形柱和分离式柱三大类，如图 14.14 所示。从经济角度考虑，阶形柱由于吊车梁和吊车桁架支承在柱截面变化的肩梁处，其荷载偏心小，构造合理，用钢量省，在钢结构厂房中广泛应用。柱形式的选择应根据厂房结构类型、跨度、柱距、吊车吨位、工艺要求等因素来确定。

单层工业厂房的主要结构构件

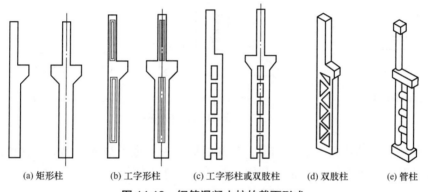

(a) 矩形柱　(b) 工字形柱　(c) 工字形柱或双肢柱　(d) 双肢柱　(e) 管柱

图 14.13　钢筋混凝土柱的截面形式

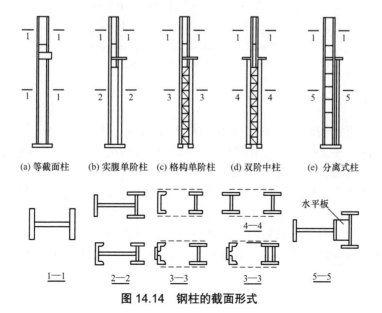

(a) 等截面柱　(b) 实腹单阶柱　(c) 格构单阶柱　(d) 双阶中柱　(e) 分离式柱

图 14.14　钢柱的截面形式

2. 基础与基础梁

排架结构厂房的柱下基础类型很多，有杯形基础、现浇（柱下）独立基础、柱下条形基础、薄壳基础、桩基础等。其中，杯形基础 [图 14.15（a）] 在单层工业厂房中应用得较多，其剖面形状为锥形或阶梯形，预留杯口以便插入预制柱灌浆锚固；在伸缩缝处设置双柱时，可采用双杯口基础 [图 14.15（b）]；当厂房地形起伏、局部地质软弱，或柱基础附近有较深的设备基础时，为了统一柱的长度，可采用高杯口基础 [图 14.15（c）]。

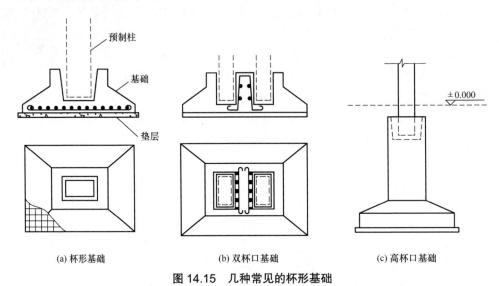

图 14.15　几种常见的杯形基础

搁置在杯形基础顶面上的基础梁，其截面形式为上宽下窄的倒梯形，这种截面形式不仅节省材料、预制方便，而且可利用已制成的梁作为模板，如图 14.16 所示。

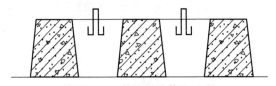

图 14.16　基础梁的截面形式

3. 屋盖结构

屋盖结构的主要构件有屋架（或屋面梁）、屋面板、檩条等。根据屋面材料和结构布置情况的不同，屋盖结构分为无檩体系和有檩体系两类，如图 14.17 所示。无檩体系是将大型屋面板直接铺设在屋架（或屋面梁）上，其整体性好，刚度大，构件数量少，施工速度快，多用于大中型厂房。有檩体系是在屋架（或屋面梁）上先设置檩条，再在檩条上搁置小型屋面板或瓦材，屋面板常为轻型材料，如压型钢板、压型铝合金板、石棉板、瓦楞铁皮等。有檩体系屋面可供选择的材料种类多，屋架（或屋面梁）间距和屋面布置较灵活，自重轻，用料省，运输和安装较轻便；但构件的种类和数量多，构造较复杂。

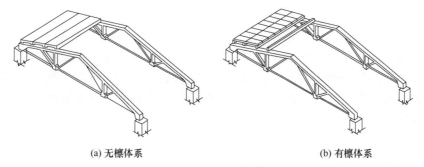

(a) 无檩体系　　　　　　　　　　　(b) 有檩体系

图 14.17　屋盖结构类型

1）屋面梁与屋架

屋面梁与屋架是屋盖结构的主要承重构件。屋面梁主要用于跨度较小的厂房，屋面梁有单坡和双坡之分，屋面梁截面形式有 T 形和工字形两种。因屋面梁的腹板较薄，故常称其为薄腹梁。其特点是形状简单，重心低，稳定性好，但自重较大。当厂房跨度较大时，采用桁架式屋架较经济。屋架按材料不同，可分为木屋架、钢筋混凝土屋架和钢屋架。钢筋混凝土屋架形式有三角形、梯形、拱形和折线形等，钢屋架形式常用的有三角形、梯形、人字形和平行弦等。图 14.18 所示为屋面梁与屋架的常见形式。

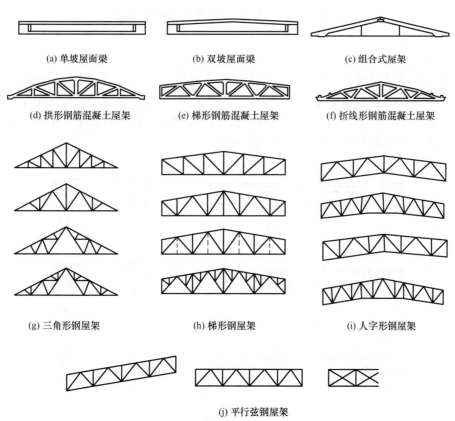

(a) 单坡屋面梁　　(b) 双坡屋面梁　　(c) 组合式屋架
(d) 拱形钢筋混凝土屋架　(e) 梯形钢筋混凝土屋架　(f) 折线形钢筋混凝土屋架
(g) 三角形钢屋架　　(h) 梯形钢屋架　　(i) 人字形钢屋架
(j) 平行弦钢屋架

图 14.18　屋面梁与屋架的常见形式

2）屋面板

单层工业厂房的屋面板类型很多,按照构件尺寸有大型屋面板和小型屋面板之分。我国单层工业厂房曾广泛采用预应力混凝土大型屋面板,为配合屋架尺寸和檐口排水方式,还有嵌板、挑檐板和檐沟板等;但是由于这些板自重大,笨重,制作、运输都较麻烦,且屋面板与屋架上弦杆的焊接常常得不到保证,因此目前已逐渐被压型钢板等轻质屋面板所取代。图14.19所示为几种常见的钢筋混凝土屋面板形式。

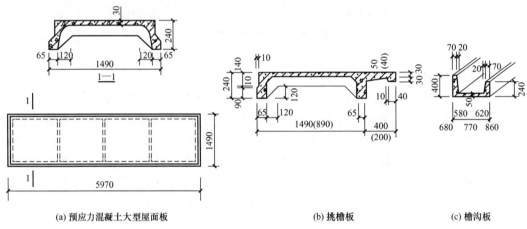

(a) 预应力混凝土大型屋面板　　(b) 挑檐板　　(c) 檐沟板

图14.19　几种常见的钢筋混凝土屋面板形式

4.吊车梁

设有支承式梁式吊车或桥式吊车的厂房,为铺设轨道需设吊车梁。吊车梁按外形及截面形式分类,有等截面的T形吊车梁、工字形吊车梁和变截面的鱼腹式吊车梁;按生产制作方式分类,有非预应力钢筋混凝土吊车梁和预应力钢筋混凝土吊车梁;按材料分类,有钢筋混凝土吊车梁(图14.20)和钢吊车梁(图14.21)。

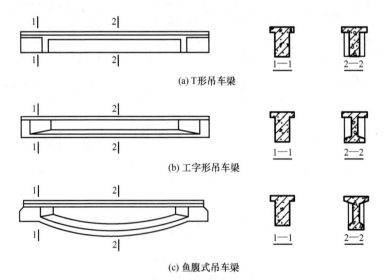

(a) T形吊车梁

(b) 工字形吊车梁

(c) 鱼腹式吊车梁

图14.20　钢筋混凝土吊车梁

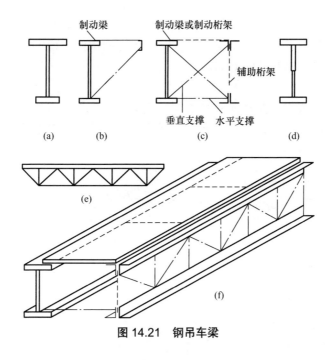

图 14.21 钢吊车梁

5. 连系梁

当墙体高度≥15m 时,应在 15m 以下适当位置设置连系梁,以分散墙体自重,降低墙体计算高度,以满足其允许高厚比的要求,同时承担墙上的水平风荷载;在厂房高低跨交接处的封墙,也需设连系梁支承。根据其上墙体厚度的不同,其截面形式有矩形和 L 形两种。图 14.22 所示为连系梁的截面形式及与柱的连接。

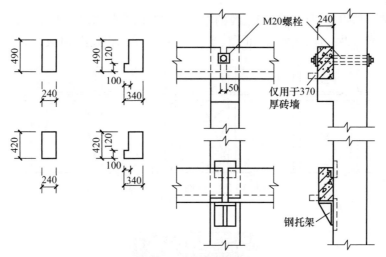

图 14.22 连系梁的截面形式及与柱的连接

6. 支撑系统

支撑系统虽不是厂房的主要承重构件,但是对加强厂房结构的空间整体刚度和稳定性起着重要作用。其主要作用是使厂房形成整体空间骨架，以保证厂房的空间刚度；传递水平风荷载及吊车产生的水平制动力等；保证结构和构件的稳定。

支撑系统有屋盖支撑和柱间支撑两类。

1）屋盖支撑

屋盖支撑包括下弦或上弦横向水平支撑、纵向水平支撑、垂直支撑和纵向水平系杆（加劲杆）等，如图 14.23 所示。横向水平支撑和垂直支撑一般布置在厂房端部和伸缩缝两侧的第一或第二柱间。

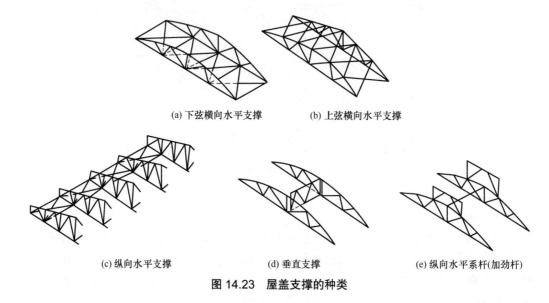

图 14.23　屋盖支撑的种类

2）柱间支撑

柱间支撑一般设在厂房变形缝区段的中部，或距山墙与横向变形缝处的第二柱间。柱间支撑以吊车梁为界，有上柱支撑和下柱支撑之分，一般采用型钢制成，如图 14.24 所示。

图 14.24　柱间支撑的形式

本章小结

本章介绍了工业建筑的特点及其分类，单层工业厂房的结构形式及组成，单层工业厂房的主要结构构件。本章重点是单层工业厂房的形式、组成及主要结构构件。

思考题

1. 什么是工业建筑？有什么特点？如何分类？
2. 单层工业厂房常用的结构形式有哪几种？
3. 装配式钢筋混凝土排架结构的单层工业厂房由哪些构件组成？
4. 单层钢排架结构厂房由哪些构件组成？
5. 简述轻钢门式刚架结构厂房的特点及组成。
6. 简述屋盖结构的类型及各自的特点。
7. 简述支撑系统的作用及类型。

知识拓展

第 15 章 单层工业厂房设计

教学目标

（1）了解单层工业厂房平面设计的内容及影响因素。
（2）掌握单层工业厂房的柱网尺寸和定位轴线的标定方法。
（3）了解单层工业厂房剖面设计的内容及厂房高度的确定。
（4）掌握单层工业厂房的采光与通风设计。
（5）了解单层工业厂房立面设计的影响因素。

15.1 单层工业厂房平面设计

某车间生产布置图

单层工业厂房的平面、剖面和立面设计是不可分割的整体，设计时应该统一考虑。平面设计较为集中地反映了工业建筑的使用功能、生产工艺的布置情况及与总平面之间的关系，单层工业厂房的设计一般从平面设计开始。单层工业厂房平面及空间组合设计，是在工艺设计及工艺布置的基础上进行的。因此，生产工艺是工业建筑设计的重要依据之一。

1. 厂房平面设计的内容

厂房平面设计主要有以下几个方面的内容。

1）位置确定

根据厂房的生产工艺和工艺平面图及厂房和总平面的关系，选择厂房合理的平面形状、方位和大小，使其符合生产的要求。确定厂房的位置时，应力求使车间获得良好的天然采光和自然通风，合理布置有害工段及生活用室，妥善处理安全疏散及防火措施。

2）建筑工业化

选择适用、经济、合理的柱网、结构形式与构造做法，满足《厂房建筑模数协调标准》（GB/T 50006—2010）的规定，提高建筑工业化水平，为施工方便创造条件。

3）功能布局

合理布置厂房通道、门窗、有害工段、辅助工段及生活间，使厂房内部及各个厂房之间的交通运输方便、快捷，生活设施完善，方便工人工作，并满足卫生、防火和安全等方面的要求。

2. 厂房平面形式的影响因素

（1）厂房生产工艺流程、生产特征、生产规模。

（2）厂房内部交通及运输情况。

（3）厂房在总平面图上的位置及与周边其他厂房的关系。

（4）厂房所处的地形特点及地区气候条件。

（5）厂房选用的结构类型与经济技术条件。

3. 生产工艺流程与平面形式

厂房的生产工艺流程，直接影响并在一定程度上决定其平面形式。生产工艺流程的形式有直线式、直线往复式和垂直式三种。

1）直线式生产工艺流程

直线式生产工艺流程即原材料由厂房一端进入，加工为成品后由厂房的另一端运出。其特点是厂房内部各工段间联系紧密，但是运输线路和工程管线较长。与之相适应的平面形式是矩形平面，如图15.1（a）、（b）所示。

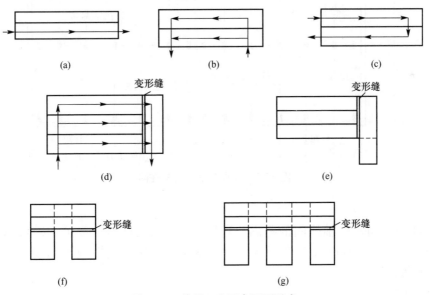

图 15.1 单层工业厂房平面形式

2）直线往复式生产工艺流程

直线往复式生产工艺流程即原材料由厂房的一端进入，成品由同一端运出。其特点是厂房内部各工段联系紧密,运输线路和工程管线短捷,形状规整,占地面积小,外墙面积小,对节约材料和保温隔热有利。该形式适用于多种生产性质的单层工业厂房,但采光通风及屋面排水较为复杂。与之相适应的平面形式是矩形平面,如图 15.1(c)所示。

3)垂直式生产工艺流程

垂直式生产工艺流程即原材料由厂房纵跨的一端进入,成品从横跨的一端运出。其特点是生产工艺流程紧凑合理,运输线路和工程管线比较短,但纵跨与横跨之间的结构构造较为复杂,费用较高,占地面积较大。与之相适应的平面形式是矩形平面、L 形平面,如图 15.1(d)、(e)所示。

有时为了满足生产工艺的要求,将厂房的平面设计成 U 形或 E 形,如图 15.1(f)、(g)所示。这些建筑平面的特点是有良好的通风、采光、排气、散热和除尘能力,便于排除工业生产产生的热量、烟尘和有害气体。

4.柱网的选择

柱网是厂房承重柱的定位轴线在平面上排列所形成的网格。柱网的选择实际上就是确定厂房的跨度和柱距。柱网的选择与生产工艺、建筑结构、材料等因素密切相关,并符合《厂房建筑模数协调标准》(GB/T 50006—2010)中的规定;同时,在确定柱网时,应尽量扩大柱网,以提高厂房的通用性和经济合理性。图 15.2 所示为单层工业厂房的柱网。

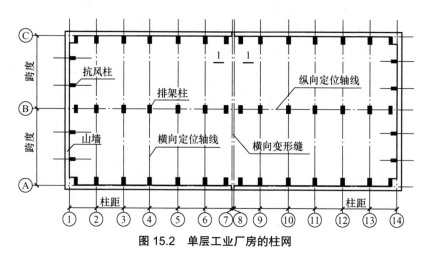

图 15.2 单层工业厂房的柱网

1)跨度

跨度即两纵向定位轴线间的距离。当厂房跨度≤18m 时,取扩大模数 30M 数列,如 9m、12m、15m、18m 等;当厂房跨度>18m 时,取扩大模数 60M 数列,如 24m、30m、36m 等。

2)柱距

柱距即两横向定位轴线间的距离。厂房柱距一般采用扩大模数 60M 数列,如 6m、12m 等,一般情况下采用 6m。抗风柱柱距宜采用扩大模数 15M 数列,如 4.5m、6.0m、7.5m 等。

第15章 单层工业厂房设计

15.2 单层工业厂房定位轴线

单层工业厂房定位轴线既是确定厂房主要承重构件标志尺寸及相互位置的基准线,也是厂房设备安装及施工放线的依据。定位轴线的划分是在柱网布置的基础上进行的。

厂房的定位轴线分为横向定位轴线和纵向定位轴线两种。

15.2.1 横向定位轴线

厂房的横向定位轴线主要用来标定纵向构件的标志端部,如屋面板、吊车梁、连系梁、基础梁、墙板、纵向支撑等。

1. 中柱、边柱与横向定位轴线的关系

厂房中柱、边柱的中心线与横向定位轴线相重合,且横向定位轴线通过柱基础、屋架中心线及各纵向连系构件(如屋面板、吊车梁等)的接缝中心,如图15.3所示。

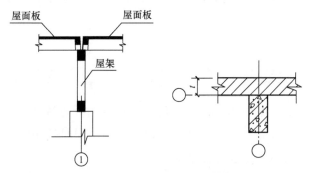

图 15.3 中柱、边柱与横向定位轴线的关系

2. 山墙、端柱与横向定位轴线的关系

山墙为非承重墙时,山墙内缘与横向定位轴线重合,且端柱中心线自横向定位轴线内移600mm,如图15.4所示。定位轴线与山墙内缘重合,保证了屋面板与山墙之间不留空隙,形成封闭结合,构造简单;端柱自定位轴线内移600mm,保证了抗风柱能通至屋架上弦或屋面梁上翼处,并与之相连接。

山墙为砌体承重墙时,山墙内缘与横向定位轴线间的距离应按砌体块料类型分别为半块或半块的倍数或墙厚的一半,以保证伸入山墙内的屋面板与砌体之间有足够的搭接长度。屋面板应与砌体或砌体内的钢筋混凝土梁垫相连接。

3. 横向变形缝处柱与横向定位轴线的关系

横向伸缩缝、防震缝处的柱应采用双柱与双轴线。柱的中心线均应从定位轴线向内侧各移600mm。两轴线间加插入距 a_i,a_i 等于伸缩缝或防震缝的宽度 a_e,如图15.5所示。这种定位方法,既保证了双柱间有一定的距离且有各自的基础杯口,便于柱的安装，同时又保证了厂房结构不致因没有伸缩缝或防震缝而改变屋面板、吊车梁等纵向构件的规格，施工比较简单。

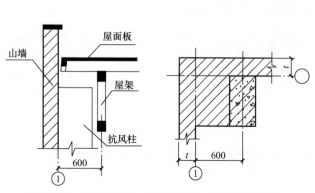

图 15.4　非承重山墙、端柱与横向定位轴线的关系

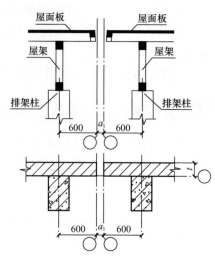

图 15.5　伸缩缝、防震缝处柱与横向定位轴线的关系

15.2.2　纵向定位轴线

厂房的纵向定位轴线主要用来标定厂房横向构件的标志端部，如屋架的标志尺寸及大型屋面板的边缘。厂房的纵向定位轴线应视其位置不同而具体确定。

1. 外墙、边柱与纵向定位轴线的关系

在有吊车的厂房中，为使吊车规格与厂房结构相协调，吊车跨度与厂房跨度的关系如下。

$$L=L_k+2e$$

式中：L——厂房跨度，即纵向定位轴线间的距离；

L_k——吊车跨度，即吊车轨道中心线间的距离（可查吊车规格资料）；

e——吊车轨道中心线至纵向定位轴线间的距离。

e 值一般取 750mm。当吊车为重级工作制而需要设安全走道板，或者吊车起重量大于 500kN 时可为 1000mm；在砖混结构的厂房中，当采用梁式吊车时，e 值允许为 500mm。图 15.6 所示为吊车跨度与厂房跨度的关系。

e 值是由上柱截面高度 h、吊车端部构造尺寸 B（即轨道中心线至吊车端部外缘的距离）及吊车侧面的安全运行间隙 C_b 等因素确定的，如图 15.7 所示。其中，h 值由结构设计确定，一般为 400～500mm；B 值由吊车生产技术要求确定，一般为 186～400mm；吊车侧面的安全运行间隙 C_b 与吊车的起重量有关，当吊车起重量≤500kN 时，C_b 为 80mm；当吊车起重量>500kN 时，C_b 为 100mm。

第15章 单层工业厂房设计

在实际工程中，根据吊车形式、起重量、厂房跨度、柱距及是否设置吊车走道板等条件的不同，外墙、边柱与纵向定位轴线的关系可出现两种情况。

1）封闭结合

当 $h+B+C_b \leq e$ 时，边柱外缘、外墙内缘宜与纵向定位轴线相重合，此时屋架端部与纵墙内缘重合，即形成封闭结合，如图15.8（a）所示。这时屋架上可采用整数块标准屋面板（目前常用1.5m×6.0m大型板），经适当调整板缝后即可铺到屋架的标志端部，不需另设补充构件，屋面板与外墙内表面之间无缝隙，这种形式具有构造简单、施工方便的特点。这种形式适用于无吊车或只设悬挂式吊车的厂房。

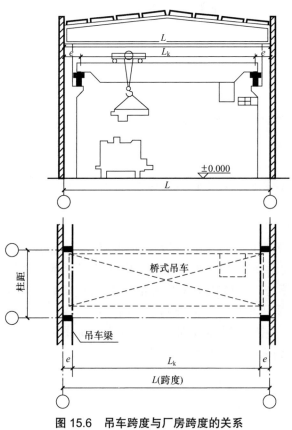

图15.6 吊车跨度与厂房跨度的关系

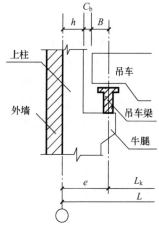

图15.7 吊车轨道中心线至纵向定位轴线间的距离

2）非封闭结合

当 $h+B+C_b > e$ 时，如仍采用封闭结合的定位方法，将不能满足吊车安全运行所需的净空尺寸。因此，须将边柱外缘从定位轴线向外推移，在边柱外缘与纵向定位轴线之间增设联系尺寸（a_c），即上部屋面板与外墙之间出现空隙，形成非封闭结合，如图15.8（b）所示。此时屋顶上部的空隙，可通过挑砖、加铺补充小板或结合檐沟等方法进行处理。

厂房是否需要设置联系尺寸（a_c）及其取值多少，应根据吊车安全运行的间隙要求、柱距及吊车走道板等因素确定。

当厂房采用承重墙结构时，承重外墙的墙内缘与纵向定位轴线间的距离宜为半块砌块的倍数，或使墙体的中心线与纵向定位轴线相重合。

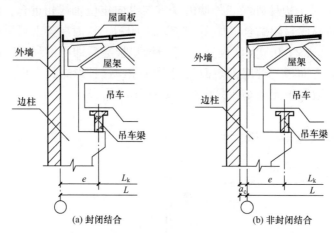

图 15.8　外墙、边柱与纵向定位轴线的关系

2. 中柱与纵向定位轴线的关系

中柱处纵向定位轴线的确定方法与边柱相同，定位轴线与屋架或屋面梁的标志尺寸相重合。

1）等高跨中柱与纵向定位轴线的关系

（1）无纵向变形缝时的等高跨中柱。等高厂房的中柱宜设单柱和单轴线，且上柱的中心线宜与纵向定位轴线相重合。上柱截面高度一般取 600mm，以保证屋顶承重结构的支撑长度，如图 15.9（a）所示。当相邻跨内的桥式吊车起重量在 300kN 以上，厂房柱距较大或有其他构造要求时，中柱仍可采用单柱，但需设两条纵向定位轴线，两轴线间的距离叫作插入距，用 a_i 表示，此时上柱中心线与插入距中心线重合，如图 15.9（b）所示。插入距 a_i 应符合 3M 数列（即 300mm 或其整数倍）。当其围护结构为砌体时，a_i 可采用分模数 M/2（即 50mm）或其整数倍。

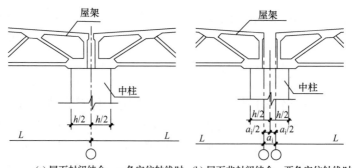

图 15.9　无纵向变形缝时等高跨中柱与纵向定位轴线的关系

（2）设纵向变形缝时的等高跨中柱。当等高跨厂房设有纵向伸缩缝时，可采用单柱并设两条纵向定位轴线。纵向伸缩缝一侧的屋架或屋面梁应搁置在活动支座上，两轴线间的插入距 a_i 等于伸缩缝宽 a_e，如图 15.10（a）所示。等高跨厂房需设置纵向防震缝时，应采用双柱及两条纵向定位轴线。其插入距 a_i 应根据纵向防震缝的宽度 a_e 及两侧是否封闭结合，分别确定为 a_e，或 a_e+a_c，或 $a_c+a_e+a_c$，如图 15.10（b）、（c）、（d）所示。

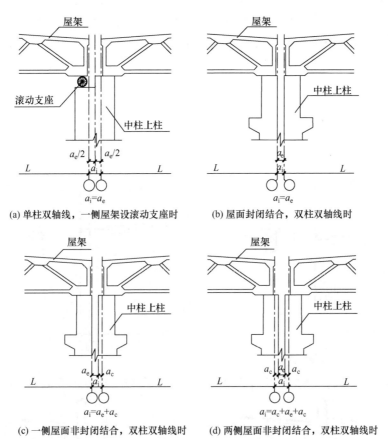

图 15.10 设纵向变形缝时等高跨中柱与纵向定位轴线的关系

2）高低跨中柱与纵向定位轴线的关系

（1）无纵向变形缝时的高低跨中柱。高低跨处采用单柱时，把中柱看成高跨的边柱；对于低跨，为简化屋面构造，一般采用封闭结合。根据高跨是否封闭及封墙位置的高低，纵向定位轴线按以下两种情况定位。

① 当高跨封闭结合，封墙高于低跨屋面时，高跨上柱外缘与封墙内缘及纵向定位轴线相重合，宜采用一条纵向定位轴线，如图 15.11（a）所示；当高跨封闭结合，封墙低于低跨屋面时，宜采用两条纵向定位轴线，其插入距 a_i 等于封墙厚度 t，即 $a_i=t$，如图 15.11（b）所示。

② 当高跨非封闭结合，上柱外缘与纵向定位轴线不能重合时，应采用两条纵向定

位轴线。当高跨非封闭结合，封墙高于低跨屋面时，两条轴线间的插入距等于联系尺寸 a_c，即 $a_i=a_c$，如图 15.11（c）所示；当高跨非封闭结合，封墙低于低跨屋面时，则插入距等于封墙厚度 t 加联系尺寸 a_c，即 $a_i=t+a_c$，如图 15.11（d）所示。

（2）设纵向变形缝时的高低跨中柱。当高低跨处设纵向伸缩缝时，若采用单柱则需要设两条纵向定位轴线，两条纵向定位轴线间的插入距 a_i 要视具体情况而定，而且低跨屋架需设滚动支座以适应变形。依据封墙位置的高低，插入距 a_i 应考虑封墙的厚度；依据高跨是否封闭结合，插入距 a_i 应考虑联系尺寸，具体如图 15.12 所示。当高低跨处设纵向伸缩缝时，依靠高跨单柱来支撑高低跨两侧的荷载比较麻烦，因此一般采用双柱及两条纵向定位轴线，高跨与低跨之间设纵向变形缝，使两侧厂房相对独立，各自影响较小。两条纵向定位轴线间的插入距 a_i 要根据高跨是否封闭结合及封墙的高低来确定，如图 15.13 所示。

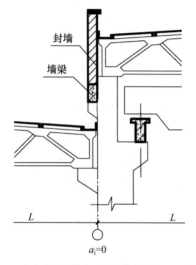

(a) 当高跨封闭结合，封墙高于低跨屋面时

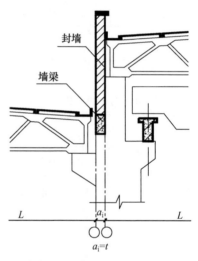

(b) 当高跨封闭结合，封墙低于低跨屋面时

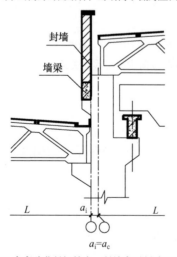

(c) 当高跨非封闭结合，封墙高于低跨屋面时

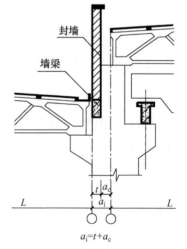

(d) 当高跨非封闭结合，封墙低于低跨屋面时

图 15.11 无纵向变形缝时高低跨中柱（单柱）与纵向定位轴线的关系

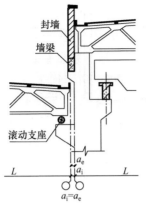
(a) 当高跨封闭结合，封墙高于低跨屋面时

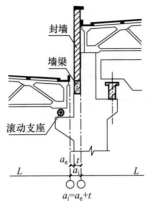
(b) 当高跨封闭结合，封墙低于低跨屋面时

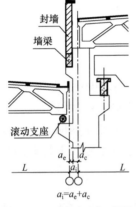
(c) 当高跨非封闭结合，封墙高于低跨屋面时

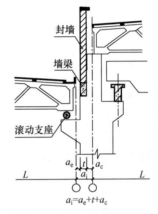
(d) 当高跨非封闭结合，封墙低于低跨屋面时

图 15.12　设纵向变形缝时高低跨中柱（单柱）与纵向定位轴线的关系

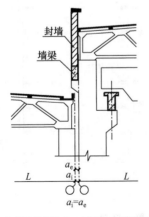
(a) 当高跨封闭结合，封墙高于低跨屋面时

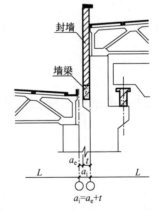
(b) 当高跨封闭结合，封墙低于低跨屋面时

图 15.13　设纵向变形缝时高低跨处中柱（双柱）与纵向定位轴线的关系

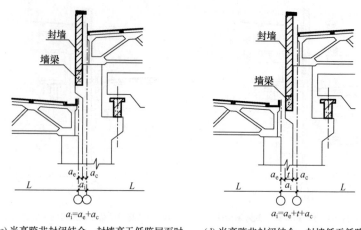

(c) 当高跨非封闭结合，封墙高于低跨屋面时　　(d) 当高跨非封闭结合，封墙低于低跨屋面时

图 15.13　设纵向变形缝时高低跨处中柱（双柱）与纵向定位轴线的关系（续）

3. 纵横跨相交处柱与定位轴线的关系

在纵横跨相交的厂房中，为适应各自的变形，常在相交处设置变形缝，如图 15.14 所示。纵横跨结构各自独立，有各自独立的柱列系统与定位轴线。纵横向定位轴线的标注原则与前述相同。似两个厂房垂直对接在一起，对接处无内墙。两条横向定位轴线分属于纵横跨。插入距 a_i 与吊车起重量 Q、吊车安全运行空隙、上柱截面高度及封墙厚度有关。

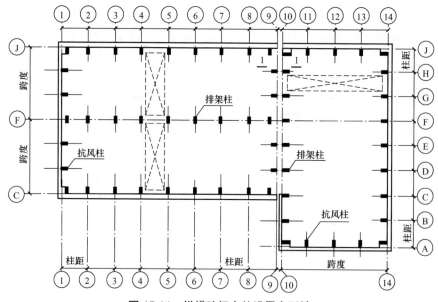

图 15.14　纵横跨相交处设置变形缝

1）当 $Q \leqslant 200kN$ 时

端柱中心线自横向定位轴线内移 600mm，纵向定位轴线与边柱外缘重合。当封墙

低于低跨屋面时，$a_i=a_e+t$，如图 15.15 所示。

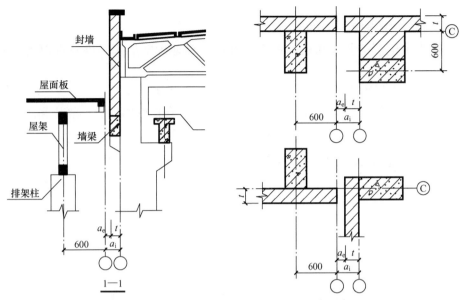

图 15.15　纵横跨相交处变形缝详图（$Q \leqslant 200$kN）

2）当 $Q \geqslant 300$kN 时

当 $Q \geqslant 300$kN 时（通常横跨吊车起重量 $Q \geqslant 300$kN）端柱中心线自横向定位轴线内移 600mm，封墙底部低于低跨屋面，出现联系尺寸 a_c，即纵向定位轴线与边柱外缘不重合，此时，$a_i=a_e+t+a_c$，如图 15.16 所示。

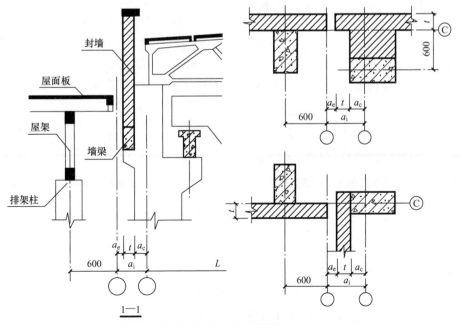

图 15.16　纵横跨相交处变形缝详图（$Q \geqslant 300$kN）

15.3 单层工业厂房剖面设计

单层工业厂房的剖面设计内容有以下几点。

（1）在满足生产工艺要求的前提下，经济合理地确定厂房高度及有效利用和节约空间。

（2）合理解决厂房的天然采光、自然通风和屋面排水。

（3）合理选择围护结构的形式及构造，使厂房具有良好的保温、隔热和防水等围护功能。

15.3.1 厂房高度和室内外高差的确定

1. 厂房高度的确定

厂房高度是指厂房室内地坪到屋顶承重结构下表面的垂直距离，一般厂房高度即为柱顶标高。

1）无吊车厂房

无吊车厂房的柱顶标高根据最大的生产设备的高度及其使用、安装、检修时所需的净高等来确定，如图15.17所示。为保证室内最小空间，满足采光通风的要求，一般柱顶标高≥4m，并满足模数的要求。

2）有吊车厂房

有吊车厂房的柱顶标高（图15.18）可按下式计算求得。

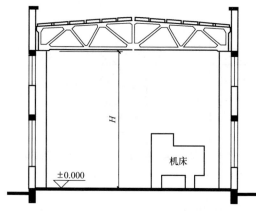

图 15.17 无吊车厂房柱顶标高的确定

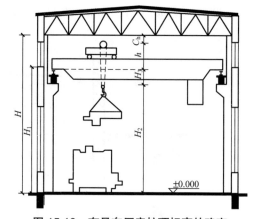

图 15.18 有吊车厂房柱顶标高的确定

$$H = H_1 + h + C_h$$

$$H_1 = H_2 + H_3$$

式中：H——柱顶标高，应符合3M数列；

H_1——吊车轨顶标高，应符合工艺设计要求；

h——轨顶至吊车上小车顶面的高度，根据吊车起重量从吊车规格表中查出；

C_h——屋架下弦底面至吊车小车顶面的安全空隙;

H_2——柱牛腿标高,应符合3M数列;

H_3——吊车梁高、吊车轨高及垫层厚度之和。

为了适应设备更新和重新组织生产工艺流程,提高厂房的通用性,可将厂房高度提高一些,以利于厂房发展变化的要求。

2. 厂房室内外高差的确定

为了防止雨水侵入厂房室内,厂房室内地坪与室外地面须设置高差,但为了便于运输工具出入厂房和不加大门口坡道的长度,高差不宜过大,以150mm为宜。

当地形复杂时,则应因地制宜,在满足工艺需要的前提下,尽可能减少土石方量。

15.3.2 天然采光

厂房白天室内通过窗口取得天然光线进行照明的方式称为天然采光。采光设计主要根据室内生产对光线的要求确定窗口的大小、形式及其布置方式,以保证室内采光的强度、均匀度及避免眩光。

1. 天然采光的设计标准

天然光线受季节、天气阴晴、时间早晚等因素影响。为使厂房的采光强度不受这些因素的影响,天然采光的设计标准用采光系数(C)表示,如图15.19所示。

$$C = (E_n / E_w) \times 100\%$$

式中:E_n——室内照度;

E_w——室外照度。

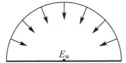
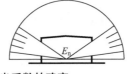

图 15.19 采光系数的确定

《建筑采光设计标准》(GB 50033—2013)

我国《建筑采光设计标准》(GB 50033—2013)将工业建筑的采光等级分为五级,并规定了相应的采光系数标准值。采光系数标准值是指在规定的室外天然光设计照度下,满足视觉功能要求时的采光系数值,设计时可参考表15-1。

表 15-1 工业建筑的采光标准值

采光等级	车间名称	侧面采光		顶部采光	
		采光系数标准值 /(%)	室内天然光照度标准值 /lx	采光系数标准值 /(%)	室内天然光照度标准值 /lx
I	特精密机电产品加工、装配、检验、工艺品雕刻、刺绣等	5.0	750	5.0	750

续表

采光等级	车间名称	侧面采光		顶部采光	
		采光系数标准值/（%）	室内天然光照度标准值/lx	采光系数标准值/（%）	室内天然光照度标准值/lx
Ⅱ	精密机电产品加工、装配、检验、通信、网络、电子元器件、电子零部件加工、抛光、纺织品精纺、织造、印染、计量室、测量室、药品制剂等	4.0	600	3.0	450
Ⅲ	机电产品加工、装配、检修、机库、一般控制室、木工、电镀、油漆、铸工、理化实验室、造纸、冶金产品冷轧、热轧等	3.0	450	2.0	300
Ⅳ	锻工、热处理、食品、烟酒加工和包装、饮料、日用化工产品、金属冶炼、橡胶加工等	2.0	300	1.0	150
Ⅴ	发电厂主厂房、压缩机房、风机房、锅炉房、泵房、动力站房、一般库房、煤的加工、运输、选煤配料间、原料间等	1.0	150	0.5	75

2. 采光面积的确定

采光面积的计算方法较多，根据厂房对采光精确度要求高低的不同，选择不同的计算方法。

1）估算法

估算法（窗地面积比法）适用于采光精确度要求不高的厂房。例如，采光等级为Ⅲ级的机械加工及装配车间，窗洞口面积/地面面积=1/5（侧面采光）。

2）核算法

根据厂房的采光、通风、立面处理等综合要求，先大致确定窗的面积，然后核算是否符合采光标准值。核算法适用于采光精确度要求较高的厂房。

3. 采光方式的选择

厂房的采光方式有侧面采光、上部采光与混合采光，其中侧面采光和混合采光在实际工程中采用得较多。

1）侧面采光

侧面采光分单侧采光和双侧采光。侧面采光时室内的光线不均匀，衰减幅度大，工作面上近窗点光线强，远窗点光线弱。距侧窗上沿 H 高两倍处的照度值仅为近窗点的 1/20 左右（$E_{nfar}=1/20 E_{nnear}$），如图 15.20 所示。

为提高侧窗的采光效率，使厂房内近窗点和远窗点光照度均匀，多采用高低侧窗相结合的形式。在有桥式吊车的厂房中，设置高低侧窗，不仅是采光的需要，也是结构构件布置的需要，为防止吊车梁挡住光线，高侧窗窗台至吊车梁顶面的高度为 600mm 左右，如图 15.21 所示。

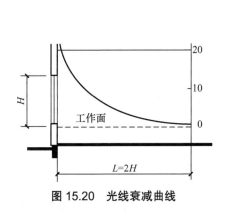

图 15.20 光线衰减曲线

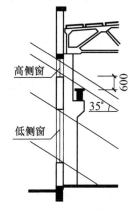

图 15.21 有吊车厂房设置高低侧窗方法

2）上部采光

当侧墙不能开窗时，为满足室内天然采光的要求，通常在屋顶上设置天窗进行采光，如图 15.22 所示。

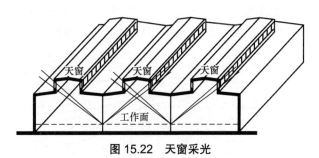

图 15.22 天窗采光

3）混合采光

当厂房宽度较大（$L>4H$），侧窗采光不能满足厂房的采光要求时，多在屋顶开设天窗，即为混合采光，如图 15.23 所示。

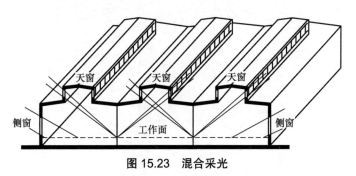

图 15.23 混合采光

15.3.3 厂房通风

厂房通风分为机械通风和自然通风两种。机械通风是依靠通风机的力量来实现室内的通风换气，其稳定、可靠、有效，但需要耗费大量的电能，设备投资及维修费也较高。自然通风是利用建筑内外的风压或热压造成的自然风力作为空气流动的动力来实现室内的通风换气，是一种既简单又经济有效的通风方式，但是其易受外界气象条件的影响，通风效果不稳定。在单层工业厂房中广泛应用有组织的自然通风。

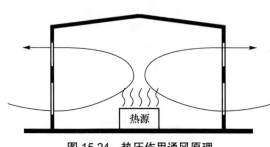

图 15.24 热压作用通风原理

自然通风的基本原理是通过热压和风压作用进行换气。如图 15.24 所示，热压主要是利用厂房内部产生热量提高室内空气的温度，使空气体积膨胀，容重变小而自然上升。而室外空气温度相对较低，容重较大，室外冷空气通过厂房下部的门窗进入室内，室内热空气上升，通过上部的高窗或天窗排出，如此循环往复，达到通风的目的。如图 15.25 所示，风压主要是利用风吹向厂房时，在迎风面空气压力增大，超过大气压力，为正压区；在背风面空气压力往往小于大气压力，为负压区。将厂房的进风口设在正压区，排风口设在负压区，可以更好地组织通风。

为有效地组织好自然通风，在厂房剖面设计中要正确选择厂房的剖面形式，合理布置进、排气口位置，使外部气流不断地进入室内，进而迅速排除厂房内部的热量、烟尘和有害气体，营造良好的生产环境。

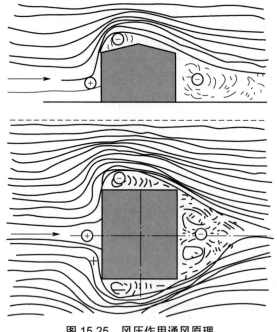

图 15.25 风压作用通风原理

15.4 单层工业厂房立面设计

单层工业厂房立面设计与生产工艺、工厂环境、厂房规模、厂房的平面形式、剖面形式及结构类型有关,它是在建筑整体设计的基础上进行的,并综合运用建筑构图原理,展现厂房简洁、朴素、新颖、大方的外观形象,创造出内容与形式统一的体型。

15.4.1 厂房立面设计的影响因素

单层工业厂房立面设计主要考虑以下影响因素。

1. 生产工艺的影响

厂房的生产工艺特点对其形体有很大的影响。例如,轧钢、造纸等工业,由于生产工艺流程是直线式的,厂房也多采用单跨或单跨并列的形式,因此厂房的立面形体通常呈现出水平构图的特征,如某钢厂轧钢车间立面形体(图15.26)。

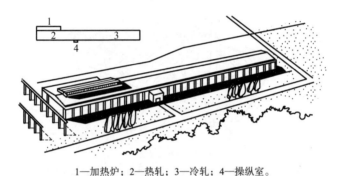

1—加热炉;2—热轧;3—冷轧;4—操纵室。

图15.26 某钢厂轧钢车间立面形体

2. 结构、材料的影响

结构、材料对厂房的体型影响也较大,尤其是屋顶结构形式在很大程度上决定了厂房的体型。图15.27所示为某无缝钢管厂的金工车间立面形体。该车间内部有吊车,屋顶采用折板结构,因此,厂房的内部空间和面积均较大。

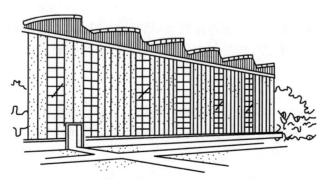

图15.27 某无缝钢管厂的金工车间立面形体

3. 气候、环境的影响

室外太阳辐射强度、空气的温湿度等因素对立面设计均有影响。北方寒冷地区的厂房一般要求防寒保暖,窗洞口面积不宜开太大,空间组合宜采取集中围合布置方式,给人稳重、深厚的感觉;南方炎热地区的厂房,由于重点考虑通风、隔热、散热方面的需求,因此常采用开敞式外墙,空间组合分散、狭长,具有轻巧、明快的特征。图 15.28 所示为南北方不同气候条件下陶瓷厂的处理方案。

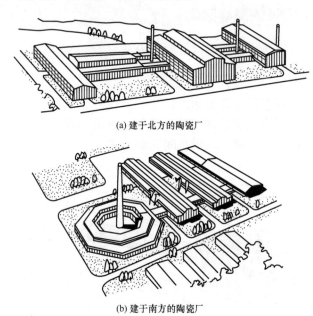

(a) 建于北方的陶瓷厂

(b) 建于南方的陶瓷厂

图 15.28 南北方不同气候条件下陶瓷厂的处理方案

15.4.2 厂房立面细部设计

厂房立面细部设计是在厂房平面、剖面设计的基础上,利用柱、勒脚、门窗、墙面、墙梁、窗台线、挑檐、雨篷等构部件,按照建筑构图原理,对墙面进行有机的划分和处理。

1. 墙面划分

墙面在单层工业厂房外墙中所占比例与厂房的生产性质、采光等级、室外光照度等因素有关。墙面划分主要是安排好门窗位置、墙面色彩的搭配及窗与墙的恰当比例,一般有三种划分方法。

1) 水平划分

水平划分是指在水平方向设置带形窗,利用带形窗、窗楣线、窗台线等构成水平横线条,并利用其产生的阴影,加强水平线条的视觉感受,使得厂房立面形象显得明快、大方、平稳,如图 15.29 所示。

2) 垂直划分

垂直划分是指利用柱、窗间墙等垂直线条明显且有规律的重复,使厂房给人以挺拔、高耸、有力的感觉，如图 15.30 所示。

3）混合划分

实际工程中通常采用水平与垂直线条有机结合，两者相互渗透，以取得生动、和谐的立面效果，如图 15.31 所示。

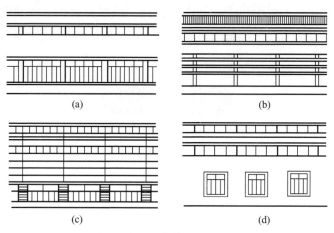

图 15.29　厂房墙面水平划分

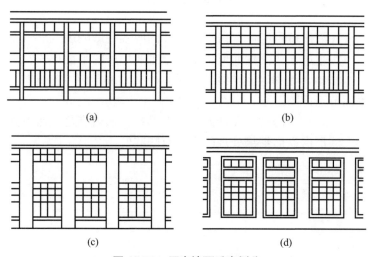

图 15.30　厂房墙面垂直划分

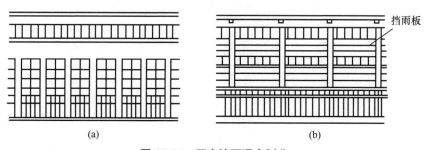

图 15.31　厂房墙面混合划分

2. 墙面虚实处理

墙面虚实处理是指在墙面设计中，通过对比和变化来处理墙面的实与虚的关系，以达到丰富立面效果、避免建筑过于单调的目的。通常情况下，墙面虚实处理主要通过协调窗与墙之间的比例关系来实现。在满足采光面积和自然通风的前提下，窗与墙之间的比例关系主要有三种：①窗面积大于墙面积，立面以虚为主，显得明快、轻巧；②窗面积小于墙面积，立面以实为主，显得稳重、敦实；③窗面积接近墙面积，立面虚实平衡，显得安静、平淡。

第15章 英语专业词汇

本章小结

本章主要讲述单层工业厂房的平面、剖面与立面设计，单层工业厂房定位轴线。本章重点是单层厂房平面设计及其影响因素、定位轴线的划分及厂房天然采光和自然通风设计。

思考题

知识拓展

1. 简述单层工业厂房平面设计的内容及影响因素。
2. 生产工艺流程如何决定单层工业厂房的平面形式？
3. 墙、柱和定位轴线的关系是什么？决定因素有哪些？并绘出相关的平面节点详图。
4. 影响厂房剖面设计的因素有哪些？如何满足天然采光及自然通风？
5. 厂房立面细部处理的方法有哪些？

第 16 章 单层工业厂房构造

教学目标

（1）掌握砌体墙构造，了解开敞式外墙构造。
（2）掌握屋面的排水方式及卷材屋面防水细部构造。
（3）了解天窗的类型及特点，掌握平天窗的构造。
（4）了解侧窗、大门的种类与尺寸设计，熟悉厂房地面的特点与构造层次。
（5）掌握轻型钢结构厂房细部构造。

16.1 单层工业厂房外墙

单层工业厂房外墙由于本身高度与跨度都比较大，要承担自重和较大的风荷载，还要受到起重运输设备和生产设备的振动，因此外墙应具有足够的刚度和稳定性。对生产工艺有特殊要求的车间，如有爆炸危险的车间、有腐蚀性介质的车间或高温车间等，外墙需采取相应的构造措施。

单层工业厂房外墙按照所用材料及构造形式划分，有砌体墙、板材墙及开敞式外墙等；按照承重方式划分，有承重墙、承自重墙及封墙。

16.1.1 砌体墙

在单层钢或钢筋混凝土排架结构厂房中，外墙仅起围护作用，为承自重墙，墙体所用材料与构造方式与民用建筑相同。墙与柱的相对位置关系有墙外包柱或墙砌于柱之间两种。由于墙外包柱构造简单、施工方便，基础梁和连系梁易于标准化，在实际工程中应用广泛。下面以墙外包柱的形式为例介绍砌体墙构造。

1. 砌体墙的支承

排架结构厂房的砌体墙直接砌筑在基础梁上,基础梁支承在基础顶面上,墙的自重直接由基础梁承担并传给柱下基础,这样既可防止墙身由于地基不均匀沉降而开裂,又便于铺设地下管线,同时还有利于构件的定型化与统一化。

根据基础埋置深度不同,基础梁有不同的搁置位置,如图 16.1 所示。当基础埋置深度较浅时,基础梁直接支承在基础顶面;当基础埋置深度较大时,可加混凝土垫块、设高杯口基础或柱外出挑牛腿支承基础梁。为防止墙身受潮,多采用基础梁代替墙身防潮层,基础梁顶面标高低于室内地面 50mm,且高于室外地面 100mm。

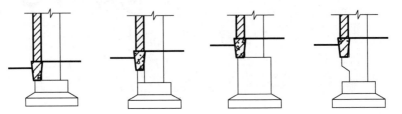

(a) 放在基础顶面上　(b) 放在混凝土垫块上　(c) 放在高杯口基础上　(d) 放在柱外出挑牛腿上

图 16.1　基础梁的搁置位置

2. 基础梁防冻胀构造

在寒冷地区,为防止土壤冻胀对基础梁及墙体产生的反拱影响,且避免室内热量通过基础梁向外散失,基础梁应采取必要的防冻胀措施。可在基础梁周围填干炉渣或干砂防冻层,基础梁底留 50～150mm 空隙,防止土壤冻胀顶裂基础梁和墙体,如图 16.2 所示。

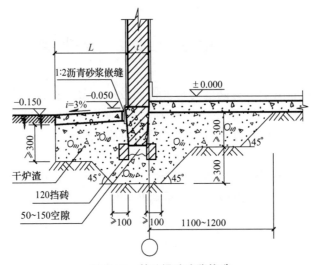

图 16.2　基础梁防冻胀构造

3. 墙与柱的连接

为使墙体和排架柱保持一定的整体性和稳定性,防止由于风力、地震力等水平荷载作用，使墙体倾倒或破坏，墙体应与柱有可靠的水平连接，即沿柱高 500～600mm 预埋 2Φ6 钢筋，砌墙时砌入墙内（属柔性连接），这样既保证了墙体的整体性和稳定性，又不会使墙体的自重传给柱，如图 16.3 所示。

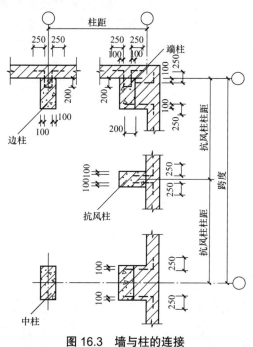

图 16.3　墙与柱的连接

4. 墙与屋架或屋面梁的连接

可在屋架的端部竖杆上或屋面梁端部预埋钢筋与墙体连接。若在屋架的端部竖杆上预埋钢筋不方便，也可在屋架的端部竖杆中预埋钢板，上焊钢筋与墙体连接，如图 16.4 所示。

为了增强墙体的稳定性，并加强墙与屋架、柱的连接，应适当增设圈梁，一般在屋架端部上弦和柱顶标高处各设一道，圈梁应与屋架、柱或屋面板进行可靠连接。

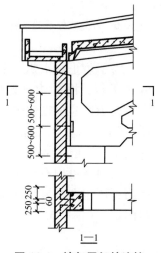

图 16.4　墙与屋架的连接

16.1.2 板材墙

在工业厂房中，由于墙体围护结构采用板材墙可大大提高施工效率，加快建设速度，且板材墙的抗震性能也优于砌体墙，因此，板材墙在现代工业建筑中得到广泛采用。

板材墙根据所用材料与受力特点，有重质板材墙和轻质板材墙两大类。重质板材墙通常采用大型钢筋混凝土预制板，通过连接件与预埋件挂接在柱或墙梁上。由于重质板材墙的自重大、用钢量多，连接构造不理想，板缝处理麻烦，且易渗水、透风，保温、隔热效果差，目前重质板材墙已基本被淘汰，取而代之的是各类轻质板材墙。轻质板材墙的墙板可用石棉水泥瓦、瓦楞铁皮、塑料、玻璃钢、压型钢板等材料制作。其中，保温彩钢夹芯板以其质量轻、外形美观、轻质高强、维护费用低、安装迅速等优点，成为当今世界流行的新型轻质墙板，其构造详见16.5节。

16.1.3 开敞式外墙

在南方炎热地区，一些热加工车间及不要求保温的仓库，为了自然通风和散热，常采用开敞式外墙。图16.5所示为开敞式外墙的布置。

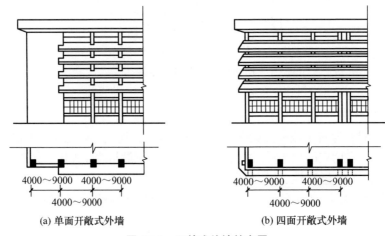

图16.5 开敞式外墙的布置

图16.6 挡雨板与飘雨角的关系

为了防止雨水飘入室内，开敞式外墙上多设挡雨板或遮阳板，既挡雨又遮阳。挡雨板的挑出长度 L 与垂直距离 H，应根据飘雨角、日照、通风等要求确定，如图16.6所示。飘雨角 α 是指雨点滴落方向与水平方向的夹角，一般按45°设计。

挡雨板可用石棉水泥瓦、彩色压型钢板制作。一般挡雨板固定在柱外缘的支架上，通过预埋件与柱直接焊接固定，如图16.7所示。

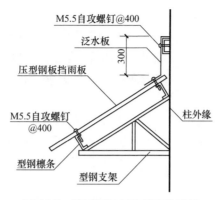

图 16.7 挡雨板与厂房骨架的连接

16.2 单层工业厂房屋面

单层工业厂房屋面构造的重点是排水与防水。合理选择排水方式,确定防水构造做法是本节的核心内容。

16.2.1 屋面排水

1. 屋面排水坡度

单层工业厂房屋面面积较大,为迅速而顺利地将雨水排走,应选择恰当的排水坡度。坡度的大小主要取决于防水做法、防水材料、屋架形式及当地气候条件等。

对于卷材防水屋面,坡度要求平缓些,一般不大于 1/5,常用 1/15～1/10,最小可做到 5%。对于构件自防水屋面(钢筋混凝土构件、镀锌铁皮波形瓦、石棉水泥波形瓦等),要求排水迅速,排水坡度应大些,一般不大于 1/2,常用 1/10～1/4。

2. 屋面排水方式

与民用建筑一样,厂房屋面的排水方式也分无组织排水和有组织排水两种。选择屋面排水方式时主要考虑地区年降雨量、厂房高度、地区气候条件及车间生产特点等因素。

1)无组织排水

无组织排水即雨水直接由屋面经檐口自由排落到散水或明沟内,如图 16.8 所示。该方式适用于高度较低或积灰较多或有侵蚀性介质的厂房。

2)有组织排水

根据排水管的布置位置,有组织排水也有外排水和内排水之分。

(1)外排水:在檐口处做檐沟汇集雨水,安

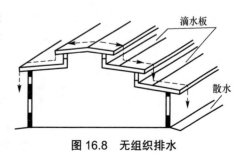

图 16.8 无组织排水

装雨水斗和雨水管，将雨水引到室外地面或室外地下排水管网，如图16.9所示。当多跨厂房总长度≤100m时，一般将中间天沟做成贯通厂房纵向长度的长天沟，利用长天沟的纵向坡度，将屋面雨水引至山墙外的雨水管排出，称为长天沟外排水（图16.10）。有组织外排水厂房内不设雨水管，构造简单，施工方便；但在寒冷地区，冬季融雪易将厂房外的雨水管冻结堵塞。

（2）内排水：将屋面的雨水经厂房内的雨水立管及地下雨水管排除，如图16.11所示。其特点是不受厂房高度限制，排水组织较灵活；但其构造复杂，造价及维修费用高，室内的地下雨水管沟有时会妨碍工艺设备的布置。内排水多用于多跨厂房或严寒多雨地区的厂房。

为了避免厂房内的地下雨水管沟与工艺设备、管线发生矛盾，可采用悬吊管排水（图16.12），即在室内设悬吊管将雨水引向外墙处排出，雨水立管可设于室内，也可设在室外。悬吊管排水多用于室内地下工艺管线多、地区降雨量较少、屋面不积灰的厂房。

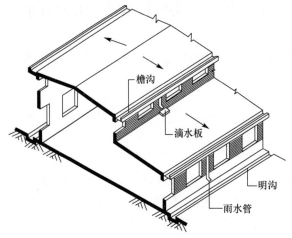

图16.9 檐沟外排水

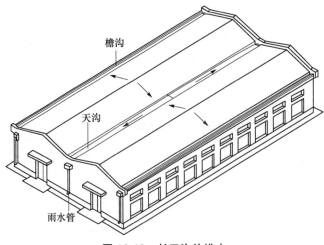

图16.10 长天沟外排水

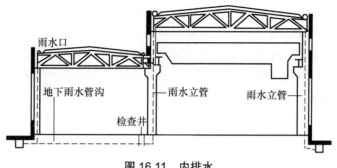

图 16.11　内排水

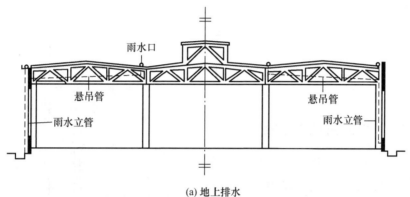

(a) 地上排水

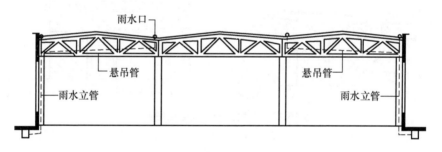

(b) 地下排水

图 16.12　悬吊管排水

16.2.2　屋面防水

单层工业厂房屋面的防水做法，应根据厂房的使用要求和防水等级确定。屋面防水材料主要有防水卷材、金属板、防水涂料等。下面主要介绍卷材防水屋面和金属板防水屋面。

1. 卷材防水屋面

卷材防水屋面在单层工业厂房中应用非常普遍，其构造原理和做法与民用建筑基本相同。但檐口、天沟、女儿墙、雨水口及高低跨交接处等部位，是屋面防水的薄弱环节，需加强处理。

当屋面采用无组织排水时,一般是将现浇钢筋混凝土屋面板挑出形成挑檐,其排水坡度与屋面坡度相同,但要处理好防水卷材收头,其构造与民用建筑相同。当屋面采用檐沟外排水时,可将屋面板挑出翻起形成檐沟,此处需在防水层底附加一层防水卷材,并处理好卷材收头与檐沟板底的滴水构造;或采用女儿墙外排水,泛水构造与民用建筑基本相同,如图 16.13 所示。

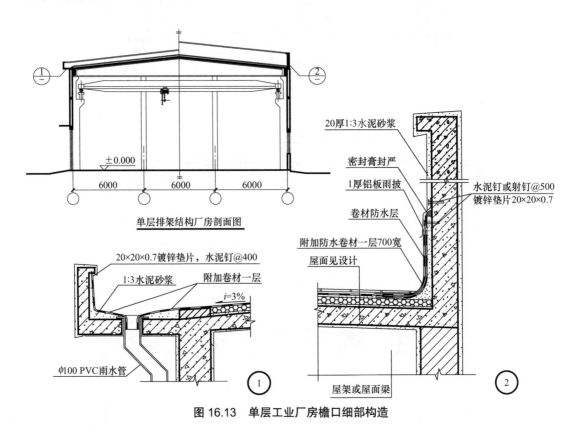

图 16.13 单层工业厂房檐口细部构造

2. 金属板防水屋面

金属板防水屋面属于构件自防水屋面,是利用屋面板自身的抗渗性能达到防水目的的屋面,如具有承重、防水双重功能的彩色压型钢板屋面等,其构造详见 16.5 节。

16.3 单层工业厂房天窗

16.3.1 天窗的类型及特点

在大跨度或多跨单层工业厂房中,由于面积大,只设侧窗不能满足天然采光与自然通风的要求,因此常在屋面上设置各种类型的天窗。天窗按其在屋面上的位置不同,可归纳为以下几种,如图 16.14 所示。

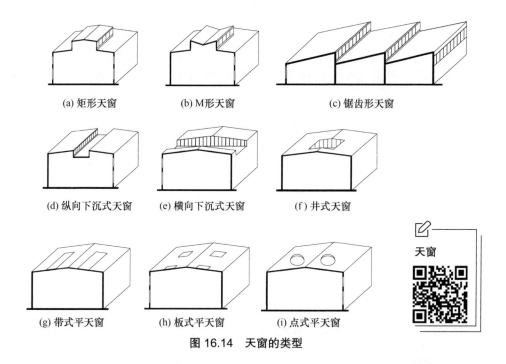

图 16.14 天窗的类型

1. 上凸式天窗

上凸式天窗一般沿厂房跨间纵向布置，两侧开窗进行采光通风。根据天窗的外形不同，上凸式天窗主要有矩形天窗、M形天窗、三角形天窗及梯形天窗等。其中，矩形天窗因两侧采光面与水平面垂直，具有光线均匀、防雨较好、窗扇可开启兼作通风口等优点，曾在冷加工车间中广泛应用；但由于其具有自重大、造价高、构件类型多、抗震性能差等缺点，已逐渐被弃用。

2. 下沉式天窗

下沉式天窗是将部分屋面板铺设在屋架下弦上，利用屋架上下弦之间的高度，形成采光或通风窗口。与上凸式天窗相比，下沉式天窗省去了天窗架等构件，降低了厂房高度，减轻了天窗自重，节省了材料，降低了造价。根据屋面板下沉的部位不同，下沉式天窗有纵向下沉式天窗、横向下沉式天窗和井式天窗三种。

3. 平天窗

平天窗是根据采光需要设置带孔洞的屋面板，在孔洞上覆盖透光材料而形成的天窗。平天窗具有采光效率高、不设天窗架、构造简单、屋面荷载小、布置灵活等优点；但易造成太阳直接热辐射和眩光，防雨、防冰雹性能较差，易产生冷凝水和积灰。平天窗适合于冷加工车间，而且近年来发展较快。平天窗主要有带式平天窗、板式平天窗、点式平天窗等形式。

4. 锯齿形天窗

锯齿形天窗是将厂房屋盖做成锯齿形,在垂直(或稍倾斜)面上设采光或通风口。窗口大多朝北或北偏东5°～15°,使厂房内部无直射阳光,光线稳定、均匀。这种天窗常用于要求光线稳定和需要调节温湿度的厂房,如纺织厂、印染厂及某些机械厂等。

随着工业建筑的发展,现代厂房使用的天窗形式越来越新颖、多样、轻巧,而且天窗适应性强,适用于作钢结构、现浇钢筋混凝土结构及网架结构屋面,可起到采光或通风作用,或二者兼具。图16.15所示为现代厂房常用的天窗形式及其布置。

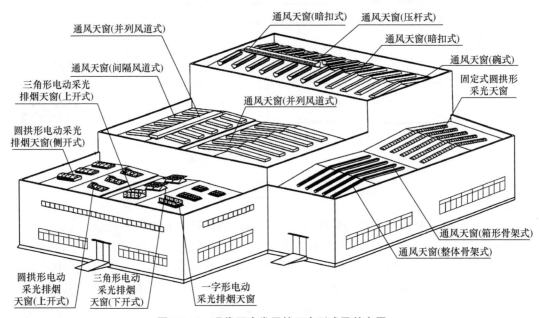

图 16.15 现代厂房常用的天窗形式及其布置

16.3.2 通风天窗构造

采光通风排烟天窗

　　为了解决厂房的通风问题,在侧窗不能满足通风要求时,可在厂房屋面上设置通风天窗。应按照建筑的通风与采光要求、当地的气候条件、主导风向、建筑高度、进排风温差、通风量等因素确定通风天窗的规格型号。通风天窗适用于钢结构建筑及钢筋混凝土框架、排架结构建筑中。

　　目前通风天窗多采用工厂制作的定型产品,由天窗架、外围护板(挡风板)、挡雨板、排水沟槽、泛水板、启闭机构等部分组成。天窗架及钢板基座一般采用型钢或钢板制作,天窗架位于钢板基座或钢檩条上,钢板基座位于屋面钢檩条上。挡风板一般采用0.6mm厚压型钢板或1.5mm厚玻璃钢采光板,有采光作用的通风天窗可采用1.5mm玻璃钢采光板。图16.16所示为压型钢板屋面屋脊通风天窗构造。

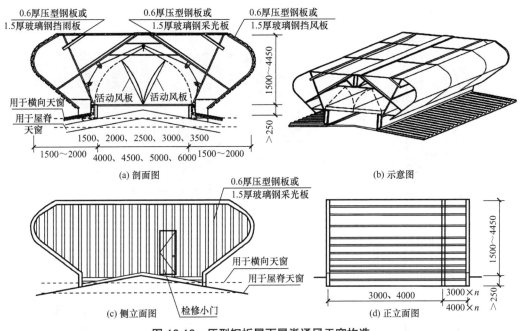

图 16.16 压型钢板屋面屋脊通风天窗构造

16.3.3 平天窗的布置及构造

1. 平天窗的布置

平天窗的布置主要由采光要求确定。根据采光要求不同,一般将平天窗布置在侧窗采光有效进深之外,且均匀分散地布置在屋面上,以使室内采光均匀,如图 16.17 所示。

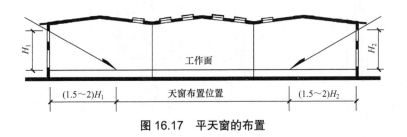

图 16.17 平天窗的布置

2. 平天窗的构造

尽管平天窗的做法很多,但其构造的主要内容基本相同。以采光罩平天窗为例,其造型有穹体、锥体、平板或拱形等,其材料可采用玻璃钢、有机玻璃、夹层玻璃或夹层中空玻璃、聚碳酸酯(PC)板等,可设计成单层或双层罩。在进行构造设计时,应解决好平天窗的井壁泛水与采光罩的固定等。图 16.18 与图 16.19 分别为大型屋面板屋面与夹芯板屋面采光罩平天窗构造,设计时可参考使用。

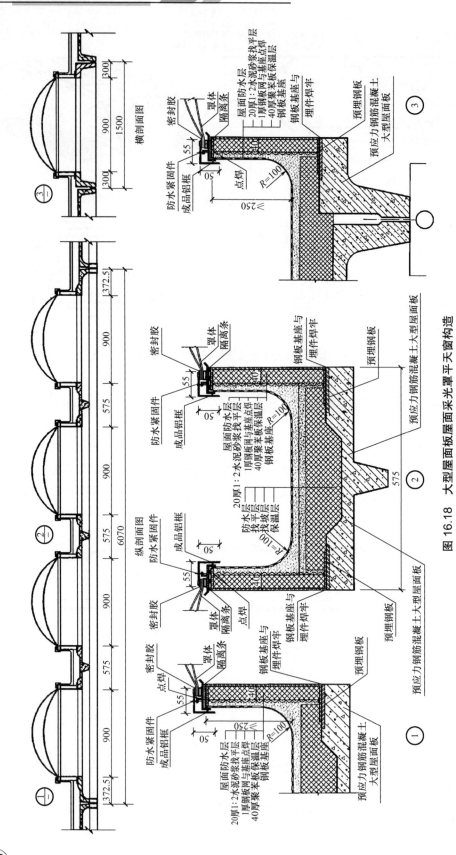

图 16.18 大型屋面板屋面采光罩平天窗构造

第 16 章 单层工业厂房构造

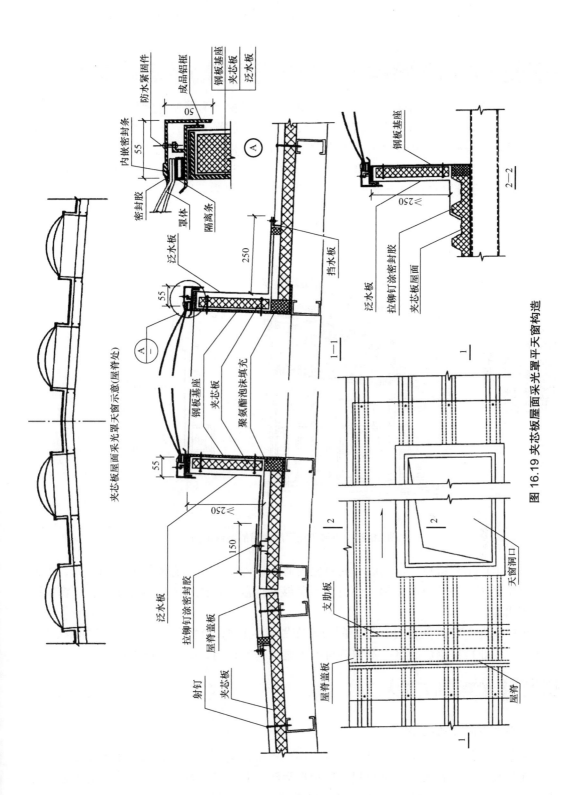

图 16.19 夹芯板屋面采光罩平天窗构造

16.4 单层工业厂房侧窗、大门及地面

16.4.1 单层工业厂房侧窗

单层工业厂房侧窗的面积较大,多采用拼框组合窗。为了便于制作和运输,基本窗的尺寸均有一定限制。当厂房侧窗的洞口大于基本窗的尺寸时,可将基本窗进行拼装组合,以得到所需洞口尺寸和窗型。侧窗的开启方式可根据实际情况选择,如可在接近工作面的部分采用平开窗(构造简单,开启方便);固定窗宜设置在外墙中部(有利于采光);中悬窗宜设置在外墙上部(开启角度好,通风良好)。图 16.20 所示为单层工业厂房侧窗的组合示例。

图 16.20 单层工业厂房侧窗的组合示例

根据生产工艺特点,不同的车间对侧窗有不同的要求,如有爆炸危险的车间,侧窗应有利于泄压;恒温恒湿车间,侧窗应有足够的保温、隔热性能;洁净车间,侧窗应防尘、密闭等。

单层工业厂房的侧窗可在柱距间分段布置成矩形窗,也可采用横向通长的带形窗。由于单层工业厂房侧窗的组成及构造与民用建筑基本相同,此处不再赘述。

16.4.2 单层工业厂房大门

1. 门洞口尺寸的确定

单层工业厂房大门不仅要供人通行,还要经常搬运原材料、成品及生产设备等,因此门洞口尺寸一般较大。门洞口尺寸应根据运输工具类型、规格、运输货物的外形并考虑通行方便等因素来确定,并应符合 3M 模数。一般门的宽度应比满载货物的车辆宽

600～1000mm，高度应比满载货物的车辆高400～600mm。例如，厂房需要通行轻型卡车时，其门洞口的宽度×高度应不小于3000mm×2700mm。

2. 大门类型

工业厂房大门按用途分为一般门和有特殊要求的门（如防火门、保温门等）；按门扇材料分为木门、钢木门、钢板门和铝合金门等；按开启方式分为平开门、推拉门、上翻门、升降门、折叠门及卷帘门等，如图16.21所示。

厂房大门尺寸

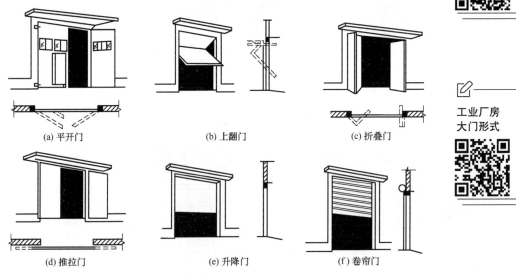

图16.21 厂房大门几种常见的开启方式

工业厂房大门形式

3. 大门构造

1）平开门

平开门由门扇、门框及五金零件组成，其洞口尺寸一般不宜大于3600mm×3600mm。

门扇有木制、钢板、钢木组合等几种。当门扇的面积大于$5m^2$时，宜采用钢木组合门或钢板门。钢木组合门是厂房中常用的一种大门，一般用15mm厚的木板作为门芯板（或夹芯钢板），用螺栓固定在角钢骨架上形成。为防止门扇变形，中间常设置角钢横撑和交叉支撑，以增强门窗的刚度。图16.22所示为平开钢木大门。

门框有钢筋混凝土门框和砖砌门框两种。当门洞口宽度≥3000mm时，采用钢筋混凝土门框；当门洞口宽度<3000mm时，采用砖砌门框。

五金零件有铰链、插销、门闩、拉手等。

2）推拉门

推拉门由门扇、上导轨、滑轮、导轨（下导轨）和门框组成。门扇可采用钢木或钢板制作，门框一般采用钢筋混凝土制作。因受室内柱子的影响，推拉门一般只能设在室外一侧，并应设置足够宽度的雨篷加以保护。

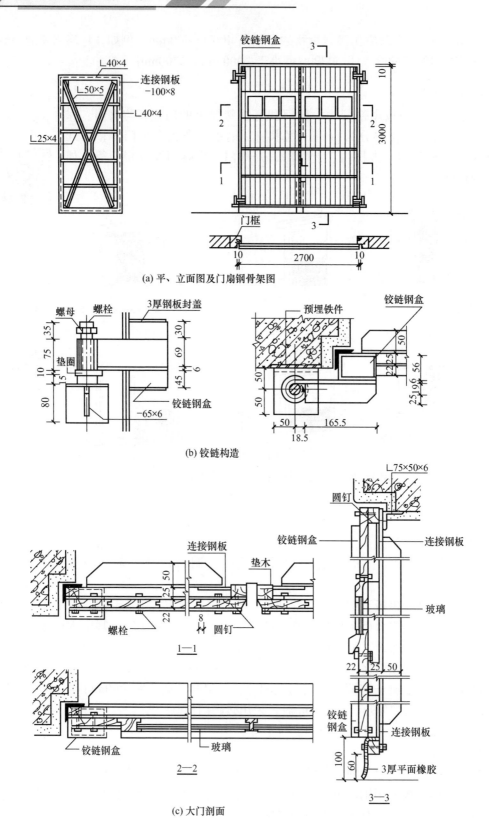

图 16.22 平开钢木大门

第16章 单层工业厂房构造

推拉门按门扇的支承方式分,有上挂式和下滑式两种。

当门扇高度小于或等于4000mm时,采用上挂式,即将门扇通过滑轮吊挂在导轨上推拉开关,固定导轨的支架与门框上的预埋件焊接,在导轨终端设门挡以防门扇脱落。下部导向装置有凹式、凸式、导饼等几种。图16.23所示为上挂式推拉门构造。

当门扇高度大于4000mm时,采用下滑式,即下部导轨用来支承门扇自重,上部导轨用来导向。

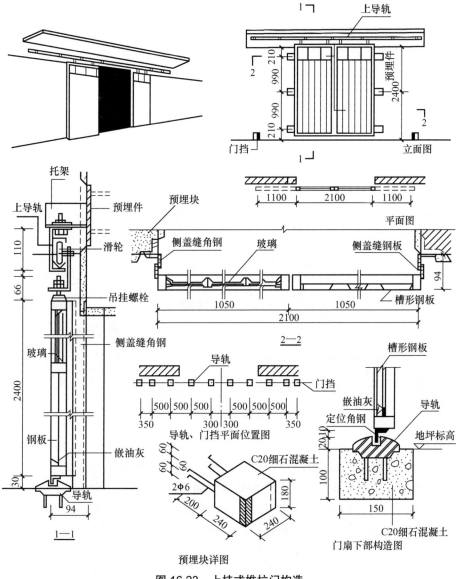

图16.23 上挂式推拉门构造

对于有特殊要求的门,如防火门、保温门、隔声门等,可参见11.3节。

16.4.3 单层工业厂房地面

1. 单层工业厂房地面的特点与要求

单层工业厂房占地面积大,材料用量多,承受的荷载大,面临的不利因素多。为了有利于生产,节约材料和基建投资,厂房地面要满足以下要求。

(1)满足生产工艺的要求。例如,生产电子、精密仪表车间的地面应防尘,有化学腐蚀的车间地面应有足够的防腐蚀性,生产中有爆炸危险的车间地面应不能因摩擦撞击而产生火花且防爆。

(2)具有足够的强度和刚度。厂房内大型生产、运输设备多,需要堆放坚硬笨重的材料和成品,地面应有良好的承载力,且具有良好的抗冲击、防振、耐磨、耐碾压等性能。

(3)满足设备管线敷设、地沟设置等特殊要求。

(4)合理选择材料与构造做法,降低造价。

2. 单层工业厂房地面的组成

单层工业厂房地面与民用建筑地面一样,由面层、垫层、基层及附加层组成。

1)面层

面层分整体面层和块料面层两大类。一般根据生产特点、使用要求和经济技术条件来选择面层。面层厚度可根据《建筑地面设计规范》(GB 50037—2013)来确定。图 16.24 所示为某电厂厂房地面做法。

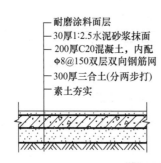
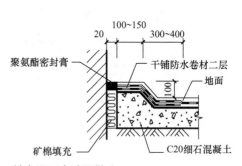

图 16.24 某电厂厂房地面做法

2)垫层

垫层是承受并传递地面荷载至基层的构造层。与民用建筑一样,垫层有刚性垫层和柔性垫层之分。垫层的选择与厂房的生产特点、面层材料有关。例如,有较大冲击荷载、产生剧烈振动的厂房,应采用柔性垫层,以缓和冲击力的影响,且破坏后容易修补;有水或侵蚀性液体作用的厂房,垫层应有较好的整体性和密实性,须采用刚性垫层;当厂房设备自重不大,不需单独设置基础而直接安装在地面上时,应采用刚性垫层,以便于固定设备;当地面面层为整体式或较薄的块料面层时,为防止垫层变形而引起翘曲脆断,宜采用刚性垫层;当面层厚度较大,因其刚度大,又能维护自身稳定时,可采用任何垫层。

3)基层

基层是承受上部荷载的土壤层,最常见的是素土夯实。当地基土松软或地面荷载较大时,可加入碎石、碎砖压实,或铺设灰土夯实,以提高地基的承载能力。

4）附加层

根据单层工业厂房地面使用要求和构造做法的不同，可增设附加层，如找平层、结合层、隔离层等。

16.5 轻型钢结构厂房构造

16.5.1 轻型钢结构厂房的构件组成

轻型钢结构厂房简称轻钢结构厂房，由门式刚架、檩条及轻型围护板材组成。

1. 门式刚架

1）门式刚架的组成

门式刚架由刚架梁和刚架柱组成，如图 16.25 所示。刚架梁和刚架柱可采用等截面或变截面实腹焊接工字形截面或轧制 H 形截面。设有桥式吊车时，刚架柱宜采用等截面构件。变截面构件通常是改变腹板的高度做成楔形。

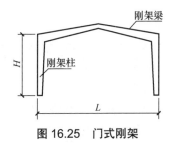

图 16.25 门式刚架

轻型钢结构厂房

门式刚架常用于跨度为 9～36m（最大可达 80m），柱距为 6m，柱高为 4.5～9m（最高可达 18m），不设吊车或设有起重量较小的吊车的单层工业厂房或公共建筑。设置桥式吊车时起重量不宜大于 200kN，设置悬挂式吊车时起重量不宜大于 30kN。

2）门式刚架柱与基础的连接

门式刚架柱与基础的连接多按铰接支承设计，基础顶面预埋钢板焊接地脚螺栓，柱底设柱脚钢板，柱脚钢板与地脚螺栓连接，如图 16.26 所示。当厂房内有起重量大于 50kN 的桥式吊车时，宜将柱与基础的连接设计成刚接。

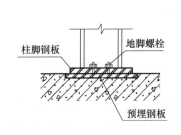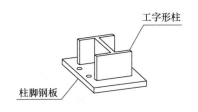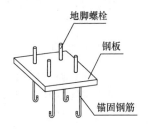

图 16.26 门式刚架柱与基础的连接

2. 檩条

檩条可分为屋面檩条和墙面檩条，墙面檩条又称为墙梁。

1）檩条的形式

檩条的形式主要有实腹式檩条、格构式檩条两种。

实腹式檩条应用广泛，截面形式有 H 形、C 形（卷边槽形）、直卷边 Z 形和斜卷边 Z 形，如图 16.27（a）所示。H 形檩条采用高频焊接薄壁型钢制作；C 形与 Z 形檩条通常采用冷弯薄壁型钢制作，板厚为 1.5～3mm。C 形檩条的截面互换性大，应用普遍，用钢量省，制造和安装方便；斜卷边 Z 形檩条存放时可叠层堆放，占地少。对于一般位置处的墙面檩条，采用 Z 形檩条可嵌套搭接形成连续墙面檩条；对于兼作窗框、门框的墙面檩条，为了得到一个平整的框洞，应采用 C 形檩条。

当屋面檩条跨度大于 10m 时，可考虑采用格构式檩条，如图 16.27（b）所示。

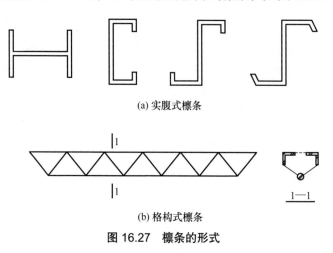

(a) 实腹式檩条

(b) 格构式檩条

图 16.27　檩条的形式

2）屋面檩条与刚架梁的连接

屋面檩条是通过檩托板与刚架梁连接的，如图 16.28 所示。通常檩托板与刚架梁焊接，檩条端部与檩托板用螺栓连接，连接螺栓应不少于两个。檩条在支座处受到集中反力，如果不设檩托板而直接将檩条下翼缘固定于刚架梁上，会因檩条腹板高又薄而产生腹板的局部压曲。因此，设置檩托板来固定檩条有助于提高檩条的局部承压能力；此外，还可提高檩条的抗倾覆能力和减少翘曲。

3）墙面檩条与柱的连接

墙面檩条一般与焊于柱上的角钢支托连接，墙面檩条与角钢支托用螺栓连接，如图 16.29 所示。

3. 轻型围护板材

1）轻型围护板材类型

轻型钢结构厂房常用的轻型围护板材类型有压型钢板与夹芯板。

（1）压型钢板。用于屋面、墙面的压型钢板厚度一般为 0.5～1.0mm，经成型机辊压冷弯加工成为波纹形、V 形、U 形、W 形、梯形及类似形状。压型钢板不宜用于有强烈腐蚀性介质的厂房，否则，应进行特殊防腐处理。

第16章 单层工业厂房构造

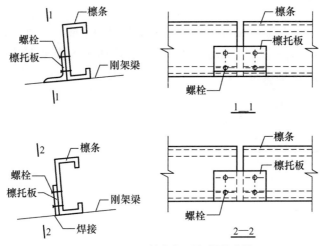

图16.28 屋面檩条与刚架梁的连接

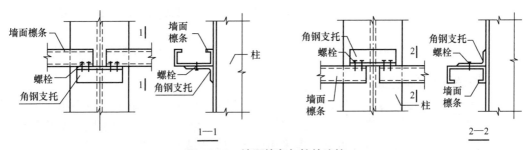

图16.29 墙面檩条与柱的连接

压型钢板按板型分为高波板、中波板和低波板。波高大于70mm的压型钢板为高波板，波高为30～70mm的压型钢板为中波板，波高小于30mm的压型钢板为低波板。压型钢板可在工厂轧制，也可在施工现场轧制。在工厂轧制的压型钢板，受运输条件限制，一般板长宜在12m之内；在施工现场轧制的压型钢板，根据吊装条件，应尽量采用较长尺寸的板材，以减少纵向接缝，防止渗漏。图16.30所示为压型钢板几种常见的板型。

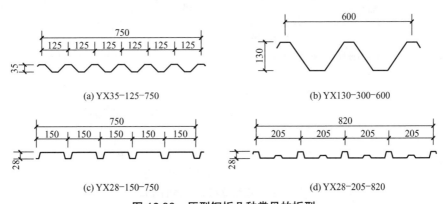

图16.30 压型钢板几种常见的板型

（2）夹芯板。夹芯板是将彩色涂层钢板面板及底板与保温芯材通过黏结剂（或发泡）复合而成的保温复合围护板材。夹芯板根据芯材的不同分为聚苯乙烯夹芯板、硬质聚氨酯夹芯板、岩棉夹芯板等。图 16.31 和图 16.32 所示为轻型钢结构厂房中夹芯板屋面板与夹芯板墙板的常见板型。

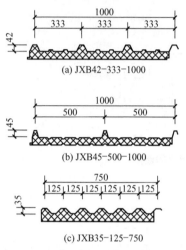

图 16.31 夹芯板屋面板的常见板型

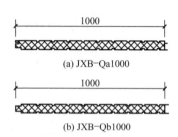

图 16.32 夹芯板墙板的常见板型

2）板材与檩条的连接

压型钢板、夹芯板用连接件或紧固件（自攻螺钉）固定在檩条上，板与板之间采用拉铆钉连接。自攻螺钉、拉铆钉用于屋面板的连接时应在波峰处，用于墙板的连接时应在波谷处。当屋面板选用高波板时，需采用固定钢支架支撑压型钢板，固定钢支架与檩条采用焊接或自攻螺钉连接，固定钢支架与压型钢板采用自攻螺钉连接。压型钢板与檩条的连接如图 16.33 所示，夹芯板与檩条的连接如图 16.34 所示。

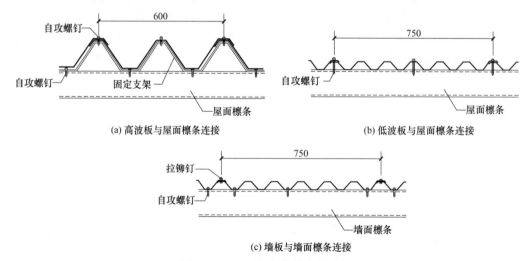

图 16.33 压型钢板与檩条的连接

第16章 单层工业厂房构造

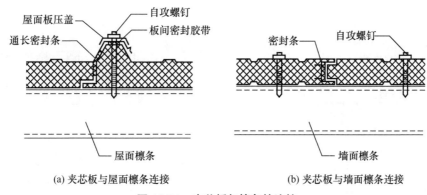

图 16.34　夹芯板与檩条的连接

3）夹芯板的安装方法

（1）明檩体系：夹芯板一次成型，夹层为保温隔热材料，整体安装固定，如图 16.35（a）所示。明檩体系构造简单，施工方便，但檩条明露在室内，会导致室内墙面不平。

（2）暗檩体系：夹芯板二次成型，先安装固定内外层彩钢板，后填夹层玻璃丝棉、矿棉于双层彩钢板之间，如图 16.35（b）所示。暗檩体系防火性能较好，且室内墙面平整，但其构造复杂，局部容易产生冷桥。

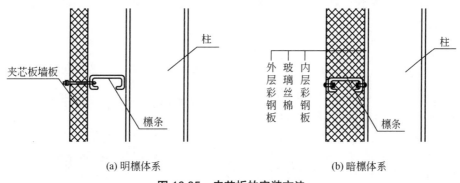

图 16.35　夹芯板的安装方法

16.5.2　轻型钢结构厂房细部构造

轻型钢结构厂房不仅要处理好各组成部分的连接构造，还应解决好墙体根部、窗洞口、外墙转角、檐口、屋脊、泛水等部位的细部构造。

1. 墙体根部构造

为防腐蚀、碰撞影响墙体根部板材的耐久性，室外地坪以上 300mm（或至窗台）高度范围内常采用实心砖、空心砌块砌筑墙体或现浇混凝土墙体。墙板下部应设置滴水板，防止雨水进入室内。墙板与滴水板接缝处用密封胶条密封。墙体根部构造如图 16.36 所示。

轻型钢结构厂房墙体根部

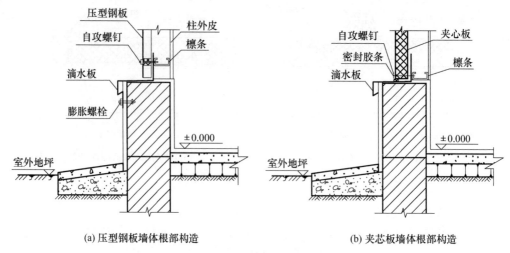

(a) 压型钢板墙体根部构造　　　　(b) 夹芯板墙体根部构造

图 16.36　墙体根部构造

2. 窗洞口构造

窗洞口四周的墙板应用包角板封口，包角板用拉铆钉与墙板固定。窗框与包角板接缝处用密封胶密封。压型钢板窗洞口构造如图 16.37 所示，夹芯板窗洞口构造如图 16.38 所示。

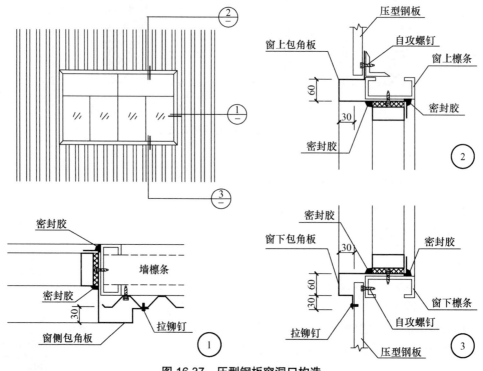

图 16.37　压型钢板窗洞口构造

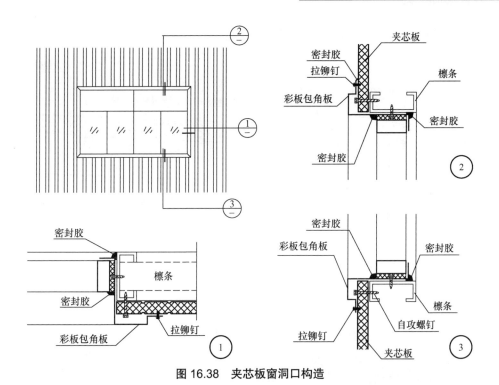

图 16.38 夹芯板窗洞口构造

3. 外墙转角构造

外墙转角内外封闭处理应采用阴阳角包角板封口，如图 16.39 所示。包角板用拉铆钉与墙板内外层钢板固定。

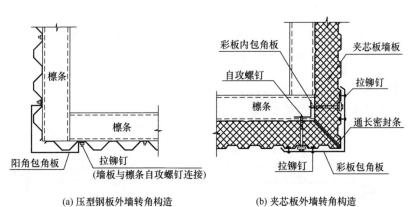

(a) 压型钢板外墙转角构造　　(b) 夹芯板外墙转角构造

图 16.39 外墙转角构造

4. 檐口构造

1) 纵墙檐口构造

当屋面采用无组织排水时，可直接将压型钢板挑出墙板之外形成挑檐，挑出长度≤400mm；如屋面板采用夹芯板，夹芯板端部应用封檐板封口。图 16.40 所示为自由落水檐口构造。檐口处还应做好各部位的接缝密封处理，如封檐板与屋面板的接缝填密封胶条，墙板与屋面板的接缝填 10mm 厚密封胶条。

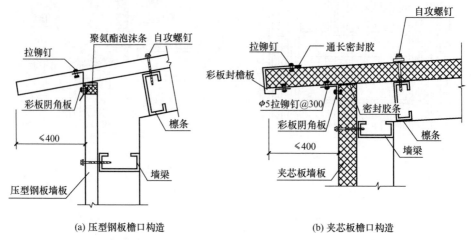

(a) 压型钢板檐口构造　　　　　(b) 夹芯板檐口构造

图 16.40　自由落水檐口构造

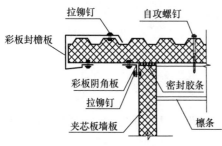

图 16.41　山墙悬山檐口构造

2）山墙悬山檐口构造

屋面板悬挑出山墙之外，形成了悬山檐口，此处的屋面板端头应用封檐板封口，封檐板用拉铆钉与屋面板内外层的钢板固定。墙板与屋面板的接缝处用 10mm 厚密封胶条填缝，外用阴角板盖缝，阴角板用拉铆钉分别与墙板、屋面板的外层钢板固定。图 16.41 所示为山墙悬山檐口构造。

3）山墙硬山檐口构造

墙板与屋面板交接处外包山墙包角板封口，包角板用拉铆钉分别与墙板、屋面板固定。图 16.42 所示为山墙硬山檐口构造。

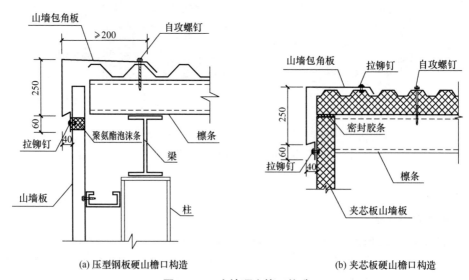

(a) 压型钢板硬山檐口构造　　　　　(b) 夹芯板硬山檐口构造

图 16.42　山墙硬山檐口构造

第16章 单层工业厂房构造

5. 屋脊构造

屋面板的脊缝下面用屋脊底板盖缝，上面用屋脊盖板盖缝，屋脊底板、屋脊盖板用自攻螺钉直接与屋面檩条固定，间距一般不超过300mm，且接缝处填密封胶条防水；夹芯板的脊缝处填聚氨酯泡沫条。图16.43所示为屋脊构造。

6. 泛水构造

高出屋面的墙板与屋面板之间的接缝填聚氨酯泡沫条密封，转角处盖泛水板，泛水板与墙板用拉铆钉固定；泛水板顶部加盖披水板，披水板与墙板的接缝填密封胶。图16.44所示为泛水构造。

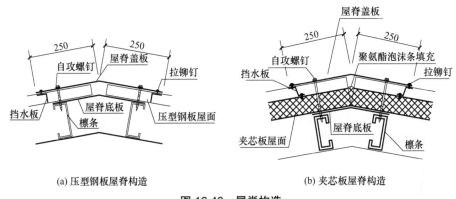

图 16.43　屋脊构造

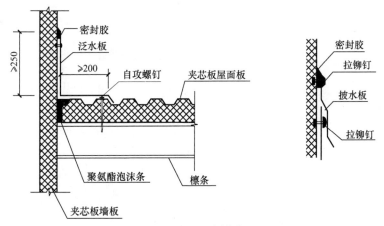

图 16.44　泛水构造

本章小结

本章讲述了单层工业厂房墙体、屋面、天窗、侧窗与大门、地面构造，以及轻型钢结构厂房细部构造。本章重点是基础梁的防冻胀构造及砌

第16章
英语专业
词汇

体墙的连接构造、卷材屋面防水细部构造、平天窗构造，以及轻型钢结构厂房的构件组成及细部构造。

思考题

1. 承自重墙与柱、屋架如何连接？
2. 绘出基础梁的防冻胀构造详图。
3. 开敞式外墙挡雨板如何固定？
4. 单层工业厂房屋面的排水方案有哪几种？各自有什么特点？
5. 单层工业厂房屋面的排水坡度与哪些因素有关？卷材防水屋面的排水坡度是多大？
6. 绘制卷材防水屋面檐沟外排水檐口构造详图。
7. 单层工业厂房天窗有哪些类型？分析各自特点和适用范围。
8. 简述单层厂房地面的构造组成。
9. 轻型钢结构厂房的构件组成有哪些？
10. 简述轻型钢结构厂房在墙体根部、窗洞口、屋面、板材转角、檐口及屋脊等部位的细部构造。

参考文献

鲍家声，鲍莉，2020. 建筑设计教程 [M]. 2 版. 北京：中国建筑工业出版社.
程大锦，2018. 建筑：形式、空间和秩序：第 4 版 [M]. 刘丛红，译. 天津：天津大学出版社.
董海荣，赵永东，2022. 房屋建筑学 [M]. 2 版. 北京：中国建筑工业出版社.
董黎，2016. 房屋建筑学 [M]. 2 版. 北京：高等教育出版社.
姬慧，赵毅，2022. 房屋建筑学 [M]. 4 版. 重庆：重庆大学出版社.
李必瑜，魏宏杨，覃琳，2019. 建筑构造：上册 [M]. 6 版. 北京：中国建筑工业出版社.
李德英，2017. 建筑节能技术 [M]. 2 版. 北京：机械工业出版社.
李晓玲，张艳萍，2018. 房屋建筑学 [M]. 2 版. 北京：中国水利水电出版社.
潘睿，2020. 房屋建筑学 [M]. 4 版. 武汉：华中科技大学出版社.
同济大学，等，2016. 房屋建筑学 [M]. 5 版. 北京：中国建筑工业出版社.
王雪松，李必瑜，2021. 房屋建筑学 [M]. 6 版. 武汉：武汉理工大学出版社.